t-重幻方的组合构造

张勇　陈克军　郭曙光　李文　曹楠源　著

镇　江

图书在版编目(CIP)数据

t-重幻方的组合构造 / 张勇等著. -- 镇江 ：江苏大学出版社，2021.12

ISBN 978-7-5684-1748-8

Ⅰ.①t… Ⅱ.①张… Ⅲ.①幻方 Ⅳ.①O157

中国版本图书馆 CIP 数据核字(2021)第 266152 号

t-重幻方的组合构造

t-Chong Huanfang De Zuhe Gouzao

著　　者/张　勇　陈克军　郭曙光　李　文　曹楠源
责任编辑/张小琴
出版发行/江苏大学出版社
地　　址/江苏省镇江市梦溪园巷 30 号(邮编：212003)
电　　话/0511-84446464(传真)
网　　址/http://press.ujs.edu.cn
排　　版/镇江文苑制版印刷有限责任公司
印　　刷/镇江文苑制版印刷有限责任公司
开　　本/710 mm×1 000 mm　1/16
印　　张/9
字　　数/164 千字
版　　次/2021 年 12 月第 1 版
印　　次/2021 年 12 月第 1 次印刷
书　　号/ISBN 978-7-5684-1748-8
定　　价/48.00 元

如有印装质量问题请与本社营销部联系(电话:0511-84440882)

前 言

PREFACE

幻方是组合设计的研究对象之一.中国的“洛书”是世界上最早的幻方,它实际上是一个由数字1到9排成的3行3列的数阵,其行和、列和及两条对角线的和是定值.汉代徐岳编撰的《数术记遗》中称它为“九宫算”.宋代数学家杨辉则把与之类似的一些图形称为“纵横图”,他排出了丰富的纵横图并讨论了其构成规律,例如8阶幻方元素的2次和、3次和及4次和具有上下均衡以及左右均衡性.公元9世纪,幻方出现在阿拉伯地区.公元13世纪,幻方由亚洲经丝绸之路传到西方.

幻方的构造极富技巧性,含有丰富的组合设计方法.本书利用正交拉丁方、正交表等组合设计工具研究t-重幻方的构造方法,以及由这些方法得到的t-重幻方的类.读者可从中体会到组合数学的无穷魅力,感受到欧拉等数学家在组合数学问题上进行了深入的思考,更能领略到中国数学学者和爱好者在组合数学问题中体现出的无穷智慧.

幻方是中小学数学教学中很好的素材.青少年通过对幻方的了解可以加深对中国数学史的认识.教师可利用幻方设计填数字的游戏,培养学生对数字的敏感性;融入幻方的各类构造方法,激发青少年发现数学规律,培养其学习兴趣.

本书的出版得到了盐城师范学院学科建设专项资金的资助,同时获得国家自然科学基金(11871417)资助.本书也是2019年江苏省高等教育教改课题(2019JSJG257)成果.感谢苏州大学朱烈教授长期以来对本书相关研究的持续关心和极富启发性的指导,感谢河北师范大学雷建国教授、河南师范大学陈光周博士等给予的帮助,感谢诸多同行的关心.

限于编者的水平,加之时间仓促,书中难免存在疏漏之处,恳请读者批评指正.

目 录

CONTENTS

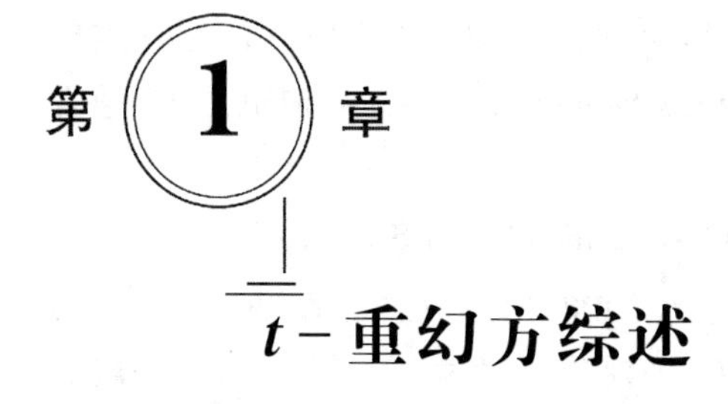

第1章 t-重幻方综述

1.1 幻方

幻方(Magic Square)是组合设计的重要研究对象之一.设 $n>1$，一个由不同非负整数构成的 n 阶方阵称为 n 阶广义幻方，记为 GMS(n).如果它的每行、每列、主对角线以及反对角线的 n 个数的和是定值,那么称这个和为幻和.如果一个 n 阶广义幻方的元素为 n^2 个连续非负整数,那么称其为 n 阶幻方，记为 MS(n).例如,一个 MS(3)可表示为

$$\begin{bmatrix}4 & 9 & 2\\ 3 & 5 & 7\\ 8 & 1 & 6\end{bmatrix}.$$

这个 3 阶幻方就是人们所说的“洛书”.相传公元前 22 世纪,洛水中浮现一只大乌龟，背上有 9 种带花点的图案，9 种点数排成上述数阵.汉代徐岳在《数术记遗》中称它为“九宫算”,也称为“九宫图”.宋代数学家杨辉则把与之类似的一些图形叫作“纵横图”.公元 9 世纪，阿拉伯学者构造了类似的图形.公元 13 世纪，幻方由亚洲经丝绸之路传到西方.关于幻方的历史,较多文献[1-3]中均有涉及，读者可自己查阅.

各国学者对幻方的研究已经取得了较为丰富的成果[2,4-11].其中,Cammann 和 Andrews 对幻方的早期研究成果进行了总结. Abe 提出了关于幻方的 23 个问题,涉及基本幻方、对称泛对角幻方、泛对角平方幻方、稀疏幻方、反幻方等,推动了幻方的研究.Ahmed 研究了幻方的代数组合构造.Kim 和 Yoo 讨论了幻方的算法.现在,幻方已得到了一定程度的应用,可用于量子信息[12]、数字图像[13]、加密和认证[14,15]等.

给定 $\mathbf{Z}$ 上的 $m\times n$ 矩阵 $\boldsymbol{A}$ 以及 $t\in\mathbf{Z}_+$，记 $\boldsymbol{A}^{*e}=(a_{i,j}^{e})$，$1\leqslant e\leqslant t$.设 $\boldsymbol{A}$ 是一个 MS(n)，$t\in\mathbf{Z}_+$，若对每个 $e\in\{1,2,\cdots,t\}$，$\boldsymbol{A}^{*e}$ 是 GMS(n)，则称 $\boldsymbol{A}$ 是 t-重幻方(t-Multimagic Square)，记为 MS(n,t).MS(n,1) 即MS(n)，MS(n,2) 通常称为平方幻方.

在本书中，我们将运用正交拉丁方(Orthogonal Latin Square)、正交表(Orthogonal Array)等组合设计工具研究 t-重幻方的构造及存在性.对于 $t=1$ 的情形，我们研究一类具有较强性质的幻方，即对称泛对角基本幻方.对于一般的 t，我们借助 t-重幻矩(t-Multimagic Rectangle)研究一般的 t-重幻方以及泛对角 t-重幻方的构造和存在性.进一步，我们研究 t-重幻方的一种弱化形式——杨辉型 t-重幻方，借助一类强对称自正交对角拉丁方得到杨辉型 t-重幻方的构造方法和存在类.

1.2 基本幻方

设 $n>1$，若 n 元集合 S 上的一个 n 阶方阵满足每行、每列的 n 个元素两两相异，则称其为 n 阶拉丁方，记为 LS(n).

拉丁方的截态是指取自不同行、不同列的 n 个元素，两两相异.一个对角拉丁方是主对角线和反对角线都是截态的拉丁方.

给定 $m\times n$ 矩阵 $\boldsymbol{A}$，约定行、列指标集分别为 I_m 和 I_n.如无特别说明，$\boldsymbol{A}$ 的 (i,j) 位置的元素记为 $a_{i,j}$.

设 $\boldsymbol{A},\boldsymbol{B}$ 是 n 元集合 S 上的两个 LS(n)，如果 n^2 个序对 $(a_{i,j},b_{i,j})$ 两两相异，则称 $\boldsymbol{A},\boldsymbol{B}$ 是正交的，记为 OLS(n).如果一个 LS(n)和它的转置 $\boldsymbol{A}^{\mathrm{T}}$ 正交，则称 $\boldsymbol{A}$ 是自正交的.关于正交拉丁方的更多内容参见文献[1]和[16].

利用正交拉丁方构造幻方的思想可以追溯到 Euler 时期[17]或者更早.假设 $\boldsymbol{A},\boldsymbol{B}$ 是 $I_n=\{0,1,\cdots,n-1\}$ 上的一对正交对角 LS(n)，令 $\boldsymbol{C}=n\boldsymbol{A}+\boldsymbol{B}$，则 $\boldsymbol{C}$ 是一个 MS(n)，由此得到的幻方 $\boldsymbol{C}$ 称为基本幻方(Elementary Magic Square).例如，设

$$\boldsymbol{A}=\begin{bmatrix}0&2&4&1&3\\4&1&3&0&2\\3&0&2&4&1\\2&4&1&3&0\\1&3&0&2&4\end{bmatrix},\quad \boldsymbol{B}=\begin{bmatrix}0&4&1&2&3\\2&3&0&4&1\\4&1&2&3&0\\3&0&4&1&2\\1&2&3&0&4\end{bmatrix}.$$

易见，$\boldsymbol{A},\boldsymbol{B}$ 是一对正交对角 LS(5). 设 $\boldsymbol{C}=5\boldsymbol{A}+\boldsymbol{B}$，即

$$\boldsymbol{C}=\begin{bmatrix} 0 & 14 & 21 & 7 & 18 \\ 22 & 8 & 15 & 4 & 11 \\ 19 & 1 & 12 & 23 & 5 \\ 13 & 20 & 9 & 16 & 2 \\ 6 & 17 & 3 & 10 & 24 \end{bmatrix},$$

则 $\boldsymbol{C}$ 是 5 阶基本幻方.

Wallis、Zhu[18]，Heinrich、Hilton[19]，Brown 等[20]解决了一对正交对角拉丁方的存在性问题，得到了正交对角拉丁方存在的充分必要条件，这个条件也是基本幻方存在的充分必要条件.

引理 1.2.1 存在一对正交对角 LS(n)当且仅当 $n\neq 2,3,6$.

对于 $a\in \mathbf{Z},n\in \mathbf{Z}_+$，$\langle a\rangle_n$ 表示 a 模 n 的余数，约定 $0\leqslant\langle a\rangle_n<n$.令$[a]=a-\langle a\rangle_n$.

泛对角幻方是一类重要的幻方.给定 n 阶方阵 $\boldsymbol{A}$ 以及 $k\in I_n$，则 $a_{i,\langle k+i\rangle_n}$ 和 $a_{i,\langle k-i\rangle_n}$，$i\in I_n$ 分别称为 $\boldsymbol{A}$ 的第 k 条右泛对角线及第 k 条左泛对角线.易见，第 0 条右泛对角线和第 $n-1$ 条左泛对角线分别为 $\boldsymbol{A}$ 的主对角线和反对角线.

设 $\boldsymbol{A}$ 是 I_{n^2} 上的一个 MS(n)，若 $\boldsymbol{A}$ 的每条泛对角线上的 n 个数的和等于幻和，则称 $\boldsymbol{A}$ 为泛对角幻方(Pandiagonal Magic Square).

泛对角幻方的存在性问题由 Denes 和 Keedwell 提出[16]，Sun 解决[21].

引理 1.2.2 存在一个泛对角 MS(n)当且仅当 $n\not\equiv 2 \pmod 4$ 且 $n>3$.

对称幻方是另一类重要的幻方.设 $\boldsymbol{A}$ 是I_{n^2}上的一个 MS(n)，那么称 $\boldsymbol{A}$ 为对称幻方(Symmetrical Magic Square)，如果

$$a_{i,j}+a_{n-1-i,n-1-j}=n^2-1,\ i,j\in I_n.$$

Abe[4]提出了对称泛对角基本幻方问题，该问题可以由强对称弱泛对角正交拉丁方的存在性得到.

设 $\boldsymbol{A}$ 是 I_n 上的一个 LS(n)，如果每条泛对角线上的 n 个数的和是定值，那么称 $\boldsymbol{A}$ 为弱泛对角的(Weakly Pandiagonal)；如果 $a_{i,j}+a_{n-1-i,n-1-j}=n-1$，$i,j\in I_n$，那么称 $\boldsymbol{A}$ 为强对称的(Strongly Symmetrical).

上例中的 $\boldsymbol{A},\boldsymbol{B}$ 既是强对称的，也是弱泛对角的；$\boldsymbol{C}$ 是一个对称泛对角基本幻方.由定义可得以下引理.

引理 1.2.3 设 $\boldsymbol{A},\boldsymbol{B}$ 是 I_n 上的一对正交 LS(n)，令 $\boldsymbol{C}=n\boldsymbol{A}+\boldsymbol{B}$，则以下结论成立：

(1) 若 $\boldsymbol{A},\boldsymbol{B}$ 是对角拉丁方，则 $\boldsymbol{C}$ 是基本幻方；

(2) 若 $\boldsymbol{A},\boldsymbol{B}$ 是弱泛对角拉丁方,则 $\boldsymbol{C}$ 是泛对角基本幻方;

(3) 若 $\boldsymbol{A},\boldsymbol{B}$ 是强对称对角拉丁方,则 $\boldsymbol{C}$ 是对称基本幻方;

(4) 若 $\boldsymbol{A},\boldsymbol{B}$ 是强对称弱泛对角拉丁方,则 $\boldsymbol{C}$ 是对称泛对角基本幻方.

Danhof 等[22]最早研究了强对称正交拉丁方.杜北樑和曹海涛[23]证明了对于正整数 $n\equiv 0,1,3 \pmod 4$ 且 $n\neq 3,15$,存在强对称自正交对角 LS(n).

Cao 和 Li[24]解决了强对称自正交对角 LS(n)的存在性问题，证明了以下引理.

引理 1.2.4 存在一个强对称自正交对角 LS(n)当且仅当 $n\equiv 0,1,3 \pmod 4$ 且 $n\neq 3$.

由引理 1.2.3 和引理 1.2.4 可得到对称基本幻方的存在性.

Xu 和 Lu[25]引入弱泛对角正交拉丁方,证明了以下引理.

引理 1.2.5 对于 $n\equiv 0,1,3 \pmod 4$ 且 $n\not\equiv 3,6 \pmod 9$,存在一个弱泛对角自正交 LS(n).

笔者所在团队[26]解决了弱泛对角正交拉丁方的存在性问题，证明了以下引理.

引理 1.2.6 存在一对弱泛对角 OLS(n)当且仅当 $n\equiv 0,1,3 \pmod 4$ 且 $n\neq 3$.

由引理 1.2.3 和引理 1.2.6 可得到泛对角基本幻方的存在性.

本书在文献[24]和[26]的基础上,考虑对称泛对角基本幻方的存在性,通过构造强对称弱泛对角正交拉丁方,得到对称泛对角基本幻方.为叙述方便，将强对称弱泛对角 OLS(n)记为 SSWPOLS(n).

定理 1.2.1 存在一对 SSWPOLS(n)当且仅当 $n>4$ 且 $n\equiv 0,1,3 \pmod 4$, $n=12$ 例外.

该定理的证明参见本书第 2 章.

由引理 1.2.3 和定理 1.2.1 可得到对称泛对角基本幻方的存在性.

推论 存在一个对称泛对角基本 MS(n)当且仅当 $n>4$ 且 $n\equiv 0,1,3 \pmod 4$, $n=12$ 例外.

1.3 t-重幻矩

设 $\mathbf{Z},\mathbf{Z}^{\geqslant 0},\mathbf{Z}_+$ 分别表示整数集合、非负整数集合和正整数集合.

设 $m,n\in\mathbf{Z}_+$, $mn\neq 1$. 一个 $m\times n$ 广义幻矩 $\boldsymbol{A}$ 是一个由 mn 个不同的整数

构成的 $m\times n$ 矩阵,设它满足:① 对任意 $i\in I_m$, $\sum_{j\in I_n}a_{i,j}$ 是不依赖于 i 的常数;② 对任意 $j\in I_n$, $\sum_{i\in I_m}a_{i,j}$ 是不依赖于 j 的常数.易见,若 $m\neq n$, 则这两个常数不相等.

如果一个 $m\times n$ 广义幻矩的元素为 mn 个连续整数,那么称其为幻矩, 记为 MR(m,n).例如,一个 MR(3,5)可表示为

$$\begin{bmatrix}4 & 13 & 3 & 6 & 9\\ 12 & 0 & 7 & 14 & 2\\ 5 & 8 & 11 & 1 & 10\end{bmatrix}.$$

幻矩是幻方的自然推广[16],长期以来一直引起数学家和大众的兴趣. Harmuth[27,28]于一个世纪前提出幻矩的概念并证明了如下结果.

引理 1.3.1 对于 $m,n>1$,存在一个 MR(m,n) 当且仅当 $m\equiv n \pmod 2$ 且 $(m,n)\neq(2,2)$.

孙荣国[29],Bier 和 Rogers[30],以及 Bier 和 Kleinschmidt[31]对于 Harmuth 的上述结果给出了现代的证明.1999 年,Hagedorn[32]对于引理 1.3.1 又给出了新的简捷证明.关于幻矩的更多结果参见文献[33−35].

给定 $\mathbf{Z}$ 上的 $m\times n$ 矩阵 $\boldsymbol{A}$ 以及 $t\in\mathbf{Z}_+$,记 $\boldsymbol{A}^{*e}=(a_{i,j}^{e})$,$1\leqslant e\leqslant t$. 设 $\boldsymbol{A}$ 是一个 MR(m,n), $t\in\mathbf{Z}_+$. 若对每个 $e\in\{1,2,\cdots,t\}$, $\boldsymbol{A}^{*e}$ 是 GMR(m,n),则称 $\boldsymbol{A}$ 是 t-重幻矩,记为 MR(m,n,t).MR(n,n,t)简记为 MR(n,t).

上述定义的幻矩是 1-重的.2-重幻矩通常称为平方幻矩.

需要指出, 若 $\boldsymbol{A}$ 是 MR(m,n,t), 其最小元素是 s,令 $\boldsymbol{B}=\boldsymbol{A}-s\boldsymbol{J}_{m\times n}$, 则 $\boldsymbol{B}$ 也是 MR(m,n,t),其中 $\boldsymbol{J}_{m\times n}$ 为元素全为 1 的 $m\times n$ 矩阵,当 $m=n$ 时简记为 $\boldsymbol{J}_n$.为方便起见,本书中通常取 $s=0$. 对于 t-重幻方也有类似的结论.

若一个 MR(m,n,t) $\boldsymbol{A}$ 的最小元素是 0, 则对每个 $e\in\{1,2,\cdots,t\}$,$\boldsymbol{A}^{*e}$ 的每行元素的和为 $\sum\limits_{k=0}^{mn-1}k^e/m$, 记为 $R_e(m,n)$; 每列元素的和为 $\sum\limits_{k=0}^{mn-1}k^e/n$, 记为 $R_e(n,m)$.

2012 年,Li、Wu 和 Pan[36]给出了如下结果.

引理 1.3.2 (1) 若存在 MR$(p,q,2)$和 MR$(u,v,2)$, 则存在 MR$(pu,qv,2)$;(2) 对于$(m,n)\in\{(11,7),(13,7),(19,7),(13,11),(17,11)\}$, 存在 MR$(m,n,2)$.

此外,平方幻方是特殊的平方幻矩, Lin、Chen、Wu、Li、Pan 等[35−38]也给出了几类平方幻方,见下节引理 1.4.2、引理 1.4.3 和引理 1.4.4.

Stinson 引入了正交表大集(Large Set of Orthogonal Arrays)构造密码弹性函数[39]和 zigzag 函数[40].本书引入了正交表双大集的概念(记为 DLOA,见第 3 章定义 3.1.4),并得到了如下结果.

假设存在 DLOA$(M,N;t,k,v)$, 则存在 MR(M,N,t),其中 $M=v^k/N$.

定理 1.3.1 对于素数幂 $q\geqslant m+n-1$, $2\leqslant t\leqslant \min\{m,n\}$,存在 MR$(q^m,q^n,t)$.

进一步地,我们在第 3 章给出了 t-重幻矩的递推构造方法,并证明了以下定理.

定理 1.3.2 对于任意奇数 h, 若存在 MR$(m,n,2)$,则存在 MR$(hm,hn,2)$.

定理 1.3.3 设 $m,n\geqslant 2,h$ 是奇数.对于任意素数幂 $q\geqslant m+n-1$, 存在 MR$(hq^m,hq^n,2)$.

1.4 t-重幻方

设 $\boldsymbol{A}$ 是一个 MS(n), $t\in \mathbf{Z}_+$. 若对每个 $e\in\{1,2,\cdots,t\}$,$\boldsymbol{A}^{*e}$ 是 GMS(n), 则称 $\boldsymbol{A}$ 是 t-重幻方,记为 MS(n,t).与 t-重幻矩对应,MS$(n,1)$即 MS(n), MS$(n,2)$通常称为平方幻方.

若一个 MS(n,t) $\boldsymbol{A}$ 的最小元素是 0, 则对每个 $e\in\{1,2,\cdots,t\}$, $\boldsymbol{A}^{*e}$ 的幻和为 $\sum\limits_{k=0}^{n^2-1} k^e/n$, 即 $S_e(n)$, 称为 $\boldsymbol{A}$ 的 t-重幻和.

1891 年,Lucas[41]证明了不存在 MS(3,2)和 MS(4,2).第一个平方幻方是 Pfeffermann 于 1891 年给出的[42], 它是一个 MS(8,2),元素取遍 1 到 64, 即

$$\begin{bmatrix} 56 & 34 & 8 & 57 & 18 & 47 & 9 & 31 \\ 33 & 20 & 54 & 48 & 7 & 29 & 59 & 10 \\ 26 & 43 & 13 & 23 & 64 & 38 & 4 & 49 \\ 19 & 5 & 35 & 30 & 53 & 12 & 46 & 60 \\ 15 & 25 & 63 & 2 & 41 & 24 & 50 & 40 \\ 6 & 55 & 17 & 11 & 36 & 58 & 32 & 45 \\ 61 & 16 & 42 & 52 & 27 & 1 & 39 & 22 \\ 44 & 62 & 28 & 37 & 14 & 51 & 21 & 3 \end{bmatrix}.$$

Boyer 在其网站上列出了 MS$(n,2)$, $8\leqslant n\leqslant 64$,以及一些小阶数的 MS$(n,3)$ 的例子[43].

引理 1.4.1 (1) 不存在 MS(3,2)和 MS(4,2);(2) 对于 $8\leqslant n\leqslant 64$,存在 MS(n,2);(3) 对于 $n\in\{12,16,24,32,64,128\}$,存在 MS($n$,3).

对于平方幻方,2012 年,Chen 和 Li[38] 给出了如下结果.

引理 1.4.2 (1) 存在一个 MS($4m$,2)当且仅当 $m\geqslant 2$.

(2) 对于任意 $m,n\in\mathbf{Z}_+$,若满足 $m\equiv n\pmod 2$且 $m,n\notin\{2,3,6\}$,则存在一个 MS(mn,2).

1994 年,Abe[4] 提出了泛对角平方幻方的存在性问题.2011 年,Chen、Li 和 Pan[37] 利用特殊的正交表给出了如下结果.

引理 1.4.3 对于 $n\in\mathbf{Z}$, $n\geqslant 7$ 且 n 和 30 的最大公因数 $\gcd(n,30)=1$,存在一个泛对角MS(n^4,2).

2012 年,Li、Wu 和 Pan[36] 利用平方幻矩给出了泛对角平方幻方的如下结果.

引理 1.4.4 对于 $n\in\mathbf{Z}_+$ 以及 $(p,q)\in E=\{(11,7),(13,7),(19,7),(13,11),(17,11)\}$,存在一个泛对角 MS($(pq)^n$,2).

虽然如此,泛对角平方幻方的存在性问题仍远未解决.

对于不小于 2 的重数 t,2007 年 Derksen 等[44] 给出了 t-重幻方的一个代数构造,得到了一些 t-重幻方.例如,MS(p^t,t),p 是素数,$p\geqslant 2t-1$,$t\geqslant 3$.

本书在 DLOA 的基础上,引入了正交表强双大集(记为 SDLOA,见第 4 章定义 4.1.1),并建立了 SDLOA 和 t-重幻方的联系,得到如下结果.

若存在 SDLOA($N;t,k,v$),则存在 MS(N,t).

我们改进了 Derksen 等的相应结果,得到如下结论.

定理 1.4.1 设 $t\geqslant 2$,对于所有素数幂 $q\geqslant 2t-1$,存在 MS(q^t,t).

进一步地,我们引入了 t-重互补幻方的概念(见定义 6.2.1),得到了如下构造:

若 $t\geqslant 2$,假设存在

(1) I_{m^2} 上的 MS(m,t) $\boldsymbol{A}$,

(2) I_m 上的 m 阶对角拉丁方 $\boldsymbol{D}$,

(3) I_{n^2} 上的 m-CMS(n,t) $\boldsymbol{B}_0,\boldsymbol{B}_1,\cdots,\boldsymbol{B}_{m-1}$,

则
$$\boldsymbol{C}=(n^2\boldsymbol{A})\otimes\boldsymbol{J}_n+\sum_{u\in I_m}\sum_{v\in I_m}\boldsymbol{P}_m(u,v)\otimes\boldsymbol{B}_{d_{u,v}}$$
是 $I_{(mn)^2}$ 上的 MS(mn,t),其中,$\boldsymbol{P}_m(u,v)$表示(u,v)元为 1、其余元为 0 的 m 阶矩阵.

由上述构造还可得到一些递推构造,并得到 t-重幻方的如下结果.

定理 1.4.2 对于素数幂 $q\geqslant 4t-5$，$m\geqslant t\geqslant 2$，存在 $MS(q^m,t)$.

同时,我们还得到了平方幻方和 3 -重幻方的一些类.

1.5 杨辉型 t-重幻方

宋代数学家杨辉给出了 4 到 10 阶的幻方.例如,MS(8)可写为

$$\boldsymbol{Y}_8=\begin{bmatrix}61&3&2&64&57&7&6&60\\12&54&55&9&16&50&51&13\\20&46&47&17&24&42&43&21\\37&27&26&40&33&31&30&36\\29&35&34&32&25&39&38&28\\44&22&23&41&48&18&19&45\\52&14&15&49&56&10&11&53\\5&59&58&8&1&63&62&4\end{bmatrix}.$$

Chikaraishi 等[45]发现 $\boldsymbol{Y}_8$ 满足如下性质:对任意的 $e\in\{2,3,4\}$,$\boldsymbol{Y}_8^{*e}$ 的前四行元素的总和等于后四行元素的总和，左四列元素的总和等于右四列元素的总和.上述性质等价于 $\boldsymbol{Y}_8^{*e}$ 的前四行、后四行、左四列及右四列的元素的总和是一个定值. 我们称 $\boldsymbol{Y}_8$ 是一个杨辉型幻方.

一般地，设 $\boldsymbol{A}$ 是一个幻方，t 是大于 1 的整数，如果对于任意的 $e\in\{2,3,\cdots,t\}$，$\boldsymbol{A}^{*e}$ 的前 $\left[\frac{n}{2}\right]$ 行、后 $\left[\frac{n}{2}\right]$ 行、左 $\left[\frac{n}{2}\right]$ 列及右 $\left[\frac{n}{2}\right]$ 列的元素的总和是一个定值，则称 $\boldsymbol{A}$ 是一个 n 阶杨辉型 t-重幻方，简称杨辉型幻方,记作 YMS(n，t). 这里 $\left[\frac{n}{2}\right]$ 表示小于等于 $\frac{n}{2}$ 的最大正整数. Chikaraishi 等研究了偶数阶杨辉型 t-重幻方，并称之为 t 次幂和幻方.

易见，这里所定义的 n 阶杨辉型 t-重幻方自然地包含了奇数阶情形.不难证明，对于奇数阶情形，中间行、中间列元素的 e 次幂的和是所有元素 e 次幂和的 n 分之一.例如，一个 YMS(5,2)为

$$\boldsymbol{A}=\begin{bmatrix}0&14&23&7&16\\22&6&15&4&13\\19&3&12&21&5\\11&20&9&18&2\\8&17&1&10&24\end{bmatrix}.$$

Chikaraishi 等还证明了如下结果.

引理 1.5.1 对于整数 $t\geqslant 2$，存在一个 $\mathrm{YMS}(2^t,2t-2)$.

由定义不难看出，一个 $\mathrm{MS}(n,t)$ 也是一个 $\mathrm{YMS}(n,t)$. 特别地，对于 $\mathrm{MS}(n,2)$，Chen 和 Li[38] 给出如下结果.

引理 1.5.2 (1) 存在一个 $\mathrm{MS}(4m,2)$ 当且仅当 $m\geqslant 2$.

(2) 对于任意正整数 m,n，若 $m\equiv n \pmod 2$ 且 $m,n\notin\{2,3,6\}$，则存在一个 $\mathrm{MS}(mn,2)$.

由上面的引理可知，当 n 为双偶数且 $n\neq 4$ 时，存在一个 $\mathrm{YMS}(n,2)$.

本书第 7 章主要给出了当 $n\equiv 2 \pmod 4$ 时 $\mathrm{YMS}(n,2)$ 的基本构造，并证明了如下结论.

定理 1.5.1 对于所有的偶数 n，存在一个 $\mathrm{YMS}(n,2)$ 当且仅当 $n\neq 2$.

由引理 1.5.2(2)可得到一类奇数阶的 $\mathrm{YMS}(n,2)$.进一步地，在第 7 章中将解决当 n 为奇数时 $\mathrm{YMS}(n,2)$ 的存在性问题，并证明以下定理.

定理 1.5.2 对所有的奇数 $n\geqslant 5$，都存在一个 $\mathrm{YMS}(n,2)$.

由引理 1.5.1、引理 1.5.2、定理 1.5.1 及定理 1.5.2 可得以下定理.

定理 1.5.3 存在一个 $\mathrm{YMS}(n,2)$ 当且仅当 n 是正整数且 $n\neq 2,3$.

本书第 8 章研究了 $t>2$ 的情形，并证明了以下定理.

定理 1.5.4 当 $n\equiv 2 \pmod 4$，$t\geqslant 3$ 时，不存在 $\mathrm{YMS}(n,t)$.

第 8 章还利用杨辉型强对称自正交对角拉丁方解决了 $\mathrm{YMS}(n,4)$ 的存在性问题，并证明了以下定理.

定理 1.5.5 对于所有的偶数 n，存在一个 $\mathrm{YMS}(n,4)$ 当且仅当 $n\equiv 0 \pmod 4$ 且 $n\neq 4$.

定理 1.5.6 设 $t\geqslant 2$，k 是奇数.存在一个杨辉型强对称自正交拉丁方 $\mathrm{YSSSODLS}(2^t\cdot k,2t-2l)$，其中，若 $k=1$，则 $l=1$；若 $k>1$，则 $l=0$.$(t,k)=(3,3)$ 例外.

若 $\boldsymbol{A}$ 是一个 $\mathrm{YSSSODLS}(n,t)$，则 $n\boldsymbol{A}+\boldsymbol{A}^{\mathrm{T}}$ 是对称基本的 $\mathrm{YMS}(n,t)$.从而得到如下结果.

定理 1.5.7 (1) 存在一个对称基本的 $\mathrm{YMS}(2^t,2t-2)$，$t>1$；

(2) 存在一个对称基本的 $\mathrm{YMS}(2^t\cdot k,2t)$，$t>1$，$k$ 是奇数，$k>1$.

第2章 对称泛对角基本幻方

1994 年，Abe[4] 提出了对称泛对角基本幻方的存在性问题，其可以由一对强对称弱泛对角正交拉丁方的存在性得到.强对称弱泛对角 OLS(n)记为 SSWPOLS(n).受此启发，本章考查其存在性问题.

本章首先给出 SSWPOLS(m)的基本构造，然后分奇数阶和偶数阶分别讨论其存在性.

2.1 强对称弱泛对角正交拉丁方的基本构造

首先证明强对称弱泛对角正交拉丁方的积构造.

给定 $m\times n$ 矩阵 $\boldsymbol{A}$ 以及 $r\times s$ 矩阵 $\boldsymbol{B}$，则 Kronecker 积 $\boldsymbol{A}\otimes\boldsymbol{B}$ 是由下式给出的 $mr\times ns$ 矩阵：

$$\boldsymbol{A}\otimes\boldsymbol{B}=\begin{bmatrix} a_{0,0}\boldsymbol{B} & a_{0,1}\boldsymbol{B} & \cdots & a_{0,n-1}\boldsymbol{B} \\ a_{1,0}\boldsymbol{B} & a_{1,1}\boldsymbol{B} & \cdots & a_{1,n-1}\boldsymbol{B} \\ \vdots & \vdots & & \vdots \\ a_{m-1,0}\boldsymbol{B} & a_{m-1,1}\boldsymbol{B} & \cdots & a_{m-1,n-1}\boldsymbol{B} \end{bmatrix}.$$

$\boldsymbol{J}_{m\times n}$表示元素全为 1 的 $m\times n$ 矩阵.当 $m=n$ 时，简记为 $\boldsymbol{J}_n$.

构造 2.1.1 若存在一对 SSWPOLS(m)和一对 SSWPOLS(n)，则存在一对 SSWPOLS(mn).

证 假设 $\boldsymbol{A},\boldsymbol{B}$ 是 I_m 上的一对 SSWPOLS(m)，$\boldsymbol{C},\boldsymbol{D}$ 是 I_n 上的一对 SSWPOLS(n).令

$$\boldsymbol{E}=n\boldsymbol{A}\otimes\boldsymbol{J}_n+\boldsymbol{J}_m\otimes\boldsymbol{C},\boldsymbol{F}=n\boldsymbol{B}\otimes\boldsymbol{J}_n+\boldsymbol{J}_m\otimes\boldsymbol{D},$$

则 mn 阶方阵 $\boldsymbol{E}=(e_{i,j})$，$\boldsymbol{F}=(f_{i,j})$的元素可具体表示为

$$e_{i,j}=n\,a_{u,s}+c_{v,t}，f_{i,j}=n\,b_{u,s}+d_{v,t}，$$

$$i=nu+v,\ j=ns+t,\ u,s\in I_m,\ v,t\in I_n.$$

由文献[25]中的构造2.1得,$\boldsymbol{E},\boldsymbol{F}$是一对弱泛对角OLS($mn$).所以$\boldsymbol{E},\boldsymbol{F}$是强对称的.

令
$$i'=mn-1-i,\ j'=mn-1-j,\ u'=m-1-u,$$
$$v'=n-1-u,\ s'=m-1-s,\ t'=n-1-t,$$
则$i'=nu'+v'$,$j'=ns'+t'$.所以有

$$\begin{aligned}e_{i,j}+e_{i',j'}&=na_{u,s}+c_{v,t}+na_{u',s'}+c_{v',t'}\\&=n(a_{u,s}+a_{u',s'})+(c_{v,t}+c_{v',t'})\\&=n(m-1)+n-1\\&=nm-1.\end{aligned}$$

因此$\boldsymbol{E}$是强对称的.同理可证,$\boldsymbol{F}$也是强对称的.所以$\boldsymbol{E},\boldsymbol{F}$是一对SSWPOLS($mn$).

我们将用正交拉丁方的如下构造得到强对称弱泛对角正交拉丁方的基本构造.

构造2.1.2 设m是偶数,n是整数.令

(1) $T=\{T_0,T_1,\cdots,T_{m-1}\}$是$I_{mn}$的分拆,$|T_i|=n$;

(2) $\varphi_{u,v}$,$\varphi'_{u,v}$是I_n到T_v的任意双射,$u,v\in I_m$;

(3) $\boldsymbol{D}=(d_{u,v})$,$\boldsymbol{D}'=(d'_{u,v})$是$I_m$上的一对OLS($m$);

(4) $\boldsymbol{M}=(m_{i,j})$,$\boldsymbol{M}'=(m'_{i,j})$是$I_n$上的一对OLS($n$).

再令

$$\boldsymbol{A}=(\boldsymbol{A}_{u,v}),\ \boldsymbol{A}_{u,v}=(a_{u,v}(i,j))_{n\times n},\ a_{u,v}(i,j)=\varphi_{u,d_{u,v}}(m_{i,j}),$$
$$\boldsymbol{B}=(\boldsymbol{B}_{u,v}),\ \boldsymbol{B}_{u,v}=(b_{u,v}(i,j))_{n\times n},\ b_{u,v}(i,j)=\varphi'_{u,d'_{u,v}}(m'_{i,j}),$$

其中$u,v\in I_m,i,j\in I_n$,则$\boldsymbol{A},\boldsymbol{B}$是一对OLS($mn$).

证 先证$\boldsymbol{A},\boldsymbol{B}$是拉丁方.这里只证$\boldsymbol{A}$是拉丁方,类似可证$\boldsymbol{B}$是拉丁方.

任取$\boldsymbol{A}$的第$nu+i$行,$u\in I_m$,$i\in I_n$.考虑元素$a_{u,v}(i,j)$,$a_{u,v'}(i,j')$,$v,v'\in I_m,j,j'\in I_n$,且$(v,j)\neq(v',j')$.

当$v\neq v'$时,由于$\boldsymbol{D}$是拉丁方,$d_{u,v}\neq d_{u,v'}$,从而$T_{d_{u,v}}\cap T_{d_{u,v'}}=\varnothing$,因此有$\varphi_{u,d_{u,v}}(m_{i,j})\neq\varphi_{u,d_{u,v'}}(m_{i,j'})$,即$a_{u,v}(i,j)\neq a_{u,v'}(i,j')$.

当$v=v'$时,$j\neq j'$.$\varphi_{u,d_{u,v}}$和$\varphi_{u,d_{u,v'}}$的像在同一个集合$T_{d_{u,v}}$上.由于$\boldsymbol{M}$是拉丁方,$m_{i,j}\neq m_{i,j'}$,因此$\varphi_{u,d_{u,v}}(m_{i,j})\neq\varphi_{u,d_{u,v'}}(m_{i,j'})$,即$a_{u,v}(i,j)\neq a_{u,v'}(i,j')$.故$\boldsymbol{A}$的每行元素两两相异.同理可证$\boldsymbol{A}$的每列元素两两相异,所以$\boldsymbol{A}$是拉丁方.

现在证明$\boldsymbol{A},\boldsymbol{B}$正交.设

$$(a_{u_1,v_1}(i_1,j_1),b_{u_1,v_1}(i_1,j_1))=(a_{u_2,v_2}(i_2,j_2),a_{u_2,v_2}(i_2,j_2)),$$

其中 $u_1,u_2,v_1,v_2\in I_m,i_1,i_2,j_1,j_2\in I_n$，则

$$\varphi_{u_1,d_{u_1,v_1}}(m_{i_1,j_1})=\varphi_{u_2,d_{u_2,v_2}}(m_{i_2,j_2}),$$
$$\varphi'_{u_1,d'_{u_1,v_1}}(m'_{i_1,j_1})=\varphi'_{u_2,d'_{u_2,v_2}}(m'_{i_2,j_2}).$$

因此，$T_{d_{u_1,v_1}}=T_{d_{u_2,v_2}}$，$T_{d'_{u_1,v_1}}=T_{d'_{u_2,v_2}}$，从而 $d_{u_1,v_1}=d_{u_2,v_2}$，$d'_{u_1,v_1}=d'_{u_2,v_2}$.

由 $\boldsymbol{D},\boldsymbol{D}'$ 的正交性，可得 $u_1=u_2,v_1=v_2$. 因为 φ,φ' 是双射，所以有 $m_{i_1,j_1}=m_{i_2,j_2}$，$m'_{i_1,j_1}=m'_{i_2,j_2}$.而 $\boldsymbol{M},\boldsymbol{M}'$ 是一对正交拉丁方，有 $i_1=i_2,j_1=j_2$. 所以 $\boldsymbol{A},\boldsymbol{B}$ 正交.

引理 2.1.1 在构造 2.1.2 中，如果对任意 $v\in I_m,j\in I_n$ 有

$$\text{(L1)}\ \sum_{u\in I_m}\sum_{i\in I_n}\varphi_{u,d_{u,\langle v+u+\left[\frac{j+i}{n}\right]\rangle_m}}(m_{i,\langle j+i\rangle_n})=s,$$
$$\text{(L2)}\ \sum_{u\in I_m}\sum_{i\in I_n}\varphi_{u,d_{u,\langle v-u-\left[\frac{j-i}{n}\right]\rangle_m}}(m_{i,\langle j-i\rangle_n})=s,$$
$$\text{(L3)}\ \sum_{u\in I_m}\sum_{i\in I_n}\varphi'_{u,d'_{u,\langle v+u+\left[\frac{j+i}{n}\right]\rangle_m}}(m'_{i,\langle j+i\rangle_n})=s,$$
$$\text{(L4)}\ \sum_{u\in I_m}\sum_{i\in I_n}\varphi'_{u,d'_{u,\langle v-u-\left[\frac{j-i}{n}\right]\rangle_m}}(m'_{i,\langle j-i\rangle_n})=s,$$

其中，$s=\dfrac{mn(mn-1)}{2}$，则由构造 2.1.2 得到的 $\boldsymbol{A},\boldsymbol{B}$ 是弱泛对角的.

证 考虑构造 2.1.2 中定义的方阵 $\boldsymbol{A},\boldsymbol{B}$ 的泛对角线.对任意 $s\in I_{mn}$，若记 $v=\left[\dfrac{s}{n}\right]$，$j=\langle s\rangle_n$，则 $s=vn+\langle s\rangle_n$，而 $\boldsymbol{A}$ 的第 s 条右泛对角线和第 s 条左泛对角线的元素分别为

$$a_{u,\langle\langle v+u\rangle_m+\left[\frac{j+i}{n}\right]\rangle_m}(i,\langle j+i\rangle_n),u\in I_m,i\in I_n,$$
$$a_{u,\langle\langle v-u\rangle_m-\left[\frac{j-i}{n}\right]\rangle_m}(i,\langle j-i\rangle_n),u\in I_m,i\in I_n.$$

$\boldsymbol{B}$ 的泛对角线是类似的.因此，由弱泛对角拉丁方的定义和条件(L1)—(L4)可证得 $\boldsymbol{A},\boldsymbol{B}$ 是弱泛对角的.

引理 2.1.2 在构造 2.1.2 中，设 $\boldsymbol{D},\boldsymbol{D}',\boldsymbol{M},\boldsymbol{M}'$ 满足强对称性，且 φ,φ' 满足

$$\text{(L5)}\ \varphi_{u,v}(t)+\varphi_{m-1-u,m-1-v}(n-1-t)=mn-1,$$
$$\text{(L6)}\ \varphi'_{u,v}(t)+\varphi'_{m-1-u,m-1-v}(n-1-t)=mn-1.$$

$u,v\in I_m,t\in I_n$，则由构造 2.1.2 得到的 $\boldsymbol{A},\boldsymbol{B}$ 是强对称的.

证 对任意 $u,v\in I_m,i,j\in I_n$，令

$$u'=m-1-u,v'=m-1-v,i'=n-1-i,j'=n-1-j.$$

由 $\boldsymbol{D},\boldsymbol{M}$ 的强对称性，有

$$d_{u,v}+d_{u',v'}=m-1,\ m_{i,j}+m_{i',j'}=n-1.$$

所以由条件(L5)有

$$\begin{aligned} a_{u,v}(m_{i,j})+a_{u',v'}(m_{i',j'}) &= \varphi_{u,d_{u,v}}(m_{i,j})+\varphi_{u',d_{u',v'}}(m_{i',j'}) \\ &= \varphi_{u,d_{u,v}}(m_{i,j})+\varphi_{u',m-1-d_{u,v}}(n-1-m_{i,j}) \\ &= mn-1. \end{aligned}$$

因此,$\boldsymbol{A}$ 是强对称的.同理，由条件(L6)可证,$\boldsymbol{B}$ 也是强对称的.

定理 2.1.1 设 $\boldsymbol{D},\boldsymbol{D}',\boldsymbol{M},\boldsymbol{M}'$满足强对称性，且 φ,φ'满足引理 2.1.1 中的条件(L1)－(L4)和引理 2.1.2 中的条件(L5)－(L6),则由构造 2.1.2 得到的 $\boldsymbol{A},\boldsymbol{B}$ 是一对 SSWPOLS(mn).

下面两节分别讨论奇数阶和偶数阶强对称弱泛对角正交拉丁方的存在性.

2.2 奇数阶强对称弱泛对角正交拉丁方的存在性

本节考虑 SSWPOLS(n)(n 是奇数)的存在性,分两种情形考虑:(1) $n\equiv1,5(\mathrm{mod}\ 6)$;(2) $n\equiv3(\mathrm{mod}\ 6)$.

情形 1: $n\equiv1,5(\mathrm{mod}\ 6)$

引理 2.2.1 对于 $n\equiv1,5(\mathrm{mod}\ 6)$，存在一对 SSWPOLS$(n)$.

证 设 $\boldsymbol{U},\boldsymbol{V}$ 是 n 阶方阵,其中

$$u_{i,j}=\langle 2i+j+1\rangle_n,\ v_{i,j}=\langle 2i-j\rangle_n,\ i,j\in I_n.$$

易证 $\boldsymbol{U},\boldsymbol{V}$ 是 I_n 上的 OLS(n). 下证 $\boldsymbol{U},\boldsymbol{V}$ 是强对称的，且是弱泛对角的.这里只证 $\boldsymbol{U}$，类似可证 $\boldsymbol{V}$.

对任意 $i,j\in I_n$,有

$$\begin{aligned} u_{i,j}+u_{n-1-i,n-1-j} &= \langle 2i+j+1\rangle_n+\langle 2(n-1-i)+(n-1-j)+1\rangle_n \\ &= \langle 2i+j+1\rangle_n+\langle 3n-1-(2i+j+1)\rangle_n \\ &= \langle 2i+j+1\rangle_n+\langle n-1-\langle 2i+j+1\rangle_n\rangle_n \\ &= n-1. \end{aligned}$$

所以 $\boldsymbol{U}$ 是强对称的.

考虑 $\boldsymbol{U}$ 的泛对角性.对于任意 $k\in I_n$，由于$(3,n)=1$，因此有

$$\begin{aligned} \{u_{i,\langle i+k\rangle_n}\mid i\in I_n\} &= \{\langle 2i+\langle i+k\rangle_n+1\rangle_n\mid i\in I_n\} \\ &= \{\langle 3i+k+1\rangle_n\mid i\in I_n\} \\ &= \{\langle i+k+1\rangle_n\mid i\in I_n\} \\ &= I_n. \end{aligned}$$

这表明 $\boldsymbol{U}$ 的每条右泛对角线都是截态. 同理可证,$\boldsymbol{U}$ 的每条左泛对角线也都是截态. 所以 $\boldsymbol{U}$ 是弱泛对角的.

情形 2: $n\equiv 3 \pmod 6$

定义 2.2.1 设 $\boldsymbol{H}$ 是 I_{mn} 上的 $m\times n$ 矩阵,矩阵元素互不相同.$\boldsymbol{H}$ 称为行幻矩,如果

$$\sum_{j=0}^{n-1} h_{i,j}=\frac{n(mn-1)}{2},\ i\in I_m. \tag{2-1}$$

一个行幻矩 $\boldsymbol{H}$ 称为中心互补的,记为 (m,n)- CCRMR,如果 $\boldsymbol{H}$ 满足

$$h_{i,j}+h_{m-1-i,n-1-j}=mn-1,\ i\in I_m, j\in I_n. \tag{2-2}$$

引理 2.2.2 对于 $n\equiv 3 \pmod 6$, $n\neq 3$, 若存在一个 $\left(3,\frac{n}{3}\right)$- CCRMR,则存在一对 SSWPOLS($n$).

证 设 $\boldsymbol{H}$ 是 I_n 上的一个 $\left(3,\frac{n}{3}\right)$- CCRMR. 定义 I_n 上的置换 σ 如下:

$$\sigma(i)=h_{\langle i\rangle_3,\left[\frac{i}{3}\right]},\ i\in I_n. \tag{2-3}$$

设 $\boldsymbol{U},\boldsymbol{V}$ 是 n 阶方阵,其中

$$u_{i,j}=\sigma(\langle 2i+j+1\rangle_n),\ v_{i,j}=\sigma(\langle 2i-j\rangle_n),\ i,j\in I_n. \tag{2-4}$$

易证 $\boldsymbol{U}$, $\boldsymbol{V}$ 是一对 OLS(n),我们将证明 $\boldsymbol{U}$ 和 $\boldsymbol{V}$ 是一对 SSWPOLS(n).

先证 $\boldsymbol{U},\boldsymbol{V}$ 是弱泛对角的.易证,$\boldsymbol{U}$ 的左泛对角线和 $\boldsymbol{V}$ 的右泛对角线都是截态.考虑 $\boldsymbol{U}$ 的右泛对角线.任意取定 $w\in I_n$,记

$$w=3s+t,\ s\in I_{\frac{n}{3}},\ t\in I_3.$$

由式(2-1)、式(2-3)和式(2-4)有

$$\begin{aligned}
\sum_{i=0}^{n-1} u_{i,\langle i+w\rangle_n} &= \sum_{i=0}^{n-1}\sigma(\langle 2i+\langle i+w\rangle_n+1\rangle_n) \\
&= \sum_{i=0}^{n-1}\sigma(\langle 3(i+s)+t+1\rangle_n) \\
&= \sum_{i=0}^{n-1}\sigma\left(\langle 3(i+s)+\left(3\left[\frac{t+1}{3}\right]+\langle t+1\rangle_3\right)\rangle_n\right) \\
&= \sum_{i=0}^{n-1}\sigma\left(\langle 3\langle i+s+\left[\frac{t+1}{3}\right]\rangle_{\frac{n}{3}}+\langle t+1\rangle_3\rangle_n\right) \\
&= 3\sum_{i=0}^{\frac{n}{3}-1}\sigma(3i+\langle t+1\rangle_3) \\
&= 3\sum_{i=0}^{\frac{n}{3}-1}h_{\langle t+1\rangle_3,i}
\end{aligned}$$

$$=\frac{n(n-1)}{2}.$$

即 $\boldsymbol{U}$ 的每条右泛对角线上的 n 个数的和是定值.同理可证,$\boldsymbol{V}$ 的每条左泛对角线上的 n 个数的和也是定值.所以,$\boldsymbol{U},\boldsymbol{V}$ 都是弱泛对角的.

再证 $\boldsymbol{U},\boldsymbol{V}$ 是强对称的.对任意 $i\in I_n$,设 $q=\left[\frac{i}{3}\right]$,$r=\langle i\rangle_3$,则 $i=3q+r$,且 $q\in I_{\frac{n}{3}}$,$r\in I_3$. 所以有 $n-1-i=3\left(\frac{n}{3}-1-q\right)+2-r$.从而由式(2-2)和式(2-3)有

$$\sigma(i)+\sigma(n-1-i)=h_{r,q}+h_{2-r,\frac{n}{3}-1-q}=n-1.$$

从而对任意 $i,j\in I_n$,有

$$\begin{aligned}u_{n-1-i,n-1-j}&=\sigma(\langle 2(n-1-i)+(n-1-j)+1\rangle_n)\\&=\sigma(\langle n-1-\langle 2i+j+1\rangle_n\rangle_n)\\&=\sigma(n-1-\langle 2i+j+1\rangle_n).\end{aligned}$$

所以有

$$u_{i,j}+u_{n-1-i,n-1-j}=\sigma(\langle 2i+j+1\rangle_n)+\sigma(n-1-\langle 2i+j+1\rangle_n)=n-1.$$

从而 $\boldsymbol{U}$ 是强对称的.同理可证,$\boldsymbol{V}$ 也是强对称的.

因此 $\boldsymbol{U},\boldsymbol{V}$ 是一对 SSWPOLS(n).

例 2.2.1 设 $n=9$,令

$$\boldsymbol{P}=\begin{bmatrix}0&7&5\\6&4&2\\3&1&8\end{bmatrix}.$$

易证 $\boldsymbol{P}$ 是(3,3)- CCRMR. 由式(2-3)得置换

$$\boldsymbol{\sigma}=\begin{bmatrix}0&1&2&3&4&5&6&7&8\\0&6&3&7&4&1&5&2&8\end{bmatrix},$$

设 $\boldsymbol{U}',\boldsymbol{V}'$ 是由下式给出的一对 OLS(9):

$$u'_{i,j}=\sigma(\langle 2i+j+1\rangle_9),\ v'_{i,j}=\sigma(\langle 2i-j\rangle_9),\ i,j\in I_9.$$

即有

$$U'=\begin{bmatrix}1&2&3&4&5&6&7&8&0\\3&4&5&6&7&8&0&1&2\\5&6&7&8&0&1&2&3&4\\7&8&0&1&2&3&4&5&6\\0&1&2&3&4&5&6&7&8\\2&3&4&5&6&7&8&0&1\\4&5&6&7&8&0&1&2&3\\6&7&8&0&1&2&3&4&5\\8&0&1&2&3&4&5&6&7\end{bmatrix},V'=\begin{bmatrix}0&8&7&6&5&4&3&2&1\\2&1&0&8&7&6&5&4&3\\4&3&2&1&0&8&7&6&5\\6&5&4&3&2&1&0&8&7\\8&7&6&5&4&3&2&1&0\\1&0&8&7&6&5&4&3&2\\3&2&1&0&8&7&6&5&4\\5&4&3&2&1&0&8&7&6\\7&6&5&4&3&2&1&0&8\end{bmatrix},$$

对$\boldsymbol{U}',\boldsymbol{V}'$作置换$\boldsymbol{\sigma}$，得

$$U=\begin{bmatrix}6&3&7&4&1&5&2&8&0\\7&4&1&5&2&8&0&6&3\\1&5&2&8&0&6&3&7&4\\2&8&0&6&3&7&4&1&5\\0&6&3&7&4&1&5&2&8\\3&7&4&1&5&2&8&0&6\\4&1&5&2&8&0&6&3&7\\5&2&8&0&6&3&7&4&1\\8&0&6&3&7&4&1&5&2\end{bmatrix},V=\begin{bmatrix}0&8&2&5&1&4&7&3&6\\3&6&0&8&2&5&1&4&7\\4&7&3&6&0&8&2&5&1\\5&1&4&7&3&6&0&8&2\\8&2&5&1&4&7&3&6&0\\6&0&8&2&5&1&4&7&3\\7&3&6&0&8&2&5&1&4\\1&4&7&3&6&0&8&2&5\\2&5&1&4&7&3&6&0&8\end{bmatrix}.$$

易证，$\boldsymbol{U},\boldsymbol{V}$是一对SSWPOLS(9).

引理 2.2.3 对所有奇数$n\geqslant 3$，存在$(3,n)$-CCRMR.

证 设n是奇数，$n\geqslant 3$，记$n=4s+w$，$w\in\{3,5\}$，$s\geqslant 0$. 对s用数学归纳法.

当$s=0$时，一个(3,3)-CCRMR可以由例2.2.1给出，一个(3,5)-CCRMR可以为

$$\begin{bmatrix}0&13&6&12&4\\3&9&7&5&11\\10&2&8&1&14\end{bmatrix}.$$

对于$s\geqslant 0$，假设$\boldsymbol{A}(s,w)$是一个$(3,4s+w)$-CCRMR，则$\boldsymbol{A}(s,w)$的行和为$(4s+w)(12s+3w-1)/2$，关于中心对称位置的每对元素和为$12s+3w-1$.设

$$L=\begin{bmatrix}0&5\\1&4\\2&3\end{bmatrix},\ R(s,w)=\begin{bmatrix}12s+3w+8&12s+3w+9\\12s+3w+7&12s+3w+10\\12s+3w+6&12s+3w+11\end{bmatrix}.$$

记 $$A(s+1,w)=(L|A(s,w)+6J_{3\times(4s+w)}|R(s,w)).$$
容易验证 $A(s+1,w)$ 的元素跑遍 I_{n+12}. 通过计算可知 $A(s+1,w)$ 的行和为

$$\frac{n(3n-1)}{2}+6n+2(3n)+22=\frac{[4(s+1)+w][12(s+1)+3w-1]}{2},$$

这是一个定值,关于中心对称位置的元素和 $12s+3w+11=12(s+1)+3w-1$ 也是一个定值.所以 $A(s+1,w)$ 是一个 $(3,4(s+1)+w)$- CCRMR. 由归纳假设, 对所有奇数 $n\geqslant 3$,存在一个 $(3,n)$- CCRMR.

引理 2.2.4 对于 $n\equiv 3 \pmod 6$, $n\neq 3$, 存在一对 SSWPOLS(n).

该引理可通过引理 2.2.2 和引理 2.2.3 证明.

定理 2.2.1 对于所有奇数 $m\geqslant 5$, 存在一对 SSWPOLS(m).

该定理可通过引理 2.2.1 和引理 2.2.4 证明.

2.3 偶数阶强对称弱泛对角正交拉丁方的存在性

由引理 1.2.4 或者引理 1.2.6 知,对于 $m\equiv 2 \pmod 4$, 不存在 SSWPOLS(m). 所以只要考虑 SSWPOLS(m), $m\equiv 0 \pmod 4$. 设 $m=4n$, $n\geqslant 1$.

分两种情形: (1) $n\equiv 2 \pmod 4$; (2) $n\equiv 0,1,3 \pmod 4$.

情形 1: $n\equiv 2 \pmod 4$

设 $n=4s+2$, $s\geqslant 0$, 则 $4n=8(2s+1)$, $s\geqslant 0$. 设 $k=2s+1$, 则 $n=8k$, $k\geqslant 1$, k 为奇数.

引理 2.3.1 存在一对 SSWPOLS(8).

证 通过计算机搜索, 得到一对 SSWPOLS(8)如下:

$$D=\begin{bmatrix}0&3&6&5&4&7&2&1\\1&2&7&4&5&6&3&0\\5&6&3&0&1&2&7&4\\4&7&2&1&0&3&6&5\\2&1&4&7&6&5&0&3\\3&0&5&6&7&4&1&2\\7&4&1&2&3&0&5&6\\6&5&0&3&2&1&4&7\end{bmatrix},\ D'=\begin{bmatrix}0&1&5&4&2&3&7&6\\3&2&6&7&1&0&4&5\\6&7&3&2&4&5&1&0\\5&4&0&1&7&6&2&3\\4&5&1&0&6&7&3&2\\7&6&2&3&5&4&0&1\\2&3&7&6&0&1&5&4\\1&0&4&5&3&2&6&7\end{bmatrix}.$$

引理 2.3.2 存在一对 SSWPOLS(24).

证 设 D, D' 是引理 2.3.1 给出的一对 SSWPOLS(8).一对强对称OLS(3)

如下：

$$\boldsymbol{M}=\begin{bmatrix}0 & 2 & 1\\ 2 & 1 & 0\\ 1 & 0 & 2\end{bmatrix},\quad \boldsymbol{M}'=\begin{bmatrix}1 & 2 & 0\\ 0 & 1 & 2\\ 2 & 0 & 1\end{bmatrix}.$$

设 $\boldsymbol{L}=(0\ \ 2\ \ 6\ \ 3\ \ 4\ \ 1\ \ 8\ \ 7\ \ 10\ \ 11\ \ 9\ \ 5\ \ 21\ \ 17\ \ 23\ \ 20\ \ 19\ \ 22\ \ 15\ \ 16\ \ 13\ \ 14\ \ 18\ \ 12)$，$\boldsymbol{L}'=(0\ \ 2\ \ 6\ \ 1\ \ 3\ \ 4\ \ 10\ \ 8\ \ 7\ \ 11\ \ 9\ \ 5\ \ 21\ \ 17\ \ 23\ \ 22\ \ 19\ \ 20\ \ 13\ \ 16\ \ 15\ \ 14\ \ 18\ \ 12)$.

记 $\quad \boldsymbol{L}=(\boldsymbol{L}_0\ \ \boldsymbol{L}_1\ \ \cdots\ \ \boldsymbol{L}_7)$，$\boldsymbol{L}_v=(l_v(0)\ \ l_v(1)\ \ l_v(2))$，$v\in I_8$.

对于 $\boldsymbol{L}'$，有类似的记法.

对于任意 $t\in I_3$，令

$$\varphi_{u,v}(t)=\begin{cases}l_v(t), & u=0,1,2,3;\\ 8n-1-l_{7-v}(n-1-t), & u=4,5,6,7.\end{cases}$$

$$\varphi'_{u,v}(t)=\begin{cases}l'_v(t), & u=0,1,2,3;\\ 8n-1-l'_{7-v}(n-1-t), & u=4,5,6,7.\end{cases}$$

可以验证，φ,φ' 满足引理 2.1.1 中的条件(L1)—(L4)和引理 2.1.2 的条件(L5)—(L6).由定理 2.1.1 得到一对 SSWPOLS(24)，$\boldsymbol{A}$，$\boldsymbol{B}$ 分别如下：

$$\boldsymbol{A}=\left[\begin{array}{ccc|ccc|ccc|ccc|ccc|ccc|ccc|ccc}
0 & 6 & 2 & 11 & 5 & 9 & 15 & 13 & 16 & 20 & 22 & 19 & 21 & 23 & 17 & 14 & 12 & 18 & 8 & 10 & 7 & 3 & 1 & 4\\
6 & 2 & 0 & 5 & 9 & 11 & 13 & 16 & 15 & 22 & 19 & 20 & 23 & 17 & 21 & 12 & 18 & 14 & 10 & 7 & 8 & 1 & 4 & 3\\
2 & 0 & 6 & 9 & 11 & 5 & 16 & 15 & 13 & 19 & 20 & 22 & 17 & 21 & 23 & 18 & 14 & 12 & 7 & 8 & 10 & 4 & 3 & 1\\
\hline
3 & 1 & 4 & 8 & 10 & 7 & 14 & 12 & 18 & 21 & 23 & 17 & 20 & 22 & 19 & 15 & 13 & 16 & 11 & 5 & 9 & 0 & 6 & 2\\
1 & 4 & 3 & 10 & 7 & 8 & 12 & 18 & 14 & 23 & 17 & 21 & 22 & 19 & 20 & 13 & 16 & 15 & 5 & 9 & 11 & 6 & 2 & 0\\
4 & 3 & 1 & 7 & 8 & 10 & 18 & 14 & 12 & 17 & 21 & 23 & 19 & 20 & 22 & 16 & 15 & 13 & 9 & 11 & 5 & 2 & 0 & 6\\
\hline
20 & 22 & 19 & 15 & 13 & 16 & 11 & 5 & 9 & 0 & 6 & 2 & 3 & 1 & 4 & 8 & 10 & 7 & 14 & 12 & 18 & 21 & 23 & 17\\
22 & 19 & 20 & 13 & 16 & 15 & 5 & 9 & 11 & 6 & 2 & 0 & 1 & 4 & 3 & 10 & 7 & 8 & 12 & 18 & 14 & 23 & 17 & 21\\
19 & 20 & 22 & 16 & 15 & 13 & 9 & 11 & 5 & 2 & 0 & 6 & 4 & 3 & 1 & 7 & 8 & 10 & 18 & 14 & 12 & 17 & 21 & 23\\
\hline
21 & 23 & 17 & 14 & 12 & 18 & 8 & 10 & 7 & 3 & 1 & 4 & 0 & 6 & 2 & 11 & 5 & 9 & 15 & 13 & 16 & 20 & 22 & 19\\
23 & 17 & 21 & 12 & 18 & 14 & 10 & 7 & 8 & 1 & 4 & 3 & 6 & 2 & 0 & 5 & 9 & 11 & 13 & 16 & 15 & 22 & 19 & 20\\
17 & 21 & 23 & 18 & 14 & 12 & 7 & 8 & 10 & 4 & 3 & 1 & 2 & 0 & 6 & 9 & 11 & 5 & 16 & 15 & 13 & 19 & 20 & 22\\
\hline
1 & 3 & 4 & 10 & 8 & 7 & 18 & 12 & 14 & 17 & 23 & 21 & 22 & 20 & 19 & 13 & 15 & 16 & 11 & 9 & 5 & 0 & 2 & 6\\
3 & 4 & 1 & 8 & 7 & 10 & 12 & 14 & 18 & 23 & 21 & 17 & 20 & 19 & 22 & 15 & 16 & 13 & 9 & 5 & 11 & 2 & 6 & 0\\
4 & 3 & 1 & 7 & 10 & 8 & 14 & 18 & 12 & 21 & 17 & 23 & 19 & 22 & 20 & 16 & 13 & 15 & 5 & 11 & 9 & 6 & 0 & 2\\
\hline
0 & 2 & 6 & 11 & 9 & 5 & 13 & 15 & 16 & 22 & 20 & 19 & 17 & 23 & 21 & 18 & 12 & 14 & 10 & 8 & 7 & 1 & 3 & 4\\
2 & 6 & 0 & 9 & 5 & 11 & 15 & 16 & 13 & 20 & 19 & 22 & 23 & 21 & 17 & 12 & 14 & 18 & 8 & 7 & 10 & 3 & 4 & 1\\
6 & 0 & 2 & 5 & 11 & 9 & 16 & 13 & 15 & 19 & 22 & 20 & 21 & 17 & 23 & 14 & 18 & 12 & 7 & 10 & 8 & 4 & 1 & 3\\
\hline
17 & 23 & 21 & 18 & 12 & 14 & 10 & 8 & 7 & 1 & 3 & 4 & 0 & 2 & 6 & 11 & 9 & 5 & 13 & 15 & 16 & 22 & 20 & 19\\
23 & 21 & 17 & 12 & 14 & 18 & 8 & 7 & 10 & 3 & 4 & 1 & 2 & 6 & 0 & 9 & 5 & 11 & 15 & 16 & 13 & 20 & 19 & 22\\
21 & 17 & 23 & 14 & 18 & 12 & 7 & 10 & 8 & 4 & 1 & 3 & 6 & 0 & 2 & 5 & 11 & 9 & 16 & 13 & 15 & 19 & 22 & 20\\
\hline
22 & 20 & 19 & 13 & 15 & 16 & 11 & 9 & 5 & 0 & 2 & 6 & 1 & 3 & 4 & 10 & 8 & 7 & 18 & 12 & 14 & 17 & 23 & 21\\
20 & 19 & 22 & 15 & 16 & 13 & 9 & 5 & 11 & 2 & 6 & 0 & 3 & 4 & 1 & 8 & 7 & 10 & 12 & 14 & 18 & 23 & 21 & 17\\
19 & 22 & 20 & 16 & 13 & 15 & 5 & 11 & 9 & 6 & 0 & 2 & 4 & 1 & 3 & 7 & 10 & 8 & 14 & 18 & 12 & 21 & 17 & 23
\end{array}\right],$$

$$
\boldsymbol{B}=\left[\begin{array}{ccc|ccc|ccc|ccc|ccc|ccc|ccc|ccc}
2 & 6 & 0 & 3 & 4 & 1 & 19 & 20 & 22 & 17 & 23 & 21 & 8 & 7 & 10 & 9 & 5 & 11 & 18 & 12 & 14 & 16 & 15 & 13 \\
0 & 2 & 6 & 1 & 3 & 4 & 22 & 19 & 22 & 21 & 17 & 23 & 10 & 8 & 7 & 11 & 9 & 5 & 14 & 18 & 12 & 13 & 16 & 15 \\
6 & 0 & 2 & 4 & 1 & 3 & 20 & 22 & 19 & 23 & 21 & 17 & 7 & 10 & 8 & 5 & 11 & 9 & 12 & 14 & 18 & 15 & 13 & 16 \\
\hline
9 & 5 & 11 & 8 & 7 & 10 & 16 & 15 & 13 & 18 & 12 & 14 & 3 & 4 & 1 & 2 & 6 & 0 & 17 & 23 & 21 & 19 & 20 & 22 \\
11 & 9 & 5 & 10 & 8 & 7 & 13 & 16 & 15 & 14 & 18 & 12 & 1 & 3 & 4 & 0 & 2 & 6 & 21 & 17 & 23 & 22 & 19 & 20 \\
5 & 11 & 9 & 7 & 10 & 8 & 15 & 13 & 16 & 12 & 14 & 18 & 4 & 1 & 3 & 6 & 0 & 2 & 23 & 21 & 27 & 20 & 22 & 19 \\
\hline
16 & 15 & 13 & 18 & 12 & 14 & 9 & 5 & 11 & 8 & 7 & 10 & 17 & 23 & 21 & 19 & 20 & 22 & 3 & 4 & 1 & 2 & 6 & 0 \\
13 & 16 & 15 & 14 & 18 & 12 & 11 & 9 & 5 & 10 & 8 & 7 & 21 & 17 & 23 & 22 & 19 & 20 & 1 & 3 & 4 & 0 & 2 & 6 \\
15 & 13 & 16 & 12 & 14 & 18 & 5 & 11 & 9 & 7 & 10 & 8 & 23 & 21 & 17 & 20 & 22 & 19 & 4 & 1 & 3 & 6 & 0 & 2 \\
\hline
19 & 20 & 22 & 17 & 23 & 21 & 2 & 6 & 0 & 3 & 4 & 1 & 18 & 12 & 14 & 16 & 15 & 13 & 8 & 7 & 10 & 9 & 5 & 11 \\
22 & 19 & 20 & 21 & 17 & 23 & 0 & 2 & 6 & 1 & 3 & 4 & 14 & 18 & 12 & 13 & 16 & 15 & 10 & 8 & 7 & 11 & 9 & 5 \\
20 & 22 & 19 & 23 & 21 & 17 & 6 & 0 & 2 & 4 & 1 & 3 & 12 & 14 & 18 & 15 & 13 & 16 & 7 & 10 & 8 & 5 & 11 & 9 \\
\hline
14 & 12 & 18 & 15 & 13 & 16 & 7 & 10 & 8 & 5 & 9 & 11 & 20 & 22 & 19 & 21 & 23 & 17 & 6 & 2 & 0 & 4 & 1 & 3 \\
18 & 14 & 12 & 16 & 15 & 13 & 8 & 7 & 10 & 11 & 5 & 9 & 19 & 20 & 22 & 17 & 21 & 23 & 0 & 6 & 2 & 3 & 4 & 1 \\
12 & 18 & 14 & 13 & 16 & 15 & 10 & 8 & 7 & 9 & 11 & 5 & 22 & 19 & 20 & 23 & 17 & 21 & 2 & 0 & 6 & 1 & 3 & 4 \\
\hline
21 & 23 & 17 & 20 & 22 & 19 & 4 & 1 & 3 & 6 & 2 & 0 & 15 & 13 & 16 & 14 & 12 & 18 & 5 & 9 & 11 & 7 & 10 & 8 \\
17 & 21 & 23 & 19 & 20 & 22 & 3 & 4 & 1 & 0 & 6 & 2 & 16 & 15 & 13 & 18 & 14 & 12 & 11 & 5 & 9 & 8 & 7 & 10 \\
23 & 17 & 21 & 22 & 19 & 20 & 1 & 3 & 4 & 2 & 0 & 6 & 13 & 16 & 15 & 12 & 18 & 14 & 9 & 11 & 5 & 10 & 8 & 7 \\
\hline
4 & 1 & 3 & 6 & 2 & 0 & 21 & 23 & 17 & 20 & 22 & 19 & 5 & 9 & 11 & 7 & 10 & 8 & 15 & 13 & 16 & 14 & 12 & 18 \\
3 & 4 & 1 & 0 & 6 & 2 & 17 & 21 & 23 & 19 & 20 & 22 & 11 & 5 & 9 & 8 & 7 & 10 & 16 & 15 & 13 & 18 & 14 & 12 \\
1 & 3 & 4 & 2 & 0 & 6 & 23 & 17 & 21 & 22 & 19 & 20 & 9 & 11 & 5 & 10 & 8 & 7 & 13 & 16 & 15 & 12 & 18 & 14 \\
\hline
7 & 10 & 8 & 5 & 9 & 11 & 14 & 12 & 18 & 15 & 13 & 16 & 6 & 2 & 0 & 4 & 1 & 3 & 20 & 22 & 19 & 21 & 23 & 17 \\
8 & 7 & 10 & 11 & 5 & 9 & 18 & 14 & 12 & 16 & 15 & 13 & 0 & 6 & 2 & 3 & 4 & 1 & 19 & 20 & 22 & 17 & 21 & 23 \\
10 & 8 & 7 & 9 & 11 & 5 & 12 & 18 & 14 & 13 & 16 & 15 & 2 & 0 & 6 & 1 & 3 & 4 & 22 & 19 & 20 & 23 & 17 & 21
\end{array}\right].
$$

引理 2.3.3 对于任意奇数 $k\geqslant 1$,存在一对 SSWPOLS($8k$).

证 由引理 2.3.1 和引理 2.3.2,存在一对 SSWPOLS($8k$),$k=1,3$.对于奇数 $k\geqslant 5$,由定理 2.2.1 和引理 2.3.1,存在一对 SSWPOLS(k)和一对 SSWPOLS(8).所以由构造 2.1.1,存在一对 SSWPOLS($8k$).

情形 2:$n\equiv 0,1,3 \pmod 4$

引入如下定义:

定义 2.3.1 设 L 是 $0,1,\cdots,4n-1$ 的排列,记 $\boldsymbol{L}=(\boldsymbol{L}_0 \quad \boldsymbol{L}_1 \quad \boldsymbol{L}_2 \quad \boldsymbol{L}_3)$,其中

$$\boldsymbol{L}_v=(l_v(0) \quad l_v(1) \quad \cdots \quad l_v(n-1)), \quad v=0,1,2,3.$$

如果 $\boldsymbol{L}$ 满足:

(R1) $\{l_v(j)\mid j\in I_n\}=\{4n-1-l_{3-v}(j)\mid j\in I_n\}$, $v=0,1$,

(R2) $l_0(j)+l_2(j)=l_1(j)+l_3(j)$, $j\in I_n$,

(R3) $l_0(j)+l_2(j)=l_0(n-1-j)+l_2(n-1-j)$, $j\in I_n$,

则称 $\boldsymbol{L}$ 是一个长度为 $4n$ 的 L -序列.

构造 2.3.1 如果存在一个长度为 $4n$ 的 L -序列以及一对强对称OLS(n),则存在一对 SSWPOLS($4n$).

证 用构造 2.1.2 和定理 2.1.1 证明.设 $\boldsymbol{L}=(\boldsymbol{L}_0 \quad \boldsymbol{L}_1 \quad \boldsymbol{L}_2 \quad \boldsymbol{L}_3)$是一个长度

为 $4n$ 的 L -序列，记

$$\boldsymbol{L}_v=(l_v(0)\quad l_v(1)\quad \cdots\quad l_v(n-1)),\ v\in I_4,$$

对任意 $t\in I_n$，令

$$\varphi_{u,v}(t)=\begin{cases}l_v(t), & u=0,2;\\ 4n-1-l_{3-v}(n-1-t), & u=1,3.\end{cases} \tag{2-5}$$

且

$$\varphi'_{u,v}(t)=\varphi_{u,v}(t),u,v\in I_4.$$

令 $\qquad T_v=\{l_v(j)\mid j\in I_n\},v\in I_4,\ T=\{T_0,T_1,T_2,T_3\}.$

因为 L 是排列，所以 T 是 I_{4n} 的分拆. 由条件(R1)，$T_v=\{4n-1-x\mid x\in T_{3-v}\},v\in I_4$.

对于固定的 $v\in I_4$，当 t 跑遍 I_n 时，$\varphi_{0,v}(t)$，$\varphi_{2,v}(t)$跑遍 T_v，且 $\varphi_{1,v}(t)$，$\varphi_{3,v}(t)$跑遍$\{4n-1-x\mid x\in T_{3-v}\}$，即 T_v. 所以对任意 $u,v\in I_4$，$\varphi_{u,v}$是 I_n 到 T_v 的双射.由 $\varphi'=\varphi$ 知，$\varphi'_{u,v}$是 I_n 到 T_v 的双射.

设 $\boldsymbol{M},\boldsymbol{M}'$是一对强对称 OLS($n$)，令

$$\boldsymbol{D}=\begin{bmatrix}0&3&1&2\\2&1&3&0\\3&0&2&1\\1&2&0&3\end{bmatrix},\ \boldsymbol{D}'=\begin{bmatrix}2&0&1&3\\1&3&2&0\\3&1&0&2\\0&2&3&1\end{bmatrix}.$$

易见，$\boldsymbol{D},\boldsymbol{D}'$是一对强对称 OLS(4).令

$$\boldsymbol{A}=(\boldsymbol{A}_{u,v}),\ \boldsymbol{A}_{u,v}=(a_{u,v}(i,j))_{n\times n},\ a_{u,v}(i,j)=\varphi_{u,d_{u,v}}(m_{i,j}),$$

$$\boldsymbol{B}=(\boldsymbol{B}_{u,v}),\ \boldsymbol{B}_{u,v}=(b_{u,v}(i,j))_{n\times n},\ b_{u,v}(i,j)=\varphi'_{u,d'_{u,v}}(m'_{i,j}),$$

其中 $u,v\in I_m,i,j\in I_n$，则由构造 2.1.2 知，$\boldsymbol{A},\boldsymbol{B}$ 是一对 OLS($4n$).

由式(2-5)知，对任意 $t\in I_n$，有

$$\varphi_{0,v}(t)+\varphi_{3,3-v}(n-1-t)=l_v(t)+4n-1-l_v(t)=4n-1.$$

同理可证，$\varphi_{1,v}(t)+\varphi_{2,3-v}(n-1-t)=4n-1$. 由引理 2.1.2 知，$\boldsymbol{A},\boldsymbol{B}$ 是强对称的.

以下证明 $\boldsymbol{A},\boldsymbol{B}$ 是弱泛对角的.首先，对任意 $t\in I_n$，由式(2-5)以及条件(R2)和(R3)可得

$$\varphi_{0,0}(t)+\varphi_{0,2}(t)=\varphi_{0,0}(n-1-t)+\varphi_{0,2}(n-1-t), \tag{2-6}$$

$$\varphi_{0,1}(t)+\varphi_{0,3}(t)=\varphi_{0,0}(n-1-t)+\varphi_{0,2}(n-1-t), \tag{2-7}$$

$$\varphi_{0,1}(t)+\varphi_{0,3}(t)=\varphi_{0,1}(n-1-t)+\varphi_{0,3}(n-1-t). \tag{2-8}$$

而由式(2-5)知，

$$\varphi_{0,v}(t)=4n-1-\varphi_{1,3-v}(n-1-t)=\varphi_{2,v}(t)=4n-1-\varphi_{3,3-v}(n-1-t).$$

所以由式(2-6)有

$$\varphi_{0,0}(t)+\varphi_{1,1}(t)+\varphi_{2,2}(t)+\varphi_{3,3}(t)=2(4n-1),t\in I_n.$$

即 $\sum_{u\in I_4}\varphi_{u,d_{u,u}}(t)=2(4n-1)$，$t\in I_n$. 同理，由式(2-7)和式(2-8)可得

$$\sum_{u\in I_4}\varphi_{u,d_u,(v+u)_4}(t)=2(4n-1),\ v=1,2,3,\ t\in I_n.$$

因此对任意 $v\in I_4$，$t\in I_n$，φ 满足

$$\sum_{u\in I_4}\varphi_{u,d_u,(v+u)_4}(t)=2(4n-1).$$

所以有

$$\begin{aligned}&\sum_{u\in I_4}\sum_{i\in I_n}\varphi_{u,d_u,\left(v+u+\left[\frac{j+i}{n}\right]\right)_m}(m_{i,\langle j+i\rangle_n})\\ =&\sum_{\substack{i\in I_n\\ \left[\frac{j+i}{n}\right]=0}}\left(\sum_{u\in I_4}\varphi_{u,d_u,\langle v+u\rangle_4}(m_{i,\langle j+i\rangle_n})\right)+\\ &\sum_{\substack{i\in I_n\\ \left[\frac{j+i}{n}\right]=1}}\left(\sum_{u\in I_4}\varphi_{u,d_u,\langle\langle v+1\rangle_4+u\rangle_4}(m_{i,\langle j+i\rangle_n})\right)\\ =&\sum_{\substack{i\in I_n\\ \left[\frac{j+i}{n}\right]=0}}2(4n-1)+\sum_{\substack{i\in I_n\\ \left[\frac{j+i}{n}\right]=1}}2(4n-1)\\ =&2n(4n-1).\end{aligned}$$

这表明，引理 2.1.1 中的条件(L1)成立.

类似的计算表明，由式(2-6)、式(2-7)和式(2-8)可得引理 2.1.1 中的条件(L2)、(L3)、(L4)成立.(详细过程省略)

由构造 2.1.2 和定理 2.1.1 知，$\boldsymbol{A}$，$\boldsymbol{B}$ 是一对 SSWPOLS($4n$).

引理 2.3.4 对于 $n\geqslant 4$，$n\equiv 0,1,3(\mathrm{mod}\ 4)$，存在长度为 $4n$ 的 L-序列.

证 当 $n=4,5,7$ 时，存在一个长度为 $4n$ 的 L-序列.

$n=4$，$\boldsymbol{L}=(0\quad 3\quad 5\quad 6\quad 2\quad 1\quad 7\quad 4\quad 14\quad 13\quad 11\quad 8\quad 12\quad 15\quad 9\quad 10)$；

$n=5$，$\boldsymbol{L}=(3\quad 7\quad 10\quad 11\quad 14\quad 0\quad 17\quad 6\quad 18\quad 4\quad 13\quad 19\quad 1\quad 15\quad 2\quad 16\quad 9\quad 5\quad 8\quad 12)$；

$n=7$，$\boldsymbol{L}=(1\quad 21\quad 4\quad 12\quad 17\quad 7\quad 3\quad 9\quad 0\quad 8\quad 22\quad 11\quad 2\quad 13\quad 18\quad 5\quad 27\quad 25\quad 14\quad 19\quad 16\quad 10\quad 26\quad 23\quad 15\quad 20\quad 24\quad 6)$.

假设对于任意 $n\geqslant 4$，$n\equiv 0,1,3(\mathrm{mod}4)$，存在长度为 $4n$ 的 L-序列

$$\boldsymbol{L}=(\boldsymbol{L}_0\quad \boldsymbol{L}_1\quad \boldsymbol{L}_2\quad \boldsymbol{L}_3),$$

其中，L_i 的第 j 个位置的元素为 $l_i(j)$，$i\in I_4$，$j\in I_n$. 令

$$\boldsymbol{H}=(\boldsymbol{H}_0\quad \boldsymbol{H}_1\quad \boldsymbol{H}_2\quad \boldsymbol{H}_3)$$

是如上给出的长度为 16 的 L-序列. 下面构造一个长度为 $4(n+4)$ 的 L-序列. 令

$$\boldsymbol{L}'=(\boldsymbol{L}'_0\quad \boldsymbol{L}'_1\quad \boldsymbol{L}'_2\quad \boldsymbol{L}'_3)$$

由下式给出：

$$\begin{bmatrix} L_0' \\ L_1' \\ L_2' \\ L_3' \end{bmatrix} = \begin{bmatrix} h_0(0) & h_0(1) & l_0(0)+8 & \cdots & l_0(n-1)+8 & h_0(2) & h_0(3) \\ h_1(0) & h_1(1) & l_1(0)+8 & \cdots & l_1(n-1)+8 & h_1(2) & h_1(3) \\ h_2(0)+16 & h_2(1)+16 & l_2(0)+8 & \cdots & l_2(n-1)+8 & h_2(2)+16 & h_2(3)+16 \\ h_3(0)+16 & h_3(1)+16 & l_3(0)+8 & \cdots & l_3(n-1)+8 & h_3(2)+16 & h_3(3)+16 \end{bmatrix}.$$

易见，$\boldsymbol{L}'$的元素跑遍 $I_{4(n+4)}$，且满足定义 2.3.1 的条件(R1)－(R3).从而 $\boldsymbol{L}'$ 是长度为 $4(n+4)$的 L-序列.由归纳假设，得证.

例 2.3.1 由引理 2.3.2 给出的长度为 16 的 L-序列，可以得到一个长度为 32 的 L-序列：

$\boldsymbol{L}=(0\ \ 3\ \ 8\ \ 11\ \ 13\ \ 14\ \ 5\ \ 6\ \ 2\ \ 1\ \ 10\ \ 9\ \ 15\ \ 12\ \ 7\ \ 4\ \ 30\ \ 29\ \ 22\ \ 21\ \ 19\ \ 16\ \ 27\ \ 24\ \ 28\ \ 31\ \ 20\ \ 23\ \ 17\ \ 18\ \ 25)$.

下面举例说明构造 2.3.1.

例 2.3.2 SSWPOLS(16).

设 $\boldsymbol{D},\boldsymbol{D}'$同构造 2.3.1，$\boldsymbol{M}=\boldsymbol{D},\boldsymbol{M}'=\boldsymbol{D}'$.则 $\boldsymbol{D},\boldsymbol{D}',\boldsymbol{M},\boldsymbol{M}'$是强对称的.令

$\boldsymbol{L}=(0\ \ 3\ \ 5\ \ 6\ \ 2\ \ 1\ \ 7\ \ 4\ \ 14\ \ 13\ \ 11\ \ 8\ \ 12\ \ 15\ \ 9\ \ 10)$，

则 $\boldsymbol{L}$ 是 L-序列.

对于任意 $t\in I_n$，令

$$\varphi_{u,v}(t)=\begin{cases} l_v(t), & u=0,2; \\ 4n-1-l_{3-v}(n-1-t), & u=1,3. \end{cases}$$

且 $$\varphi'_{u,v}(t)=\varphi_{u,v}(t),u,v\in I_4.$$

易证，φ,φ'满足定理 2.1.1 所列出的条件，根据构造 2.1.2，有

$$\boldsymbol{A}=\left[\begin{array}{cccc|cccc|cccc|cccc} 0 & 6 & 3 & 6 & 12 & 10 & 15 & 9 & 2 & 4 & 1 & 7 & 14 & 8 & 13 & 11 \\ 5 & 3 & 6 & 0 & 9 & 15 & 10 & 12 & 7 & 1 & 4 & 2 & 11 & 13 & 8 & 14 \\ 6 & 0 & 5 & 3 & 10 & 12 & 9 & 15 & 4 & 2 & 7 & 1 & 8 & 14 & 11 & 13 \\ 3 & 5 & 0 & 6 & 15 & 9 & 12 & 10 & 1 & 7 & 2 & 4 & 13 & 11 & 14 & 8 \\ \hline 11 & 13 & 8 & 14 & 7 & 1 & 4 & 2 & 9 & 15 & 10 & 12 & 5 & 3 & 6 & 0 \\ 14 & 8 & 13 & 11 & 2 & 4 & 1 & 7 & 12 & 10 & 15 & 9 & 0 & 0 & 6 & 3 \\ 13 & 11 & 14 & 8 & 1 & 7 & 2 & 4 & 15 & 9 & 12 & 10 & 3 & 5 & 0 & 6 \\ 8 & 14 & 11 & 13 & 4 & 2 & 7 & 1 & 10 & 12 & 9 & 15 & 6 & 0 & 5 & 3 \\ \hline 12 & 10 & 15 & 9 & 0 & 6 & 3 & 5 & 14 & 8 & 13 & 11 & 2 & 4 & 1 & 7 \\ 9 & 15 & 10 & 12 & 5 & 3 & 6 & 0 & 11 & 13 & 8 & 14 & 7 & 1 & 4 & 2 \\ 10 & 12 & 9 & 15 & 6 & 0 & 5 & 3 & 8 & 14 & 11 & 13 & 4 & 2 & 7 & 1 \\ 15 & 9 & 12 & 10 & 3 & 5 & 0 & 6 & 13 & 11 & 14 & 8 & 1 & 7 & 2 & 4 \\ \hline 7 & 1 & 4 & 2 & 11 & 13 & 8 & 14 & 5 & 3 & 6 & 0 & 9 & 15 & 10 & 12 \\ 2 & 4 & 1 & 7 & 14 & 8 & 13 & 11 & 0 & 6 & 3 & 5 & 12 & 10 & 15 & 9 \\ 1 & 7 & 2 & 4 & 13 & 11 & 14 & 8 & 3 & 5 & 0 & 6 & 15 & 9 & 12 & 10 \\ 4 & 2 & 7 & 1 & 8 & 14 & 11 & 13 & 6 & 0 & 5 & 3 & 10 & 12 & 9 & 15 \end{array}\right],$$

$$
\boldsymbol{B}=\left[\begin{array}{cccc|cccc|cccc|cccc}
11 & 14 & 13 & 8 & 5 & 0 & 3 & 6 & 7 & 2 & 1 & 4 & 9 & 12 & 15 & 10 \\
13 & 8 & 11 & 14 & 3 & 6 & 5 & 0 & 1 & 4 & 7 & 2 & 15 & 10 & 9 & 12 \\
8 & 13 & 14 & 11 & 6 & 3 & 0 & 5 & 4 & 1 & 2 & 7 & 10 & 15 & 12 & 9 \\
14 & 11 & 8 & 13 & 0 & 5 & 6 & 3 & 2 & 7 & 4 & 1 & 12 & 9 & 10 & 15 \\
\hline
2 & 7 & 4 & 1 & 12 & 9 & 10 & 15 & 14 & 11 & 8 & 13 & 0 & 5 & 6 & 3 \\
4 & 1 & 2 & 7 & 10 & 15 & 12 & 9 & 8 & 13 & 14 & 11 & 6 & 3 & 0 & 5 \\
1 & 4 & 7 & 2 & 15 & 10 & 9 & 12 & 13 & 8 & 11 & 14 & 3 & 6 & 5 & 0 \\
7 & 2 & 1 & 4 & 9 & 12 & 15 & 10 & 11 & 14 & 13 & 8 & 5 & 0 & 3 & 6 \\
\hline
9 & 12 & 15 & 10 & 7 & 2 & 1 & 4 & 5 & 0 & 3 & 6 & 11 & 14 & 13 & 8 \\
15 & 10 & 9 & 12 & 1 & 4 & 7 & 2 & 3 & 6 & 5 & 0 & 13 & 8 & 11 & 14 \\
10 & 15 & 12 & 9 & 4 & 1 & 2 & 7 & 6 & 3 & 0 & 5 & 8 & 13 & 14 & 11 \\
12 & 9 & 10 & 15 & 2 & 7 & 4 & 1 & 0 & 5 & 6 & 3 & 14 & 11 & 8 & 13 \\
\hline
0 & 5 & 6 & 3 & 14 & 11 & 8 & 13 & 12 & 9 & 10 & 15 & 2 & 7 & 4 & 1 \\
6 & 3 & 0 & 5 & 8 & 13 & 14 & 11 & 10 & 15 & 12 & 9 & 4 & 1 & 2 & 7 \\
3 & 6 & 5 & 0 & 13 & 8 & 11 & 14 & 15 & 10 & 9 & 12 & 1 & 4 & 7 & 2 \\
5 & 0 & 3 & 6 & 11 & 14 & 13 & 8 & 9 & 12 & 15 & 10 & 7 & 2 & 1 & 4
\end{array}\right].
$$

可以验证,$\boldsymbol{A}$,$\boldsymbol{B}$ 是一对 SSWPOLS(16).

引理 2.3.5 不存在 SSWPOLS(4).

证 若存在 I_4 上一对 SSWPOLS(4),则由引理 1.2.3,存在 I_{16} 上一个对称泛对角 MS(4).设

$$
\boldsymbol{U}=\begin{bmatrix} a_1 & b_1 & a_2 & b_2 \\ c_1 & d_1 & c_2 & d_2 \\ a_3 & b_3 & a_4 & b_4 \\ c_3 & d_3 & c_4 & d_4 \end{bmatrix},
$$

$$
A=a_1+a_2+a_3+a_4,\ B=b_1+b_2+b_3+b_4,
$$

$$
C=c_1+c_2+c_3+c_4,\ D=d_1+d_2+d_3+d_4.
$$

因为 $\boldsymbol{U}$ 的幻和为 $(0+1+\cdots+15)/4=30$,所以 $A+B=A+C=60$,从而 $B=C$. 因为 $\boldsymbol{U}$ 是对称的,所以 $b_1+c_4=c_1+b_4=b_2+c_3=c_2+b_3=15$,从而 $B+C=60$,所以 $B=C=30$. 又因为 $\boldsymbol{U}$ 是泛对角的,有 $b_2+c_2+b_3+c_3=b_2+c_1+b_3+c_4=30$,所以 $c_2+c_3=c_1+c_4$,从而有 $c_1+c_2+c_3+c_4=2(c_1+c_4)=30$,因此 $c_1+c_4=15$,而前面已证 $c_1+b_4=15$,故 $c_4=b_4$,矛盾. 这表明不存在对称泛对角 MS(4),从而不存在 SSWPOLS(4).

引理 2.3.6 对于 $n\equiv0,1,3 \pmod 4$,$n>4$,存在一对 SSWPOLS($4n$).

证 对于 $n\equiv0,1,3 \pmod 4$,$n>4$,由引理 1.2.4 得存在强对称 OLS(n),由引理 2.3.1 知,存在长度为 $4n$ 的 L-序列.所以由构造 2.3.1 知,存在一对 SSWPOLS($4n$).

定理 2.3.1 对于整数 $n\geqslant2$ 且 $n\neq3$,存在一对 SSWPOLS($4n$).

该定理可通过引理 2.3.4 和引理 2.3.3 证明.

2.4 对称泛对角基本幻方的存在性

定理 2.4.1 存在一对 SSWPOLS(n)当且仅当 $n>4$, $n\equiv 0,1,3 \pmod 4$, $n=12$ 例外.

该定理可通过定理 2.2.1、定理 2.3.1 以及引理 2.3.3 证明.

推论 2.4.1 存在一个对称泛对角基本 MS(n)当且仅当 $n>4$, $n\equiv 0,1,3 \pmod 4$, $n=12$ 例外.

该推论可通过定理 2.4.1 以及引理 1.2.3 证明.

第3章 正交表双大集与 t-重幻矩

本章引入正交表双大集，给出基于正交表双大集的 t-重幻矩的构造，以及 t-重幻矩的递推构造.同时，给出几类平方幻矩的存在性作为相关内容.

对于 $n\in\mathbf{Z}_+$，记 $I_n=\{0,1,\cdots,n-1\}$，则 $\mathbf{Z}_n=\{\overline{0},\overline{1},\cdots,\overline{n-1}\}$表示整数模 n 的剩余类环.

设 $m,n,t\in\mathbf{Z}_+$，令 $R_e(m,n)=\dfrac{\sum\limits_{k=0}^{mn-1}k^e}{m}$，$e\in\{1,2,\cdots,t\}$，记 $R_e(n,n)$ 为 $S_e(n)$.

F_q 表示 q 元有限域，F_q^k 表示 F_q 上的 k 维列向量空间.$\underset{k\times s}{\overset{(t)}{M}}(F_q)$表示 F_q 上满足任意 t 行线性无关的 $k\times s$ 矩阵的集合.

3.1 正交表双大集

定义 3.1.1 设 S 是一个 v 元集.一个大小为 N、约束数为 k、阶数为 v、强度为 t、指数为 λ 的正交表(Orthogonal Array)，记为 $\mathrm{OA}_\lambda(N;t,k,v)$，是一个元素取自 S 的 $k\times N$ 阵列，满足它的任意 $t\times N$ 子阵的所有列恰好包含 S 中任意 t 元组 λ 次.

易见，$\lambda=N/v^t$，因此，$\mathrm{OA}_\lambda(N;t,k,v)$也记为 $\mathrm{OA}(N;t,k,v)$.

一个正交表是单纯的，如果它的任意两列都不相同.

正交表在组合设计理论中占有十分重要的地位，详见文献[1,46].关于强度为 2 和 3 的正交表已经有丰富的研究结果[47-49].

定义 3.1.2 v 元集 S 上的正交表 $\mathrm{OA}(N;t,k,v)$的大集(Large Set)，记为 $\mathrm{LOA}(N;t,k,v)$，是 $M=v^k/N$ 个单纯正交表 $\mathrm{OA}(N;t,k,v)$的集合 $\mathbf{A}_0$，$\mathbf{A}_1,\cdots,\mathbf{A}_{M-1}$，满足每个 k 元组作为列恰好出现在一个 A_i 中.等价地，这些 $\mathbf{A}_i$

的并$\bigcup_{i=0}^{M-1} \boldsymbol{A}_i$形成平凡的$\mathrm{OA}(v^k;k,k,v)$.

Stinson[39,40]用正交表大集构造了弹性函数和 zigzag 函数.相关内容也可参考文献[1,50−55].

设$\boldsymbol{A}_0,\boldsymbol{A}_1,\cdots,\boldsymbol{A}_{M-1}$是$\mathrm{LOA}(N;t,k,v)$,其中$M=v^k/N$,$\boldsymbol{A}_h=(a_{i,j}^{(h)})_{k\times N}$,$h\in I_M$.对任意$h\in I_M,j\in I_N$,$\boldsymbol{A}_h$的第$j$列为$(a_{0,j}^{(h)},a_{1,j}^{(h)},\cdots,a_{k-1,j}^{(h)})^{\mathrm{T}}$.令

$$c_{h,j}=a_{0,j}^{(h)}+a_{1,j}^{(h)}v+\cdots+a_{k-1,j}^{(h)}v^{k-1},$$

得到矩阵$\boldsymbol{C}=(c_{h,j})_{M\times N}$,其中

$$c_{h,j}=\sum_{i=0}^{k-1}a_{i,j}^{(h)}v^i,\ h\in I_M,j\in I_N.$$

则$\boldsymbol{C}$的元素跑遍$0,1,\cdots,v^k-1$,且对任意$u\in 1,2,\cdots,t$,$\boldsymbol{C}$的每行的u次幂的和是定值(证明见引理 3.2.2).

定义 3.1.3 设$\boldsymbol{C}$是元素不重复地取自I_{mn}的$m\times n$矩阵,对任意$u\in 1,2,\cdots,t$,若每行元素的u次和是常数,则称$\boldsymbol{C}$为t-重行幻矩,记为$\mathrm{RMR}(m,n,t)$.

显然,一个$\mathrm{MR}(m,n,t)$是一个$\mathrm{RMR}(m,n,t)$且满足其转置是$\mathrm{RMR}(n,m,t)$.

定义 3.1.4 假设存在$\mathrm{LOA}(N;t,k,v)$:$\boldsymbol{A}_0,\boldsymbol{A}_1,\cdots,\boldsymbol{A}_{M-1}$,$M=v^k/N$,$\boldsymbol{A}_h=(a_{i,j}^{(h)})_{k\times N}$,$h\in I_M$.设$\boldsymbol{B}_j=(a_{i,j}^{(h)})_{k\times M}$,$j\in I_N$,即$\boldsymbol{B}_j$的第$h$列是$\boldsymbol{A}_h$的第$j$列,若$\boldsymbol{B}_0,\boldsymbol{B}_1,\cdots,\boldsymbol{B}_{N-1}$构成$\mathrm{LOA}(M;t,k,v)$,则$\boldsymbol{A}_0,\boldsymbol{A}_1,\cdots,\boldsymbol{A}_{M-1}$称为双 LOA,记为$\mathrm{DLOA}(M,N;t,k,v)$.

当$N=M$时,一个$\mathrm{DLOA}(N,M;t,k,v)$简记为$\mathrm{DLOA}(N;t,k,v)$.此时k为偶数,且$N=M=v^{\frac{k}{2}}$.

易见,若$\boldsymbol{A}_h=(a_{i,j}^{(h)})_{k\times N}$,$h\in I_M$是$\mathrm{DLOA}(M,N;t,k,v)$,其中$M=v^k/N$,则以上构造的$\boldsymbol{C}$是$\mathrm{MR}(M,N,t)$.

3.2 基于正交表双大集的 t-重幻矩的构造

本节给出t-重幻矩的基于正交表双大集的构造.

对于$c\in\mathbf{Z}^{\geqslant 0}$,令

$$\delta_c=\begin{cases}1, & c>0;\\ 0, & c=0.\end{cases}$$

对于 $n\in\mathbf{Z}_+, u\in\mathbf{Z}^{\geqslant 0}$，令

$$\alpha_u(n)=\begin{cases}\sum_{i=0}^{n-1} i^u, & u>0;\\ 1, & u=0.\end{cases}$$

令 $0^0=1$. 对于 $u,m\in\mathbf{Z}_+, m\leqslant u$，设

$$P_m(u)=(u_0,u_1,\cdots,u_{m-1})\mid u_i\in\mathbf{Z}^{\geqslant 0}, i\in I_m, \sum_{i=0}^{m-1}u_i=u.$$

我们在 t-重幻矩的构造中将用到关于正交表的以下性质.

引理 3.2.1 假设 $\mathbf{A}=(a_{i,j})$ 是 I_v 上的 OA$(N;t,k,v)$.对任意 $u\in\mathbf{Z}_+, u\leqslant t$，设 $(u_0,u_1,\cdots,u_{k-1})\in P_k(u)$ 且 $s=\sum_{i=0}^{k-1}\delta_{u_i}$，则

$$\sum_{j=0}^{N-1}a_{0,j}^{u_0}a_{1,j}^{u_1}\cdots a_{k-1,j}^{u_{k-1}}=\frac{N}{v^s}\alpha_{u_0}(v)\alpha_{u_1}(v)\cdots\alpha_{u_{k-1}}(v).$$

证 设 $i_1,i_2,\cdots,i_s\subseteq I_k$ 满足 $(u_{i_1},u_{i_2},\cdots,u_{i_s})\in P_s(u)$ 及 $u_{i_1},u_{i_2},\cdots,u_{i_s}\in\mathbf{Z}_+$.显然，

$$\sum_{j=0}^{N-1}a_{0,j}^{u_0}a_{1,j}^{u_1}\cdots a_{k-1,j}^{u_{k-1}}=\sum_{j=0}^{N-1}a_{i_1,j}^{u_{i_1}}a_{i_2,j}^{u_{i_2}}\cdots a_{i_s,j}^{u_{i_s}},$$

$$\alpha_{u_0}(v)\alpha_{u_1}(v)\cdots\alpha_{u_{k-1}}(v)=\alpha_{u_{i_1}}(v)\alpha_{u_{i_2}}(v)\cdots\alpha_{u_{i_s}}(v).$$

下证

$$\sum_{j=0}^{N-1}a_{i_1,j}^{u_{i_1}}a_{i_2,j}^{u_{i_2}}\cdots a_{i_s,j}^{u_{i_s}}=\frac{N}{v^s}\alpha_{u_{i_1}}(v)\alpha_{u_{i_2}}(v)\cdots\alpha_{u_{i_s}}(v).$$

注意到 $\mathbf{A}$ 是一个 OA$(N;t,k,v)$，且 $s\leqslant t$，故 $\mathbf{A}$ 也是一个 OA$(N;s,k,v)$，进而 I_v 的每个可能的 s 元组恰好出现在 $\mathbf{A}$ 的 $s\times N$ 子阵的 $\frac{N}{v^s}$ 列中.因此，$\mathbf{A}$ 的 $s\times N$ 子阵的所有列构成多重集 $\frac{N}{v^s}I_v^s$，有

$$\begin{aligned}\sum_{j=0}^{N-1}a_{i_1,j}^{u_{i_1}}a_{i_2,j}^{u_{i_2}}\cdots a_{i_s,j}^{u_{i_s}}&=\frac{N}{v^s}\sum_{x_1,\cdots,x_s\in Z_v}x_1^{u_{i_1}}\ x_2^{u_{i_2}}\cdots x_s^{u_{i_s}}\\&=\frac{N}{v^s}\sum_{x_1\in Z_v}\sum_{x_2\in Z_v}\cdots\sum_{x_s\in Z_v}x_1^{u_{i_1}}\ x_2^{u_{i_2}}\cdots x_s^{u_{i_s}}\\&=\frac{N}{v^s}\sum_{x_1\in Z_v}x_1^{u_{i_1}}\sum_{x_2\in Z_v}x_2^{u_{i_2}}\cdots\sum_{x_s\in Z_v}x_s^{u_{i_s}}\\&=\frac{N}{v^s}\alpha_{u_{i_1}}(v)\alpha_{u_{i_2}}(v)\cdots\alpha_{u_{i_s}}(v).\end{aligned}$$

引理 3.2.2 若存在 LOA$(N;t,k,v)$，则存在 RMR(M,N,t)，其中

$M=v^k/N$.

证 设 $\boldsymbol{A}_0,\boldsymbol{A}_1,\cdots,\boldsymbol{A}_{M-1}$ 是 I_v 上的一个 LOA$(N;t,k,v)$，其中 $M=v^k/N$，$\boldsymbol{A}_h=(a_{i,j}^{(h)})_{k\times N}$，$h\in I_M$. 令

$$\boldsymbol{C}=(c_{h,j})_{M\times N},\ c_{h,j}=\sum_{i=0}^{k-1}v^i a_{i,j}^{(h)},\ h\in I_M,\ j\in I_N.$$

下证 $\boldsymbol{C}$ 是 RMR(M,N,t).

因为 $\boldsymbol{A}_0,\boldsymbol{A}_1,\cdots,\boldsymbol{A}_{M-1}$ 构成 LOA$(N;t,k,v)$，所以，

$$\left\{c_{h,j}\,\middle|\,c_{h,j}=\sum_{i=0}^{k-1}v^i a_{i,j}^{(h)},j\in I_N,h\in I_M\right\}=I_{v^k}.$$

所以 $\boldsymbol{C}$ 的元素跑遍 $0,1,\cdots,v^k-1$.

对任意 $u\in\mathbf{Z}_+$ 且 $u\leqslant t$ 以及任意 $h\in I_M$，有

$$\begin{aligned}\sum_{j=0}^{N-1}c_{h,j}^u&=\sum_{j=0}^{N-1}\Big(\sum_{i=0}^{k-1}v^i a_{i,j}^{(h)}\Big)^u\\&=\sum_{j=0}^{N-1}\sum_{(u_0,u_1,\cdots,u_{k-1})\in P_k(u)}\frac{u!}{u_0!u_1!\cdots u_{k-1}!}\cdot\\&\quad(a_{0,j}^{(h)})^{u_0}(va_{1,j}^{(h)})^{u_1}\cdots(v^{k-1}a_{k-1,j}^{(h)})^{u_{k-1}}\\&=\sum_{(u_0,u_1,\cdots,u_{k-1})\in P_k(u)}\frac{u!}{u_0!u_1!\cdots u_{k-1}!}(v^{\sum_{i=1}^{k-1}iu_i})\cdot\\&\quad\sum_{j=0}^{N-1}(a_{0,j}^{(h)})^{u_0}(a_{1,j}^{(h)})^{u_1}\cdots(a_{k-1,j}^{(h)})^{u_{k-1}}.\end{aligned}$$

因为每个 $\boldsymbol{A}_h$ 是 OA，且 $\boldsymbol{A}_0,\boldsymbol{A}_1,\cdots,\boldsymbol{A}_{M-1}$ 是 LOA$(N;t,k,v)$，由引理 3.2.1得

$$\begin{aligned}\sum_{j=0}^{N-1}c_{h,j}^u=\sum_{(u_0,u_1,\cdots,u_{k-1})\in P_k(u)}&\frac{u!}{u_0!u_1!\cdots u_{k-1}!}N\,v^{\sum_{i=0}^{k-1}(iu_i-\delta_{u_i})}\cdot\\&\alpha_{u_0}(v)\alpha_{u_1}(v)\cdots\alpha_{u_{k-1}}(v),\end{aligned}$$

这个值不依赖于 h 的选择，即为 $R_u(M,N)$.因此 $\boldsymbol{C}$ 是 RMR(M,N,t).

我们给出如下例子说明引理 3.2.2.

例 3.2.1 存在一个 RMR(4,16,3).

证 下面的 $\boldsymbol{A}_0,\boldsymbol{A}_1,\boldsymbol{A}_2,\boldsymbol{A}_3$ 是 Stinson 在文献[39]中给出的.

$$\boldsymbol{A}_0=(a_{i,j}^{(0)})=\begin{bmatrix}0&0&0&0&0&0&0&0&1&1&1&1&1&1&1&1\\0&0&0&0&1&1&1&1&0&0&0&0&1&1&1&1\\0&0&1&1&0&0&1&1&0&0&1&1&0&0&1&1\\0&0&1&1&1&1&0&0&1&1&0&0&0&0&1&1\\0&1&0&1&0&1&0&1&0&1&0&1&0&1&0&1\\0&1&0&1&1&0&1&0&1&0&1&0&0&1&0&1\end{bmatrix},$$

$$
\boldsymbol{A}_1=(a_{i,j}^{(1)})=\begin{bmatrix}
0&0&0&0&0&0&0&0&1&1&1&1&1&1&1&1\\
0&0&0&0&1&1&1&1&0&0&0&0&1&1&1&1\\
0&0&1&1&0&0&1&1&0&0&1&1&0&0&1&1\\
0&0&1&1&1&1&0&0&1&1&0&0&0&0&1&1\\
0&1&0&1&0&1&0&1&0&1&0&1&0&1&0&1\\
1&0&1&0&0&1&0&1&0&1&0&1&1&0&1&0
\end{bmatrix},
$$

$$
\boldsymbol{A}_2=(a_{i,j}^{(2)})=\begin{bmatrix}
0&0&0&0&0&0&0&0&1&1&1&1&1&1&1&1\\
0&0&0&0&1&1&1&1&0&0&0&0&1&1&1&1\\
0&0&1&1&0&0&1&1&0&0&1&1&0&0&1&1\\
1&1&0&0&0&0&1&1&0&0&1&1&1&1&0&0\\
0&1&0&1&0&1&0&1&0&1&0&1&0&1&0&1\\
1&0&1&0&0&1&0&1&0&1&0&1&1&0&1&0
\end{bmatrix},
$$

$$
\boldsymbol{A}_3=(a_{i,j}^{(3)})=\begin{bmatrix}
0&0&0&0&0&0&0&0&1&1&1&1&1&1&1&1\\
0&0&0&0&1&1&1&1&0&0&0&0&1&1&1&1\\
0&0&1&1&0&0&1&1&0&0&1&1&0&0&1&1\\
1&1&0&0&0&0&1&1&0&0&1&1&1&1&0&0\\
0&1&0&1&0&1&0&1&0&1&0&1&0&1&0&1\\
0&1&0&1&1&0&1&0&1&0&1&0&0&1&0&1
\end{bmatrix}.
$$

设
$$
\boldsymbol{C}=(c_{h,j})_{4\times16},c_{h,j}=\sum_{i=0}^{5}2^i a_{i,j}^{(h)},\ h\in I_4,j\in I_{16},
$$

即
$$
\boldsymbol{C}=\begin{bmatrix}
0&48&12&60&42&26&38&22&41&25&37&21&3&51&15&63\\
32&16&44&28&10&58&6&54&9&57&5&53&35&19&47&31\\
40&24&36&20&2&50&14&62&1&49&13&61&43&27&39&23\\
8&56&4&52&34&18&46&30&33&17&45&29&11&59&7&55
\end{bmatrix}.
$$

易证 $\boldsymbol{C}$ 是一个 RMR(4,16,3).

构造 3.2.1 假设存在 DLOA$(M,N;t,k,v)$,则存在 MR(M,N,t), 其中 $M=v^k/N$.

证 由于一个 DLOA$(M,N;t,k,v)$既是一个 LOA$(N;t,k,v)$,也是一个 LOA$(M;t,k,v)$,由引理 3.2.2 得证.

3.3 素数幂阶正交表双大集

本节讨论素数幂阶正交表双大集的构造，并给出一类 t-重幻矩.我们用到 $OA(N;t,k,q)$的以下构造[55].

引理 3.3.1 设 $k,t,s\in\mathbf{Z}$, $2\leqslant t\leqslant s\leqslant k$, q 是素数幂, $N=q^s$. 设 $\boldsymbol{E}\in M_{k\times s}^{(t)}(F_q)$, $F_q^s=v_0,v_1,\cdots,v_{q^s-1}$. 令 $\boldsymbol{X}$ 是 F_q^s 的所有列构成的矩阵，即 $\boldsymbol{X}=(v_0,v_1,\cdots,v_{q^s-1})$，则 $\boldsymbol{EX}$ 是 $OA(q^s;t,k,q)$.

为方便起见，一个 $DLOA(q^s,q^{k-s};t,k,q)$将被写成三维表 $k\times q^s\times q^{k-s}$矩阵. 进一步地，我们将用 $q^s\times q^{k-s}$矩阵$\boldsymbol{C}=(\boldsymbol{C}_{u,v})$表示 I_q 上的$k\times q^s\times q^{k-s}$三维表，其中 $\boldsymbol{C}$ 的每个元素$\boldsymbol{C}_{u,v}$是 $k\times 1$ 列向量.

显然，$\boldsymbol{C}$ 是 $DLOA(q^s,q^{k-s};t,k,q)$，如果 $\boldsymbol{C}$ 的每行是 $OA(q^{k-s};t,k,q)$，每列是 $OA(q^s;t,k,q)$，且 $\boldsymbol{C}$ 的所有行构成 $LOA(q^{k-s};t,k,q)$.

我们分别将 F_q^s 和 F_q^{k-s} 作为$\boldsymbol{C}$ 的行和列的指标集.

引理 3.3.2 设 $t,k,s\in\mathbf{Z}$, $2\leqslant t\leqslant s\leqslant k$, q 是素数幂.若存在 F_q 上的非奇异 $k\times k$ 矩阵$\boldsymbol{E}$，它有一个子阵 $\boldsymbol{E}_1\in M_{k\times s}^{(t)}(F_q)$，则存在 $LOA(q^s;t,k,q)$.

证 不失一般性，假设 $\boldsymbol{E}=(\boldsymbol{E}_1\quad\boldsymbol{E}_2)$，其中 $\boldsymbol{E}_1$ 是 $k\times s$ 矩阵.设 $\boldsymbol{C}=(\boldsymbol{C}_{u,v})$，其中

$$\boldsymbol{C}_{u,v}=(\boldsymbol{E}_1\quad\boldsymbol{E}_2)\begin{pmatrix}u\\v\end{pmatrix}=\boldsymbol{E}_1u+\boldsymbol{E}_2v,u\in F_q^s,v\in F_q^{k-s},$$

则 $\boldsymbol{C}$ 是 $DLOA(q^s;t,k,v)$.

事实上，因为 $\boldsymbol{E}$ 非奇异，所以当 u 跑遍 F_q^s 且 v 跑遍 F_q^{k-s} 时，$\boldsymbol{C}_{u,v}$跑遍 F_q^k. 进而，对于固定的 v_0，$\boldsymbol{E}_1\in M_{k\times s}^{(t)}(F_q)$，由引理 3.3.1 知，$\boldsymbol{C}_{u,v_0}$，$u\in F_q^s$ 是 $OA(q^s;t,k,v)$.因此 $\boldsymbol{C}$ 是 $LOA(q^s;t,k,v)$.

引理 3.3.3 设 $k,t,s\in\mathbf{Z}$, $2\leqslant t\leqslant s\leqslant k-t$. 若存在 F_q 上的非奇异矩阵 $\boldsymbol{E}=(\boldsymbol{E}_1\quad\boldsymbol{E}_2)$满足 $\boldsymbol{E}_1\in M_{k\times s}^{(t)}(F_q)$，$\boldsymbol{E}_2\in M_{k\times(k-s)}^{(t)}(F_q)$，则存在 $DLOA(q^s,q^{k-s};t,k,v)$.

证 对于引理 3.3.2 中所取的 $\boldsymbol{C}$，对固定的 u_0，$\boldsymbol{C}_{u_0,v}$，$v\in F_q^{k-s}$ 构成 $OA(q^{k-s};t,k,v)$.故 $\boldsymbol{C}$ 是 $DLOA(q^s,q^{k-s};t,k,v)$.

定理 3.3.1 设 $m,n,t\in\mathbf{Z}_+$，$2\leqslant t\leqslant\min\{m,n\}$，$k=m+n$. 对于任意素数幂 $q\geqslant k-1$，存在 $DLOA(q^m,q^n;t,k,q)$.

证 设 x 是 F_q 的本原元.定义 $k\times t$ 矩阵$\mathbf{V}$ 为

$$V=\begin{bmatrix}1 & 0 & 0 & \cdots & 0\\ 0 & 0 & 0 & \cdots & 1\\ 1 & x & x^2 & \cdots & x^{t-1}\\ 1 & x^2 & x^4 & \cdots & x^{2(t-1)}\\ \vdots & \vdots & \vdots & & \vdots\\ 1 & x^{k-2} & x^{2(k-2)} & \cdots & x^{(k-2)(t-1)}\end{bmatrix},$$

显然 $\boldsymbol{V}\in M_{k\times t}^{(t)}(F_q)$.令

$$\boldsymbol{V}=\begin{bmatrix}\boldsymbol{V}_1\\ \boldsymbol{V}_2\\ \boldsymbol{V}_3\\ \boldsymbol{V}_4\end{bmatrix},$$

其中 $\boldsymbol{V}_1,\boldsymbol{V}_2,\boldsymbol{V}_3,\boldsymbol{V}_4$ 分别是 $t\times t,(m-t)\times t,t\times t,(n-t)\times t$ 矩阵.易知 $\boldsymbol{V}_1,\boldsymbol{V}_3$ 是 t 阶非奇异矩阵.记 $\boldsymbol{0}_{r\times s}$ 是 $r\times s$ 零矩阵,$\boldsymbol{U}_s$ 是 s 阶单位矩阵.令

$$\boldsymbol{V}'=\begin{bmatrix}\boldsymbol{V}_1\\ \boldsymbol{V}_2\\ x\boldsymbol{V}_3\\ x\boldsymbol{V}_4\end{bmatrix}.$$

易见,$\boldsymbol{V}'\in M_{k\times t}^{(t)}(F_q)$.设

$$\boldsymbol{H}=\begin{bmatrix}\boldsymbol{0}_{t\times(m-t)}\\ \boldsymbol{U}_{m-t}\\ \boldsymbol{0}_{t\times(m-t)}\\ \boldsymbol{0}_{(n-t)\times(m-t)}\end{bmatrix},\ \boldsymbol{H}'=\begin{bmatrix}\boldsymbol{0}_{t\times(n-t)}\\ \boldsymbol{0}_{(m-t)\times(n-t)}\\ \boldsymbol{0}_{t\times(n-t)}\\ \boldsymbol{U}_{n-t}\end{bmatrix},$$

令 $\boldsymbol{E}_1=(\boldsymbol{V}\quad \boldsymbol{H}),\boldsymbol{E}_2=(\boldsymbol{V}'\quad \boldsymbol{H}'),\ \boldsymbol{E}=(\boldsymbol{E}_1\quad \boldsymbol{E}_2)$.

易证

$$\det(\boldsymbol{E})=\det(\boldsymbol{V}_1)\det(\boldsymbol{U}_{m-t})\det((x-1)\boldsymbol{V}_3)\det(\boldsymbol{U}_{n-t})\neq 0.$$

所以 $\boldsymbol{E}$ 是非奇异的.而 $\boldsymbol{E}_1\in M_{k\times m}^{(t)}(F_q)$,$\boldsymbol{E}_2\in M_{k\times n}^{(t)}(F_q)$,由引理 3.3.3 知,存在 DLOA$(q^m,q^n;t,k,q)$.

定理 3.3.2 对于素数幂 $q\geqslant m+n-1$,$2\leqslant t\leqslant \min\{m,n\}$,存在 MR$(q^m,q^n,t)$.

该定理可通过构造 3.2.1 和定理 3.3.1 证明.

3.4 t-重幻矩的递推构造

本节给出 t-重幻矩的递推构造.Li、Wu 和 Pan 在文献[36]中给出了平方幻矩的积构造.事实上,这个积构造对于一般的 t-重幻矩也是成立的,其证明与第 6 章构造 6.1.1 类似.所以有以下引理.

引理 3.4.1 若存在 $\mathrm{MR}(p,q,t)$ 以及 $\mathrm{MR}(u,v,t)$,则存在 $\mathrm{MR}(pu,qv,t)$[36].

现在给出 t-重互补幻矩的定义,并给出 $\mathrm{MR}(m,n,t)$ 的一个递推构造.

定义 3.4.1 设 $\boldsymbol{C}_h=(c_{i,j}^{(h)}),h\in I_n$.若 $\boldsymbol{C}_0,\boldsymbol{C}_1,\cdots,\boldsymbol{C}_{n-1}$ 是 I_{m^2} 上 n 个 $\mathrm{MR}(m,t-1)$,则 $\boldsymbol{C}_0,\boldsymbol{C}_1,\cdots,\boldsymbol{C}_{n-1}$ 称为 t-重互补幻矩,记为 n-$\mathrm{CMR}(m,t)$,

$$\sum_{h=0}^{n-1}\sum_{j=0}^{m-1}(c_{i,j}^{(h)})^t=nS_t(m),i\in I_m,$$

$$\sum_{h=0}^{n-1}\sum_{i=0}^{m-1}(c_{i,j}^{(h)})^t=nS_t(m),j\in I_m.$$

定义 3.4.2 $\boldsymbol{C}=(c_{i,j})$ 是 I_{m^2} 上 $\mathrm{MR}(m,m,t-1)$. $\boldsymbol{C}$ 称为自补 t-重幻矩,记为 $\mathrm{SCMR}(m,t)$,如果 $\boldsymbol{C}^{\mathrm{T}}$ 是 2-$\mathrm{CMR}(m,t)$,即

$$\sum_{j=0}^{m-1}(c_{i,j}^t+c_{j,i}^t)=2S_t(m),i\in I_m.$$

定义 3.4.3 设 $\boldsymbol{C}_i,i\in I_n$ 是 n-$\mathrm{CMR}(m,t)$,它们称为强的,记为 n-$\mathrm{SCCMR}(m,t)$,如果每个 $\boldsymbol{C}_i$ 是 $\mathrm{SCMR}(m,t),i\in I_n$.

构造 3.4.1 若存在 $\mathrm{MR}(p,q,t)$,p,q 为奇数,且存在 3-$\mathrm{SCCMR}(m,t)$,则存在 $\mathrm{MR}(mp,mq,t)$.

证 设 $\boldsymbol{A}=(a_{u,v})_{p\times q}$ 是一个 $\mathrm{MR}(p,q,t)$,且 $\boldsymbol{B}_{(h)}=(b_{r,s}^{(h)})_{m\times m},h\in I_3$ 是 3-$\mathrm{SCCMR}(m,t)$,$\boldsymbol{B}_{h'}=(b_{r,s}^{(h')})_{m\times m},h\in I_3$,其中 $b_{r,s}^{(h')}=b_{s,r}^{(h)},r,s\in I_m$,则容易验证 $\boldsymbol{B}_{0'},\boldsymbol{B}_{1'},\boldsymbol{B}_{2'}$ 也是 3-$\mathrm{SCCMR}(m,t)$.设 $\boldsymbol{K}=(k_{u,v})_{p\times q}$,其中

$$k_{u,v}=\begin{cases}(u+v)_3, & u,v\in I_3;\\ u, & u\in I_3,v\in I_q\backslash I_3,v\equiv 1(\bmod 2);\\ u', & u\in I_3,v\in I_q\backslash I_3,v\equiv 0(\bmod 2);\\ v, & u\in I_p\backslash I_3,u\equiv 1(\bmod 2),v\in I_3;\\ v', & u\in I_p\backslash I_3,u\equiv 0(\bmod 2),v\in I_3;\\ \langle u+v\rangle_2, & u\in I_p\backslash I_3,v\in I_q\backslash I_3.\end{cases}$$

设
$$C=(c_{i,j})_{mp\times mq},c_{i,j}=m^2a_{u,v}+b_{r,s}^{(ku,v)}, \tag{3-1}$$
$$i=mu+r,j=mv+s,u\in I_p,v\in I_q,r,s\in I_m.$$
下证 $\boldsymbol{C}$ 是 MR(mp,mq,t).

事实上，对任意 $e\in 1,2,\cdots,t$ 以及对每个 $i\in I_{mp}$，$i=mu+r,u\in I_p,r\in I_m$，有

$$\begin{aligned}\sum\nolimits_{j\in I_{mq}}c_{i,j}^e&=\sum\nolimits_{v\in I_q}\sum\nolimits_{s\in I_m}(m^2a_{u,v}+b_{r,s}^{(ku,v)})^e\\&=\sum_{k=0}^{e}\binom{e}{k}m^{2(e-k)}\sum\nolimits_{v\in I_q}a_{u,v}^{e-k}\sum\nolimits_{s\in I_m}(b_{r,s}^{(ku,v)})^k.\end{aligned}$$

若 $e<t$，则 $\sum\nolimits_{v\in I_q}a_{u,v}^{e-k}=R_{e-k}(p,q)$，$\sum\nolimits_{s\in I_m}(b_{r,s}^{(ku,v)})^k=S_k(m)$，所以

$$\sum\nolimits_{j\in I_{mq}}c_{i,j}^e=\sum_{k=0}^{e}\binom{e}{k}m^{2(e-k)}R_{e-k}(p,q)S_k(m)$$

是不依赖于 i 的值，即 $R_e(mp,mq)$.

若 $e=t$，则

$$\begin{aligned}\sum\nolimits_{j\in I_{mq}}c_{i,j}^t&=\sum_{k=0}^{t-1}\binom{t}{k}m^{2(t-k)}\sum\nolimits_{v\in I_q}a_{u,v}^{t-k}\sum\nolimits_{s\in I_m}(b_{r,s}^{(ku,v)})^k+\sum\nolimits_{v\in I_q}\sum\nolimits_{s\in I_m}(b_{r,s}^{(ku,v)})^t\\&=\sum_{k=0}^{t-1}\binom{t}{k}m^{2(t-k)}R_{t-k}(p,q)S_k(m)+\sum\nolimits_{v\in I_q}\sum\nolimits_{s\in I_m}(b_{r,s}^{(ku,v)})^t.\end{aligned} \tag{3-2}$$

而
$$\sum\nolimits_{v\in I_q}\sum\nolimits_{s\in I_m}(b_{r,s}^{(ku,v)})^t=q\,S_t(m),u\in I_p,r\in I_m. \tag{3-3}$$

事实上，对任意 $r\in I_m$，如果 $u\in I_3$，由于 $\boldsymbol{B}_0,\boldsymbol{B}_1,\boldsymbol{B}_2$ 是 3 - SCCMR(m,t)，所以

$$\begin{aligned}\sum\nolimits_{v\in I_3}\sum\nolimits_{s\in I_m}(b_{r,s}^{(ku,v)})^t&=\sum\nolimits_{v\in I_3}\sum\nolimits_{s\in I_m}(b_{r,s}^{(\langle u+v\rangle_3)})^t\\&=\sum\nolimits_{v\in I_3}\sum\nolimits_{s\in I_m}(b_{r,s}^{(v)})^t\\&=3S_t(m).\end{aligned} \tag{3-4}$$

同时，因为对每个 $h\in I_3,\boldsymbol{B}_h,\boldsymbol{B}_{h'}$ 是 2 - CMR$(m,2)$，所以

$$\begin{aligned}&\sum\nolimits_{v\in I_q\setminus I_3}\sum\nolimits_{s\in I_m}(b_{r,s}^{(ku,v)})^t\\&=\sum_{\substack{v\in I_q\setminus I_3\\v\equiv 0(\mathrm{mod}\ 2)}}\sum\nolimits_{s\in I_m}(b_{r,s}^{(u)})^t+\sum_{\substack{v\in I_q\setminus I_3\\v\equiv 1(\mathrm{mod}\ 2)}}\sum\nolimits_{s\in I_m}(b_{r,s}^{(u')})^t\\&=\frac{q-3}{2}\left[\sum\nolimits_{s\in I_m}(b_{r,s}^{(u)})^t+\sum\nolimits_{s\in I_m}(b_{r,s}^{(u')})^t\right]\\&=(q-3)S_t(m).\end{aligned} \tag{3-5}$$

对任意 $u\in I_3$ 以及 $r\in I_m$，由式(3-4)和式(3-5)有式(3-3).

类似地，我们可以验证对任意 $u\in I_p\setminus I_3$ 以及 $r\in I_m$，式(3-3)也是正确的.

由式(3-2)和式(3-3) 有

$$\sum_{j\in I_{mq}} c_{i,j}^t=\sum_{k=0}^{t-1}\binom{t}{k}m^{2(t-k)}R_{t-k}(p,q)S_k(m)+qS_t(m).$$

这个值不依赖于 i 的选择，因此恰好是 $R_t(mp,mq)$.

同理可证，对任意 $e\in 1,2,\cdots,t$ 以及对每个 $j\in I_{mq}$，$\sum_{i\in I_{mp}} c_{i,j}^e=R_e(mq,mp)$. 因此 $\boldsymbol{C}$ 是 MR(mp,mq,t).

例 3.4.1 设 $\boldsymbol{A}$ 是 MR(7,11,2)，则构造 3.4.1 中的矩阵 $\boldsymbol{K}$ 为

$$\begin{bmatrix}
0 & 1 & 2 & 0 & 0' & 0 & 0' & 0 & 0' & 0 & 0' \\
1 & 2 & 0 & 1 & 1' & 1 & 1' & 1 & 1' & 1 & 1' \\
2 & 0 & 1 & 2 & 2' & 2 & 1' & 2 & 2' & 2 & 1' \\
0 & 1 & 2 & 0 & 1 & 0 & 1 & 0 & 1 & 0 & 1 \\
0' & 1' & 2' & 1 & 0 & 1 & 0 & 1 & 0 & 1 & 0 \\
0 & 1 & 2 & 0 & 1 & 0 & 1 & 0 & 1 & 0 & 1 \\
0' & 1' & 2' & 1 & 0 & 1 & 0 & 1 & 0 & 1 & 0
\end{bmatrix}.$$

由例 3.5.2 给出的 3 - SCCMR(5,2)可得 MR(35,55,2).

构造 3.4.2 若存在 MR(p,q,t)，p,q 是偶数，且存在 SCMR(m,t)，则存在 MR(mp,mq,t).

证 设 $\boldsymbol{A}$ 是 MR(p,q,t)；$\boldsymbol{B}_0=(b_{r,s}^{(0)})$ 是 SCMR(m,t) 且 $\boldsymbol{B}_1=(b_{r,s}^{(1)})$，其中 $b_{r,s}^{(1)}=b_{s,r}^{(0)}$，$r,s\in I_m$；$\boldsymbol{K}=(k_{u,v})_{p\times q}$，$k_{u,v}=\langle u+v\rangle_2$，$u\in I_p$，$v\in I_q$；$\boldsymbol{C}$ 如构造 3.4.1 中式(3-1)所定义.类似于构造 3.4.1 的证明，可证 $\boldsymbol{C}$ 是 MR(mp,mq,t).

3.5 t-重幻矩的存在性

本节给出平方幻矩的一些类.

引理 3.5.1 对于任意奇数 $m\geqslant 3$，存在 SCMR$(m,2)$.

证 设 $m\geqslant 3$ 是奇数. 设 $\boldsymbol{A}=(a_{i,j})$，$\boldsymbol{B}=(b_{i,j})$，其中

$$a_{i,j}=\langle i+j\rangle_m,\ b_{i,j}=\langle i-j+(m-1)/2\rangle_m,i,j\in I_m.$$

易证 $\boldsymbol{A}$ 和 $\boldsymbol{B}$ 是一对 OLS(m).

设 $\boldsymbol{C}=(c_{i,j})$，其中 $c_{i,j}=ma_{i,j}+b_{i,j}$，$i,j\in I_m$. 显然，$\boldsymbol{C}$ 是 MR(m). 下证 $\boldsymbol{C}$ 是 SCMR$(m,2)$.

对每个 $i\in I_m$，因为 $\langle i-j+(m-1)/2\rangle_m+\langle -(i-j)+(m-1)/2\rangle_m=m-1$，所以

$$\begin{aligned}&\sum_{j=0}^{m-1}(a_{i,j}b_{i,j}+a_{j,i}b_{j,i})\\&=\sum_{j=0}^{m-1}\langle i+j\rangle_m(\langle i-j+(m-1)/2\rangle_m+\langle -(i-j)+(m-1)/2\rangle_m)\\&=\sum_{j=0}^{m-1}\langle i+j\rangle_m(m-1)\\&=m(m-1)^2/2,\end{aligned}$$

从而有

$$\begin{aligned}&\sum_{j=0}^{m-1}c_{i,j}^2+\sum_{j=0}^{m-1}c_{j,i}^2\\&=\sum_{j=0}^{m-1}[m^2(a_{i,j}^2+a_{j,i}^2)+(b_{i,j}^2+b_{j,i}^2)]+2m\sum_{j=0}^{m-1}(a_{i,j}b_{i,j}+a_{j,i}b_{j,i})\\&=2(m^2+1)\cdot\frac{m(m-1)(2m-1)}{6}+2m\cdot m(m-1)^2/2\\&=2S_2(m).\end{aligned}$$

因此 $\boldsymbol{C}$ 是 SCMR$(m,2)$.

定义 3.5.1 一个 $m\times n$ Kotzig 表，记为 KA(m,n)，是一个 $m\times n$ 矩阵，其每行是 I_n 的排列，每列的和是定值.

一个 KA(m,n) 的每列的和为 $\frac{m}{n}\binom{n}{2}=\frac{1}{2}m(n-1)$.当 m 是偶数或 n 是奇数时，这个和是整数.Kotzig 表由 Kotzig[56] 首次提出，由 W. D. Wallis[57] 给出正式定义.

引理 3.5.2 当 $m>1$ 且 $m(n-1)$ 是偶数时，存在 KA(m,n).[57]

定义 3.5.2 设 m 是奇数，$\boldsymbol{L}=(l_{i,s})_{n\times m}$ 是 $n\times m$ Kotzig 阵，元素取自 0 到 $m-1$. 我们知道，对于每个 $i\in I_n$，存在唯一的 $s_i\in I_m$ 使得 $l_{i,s_i}=\frac{m-1}{2}$. $\boldsymbol{L}$ 称为行对称的，记为 RSKA(n,m)，如果满足 $l_{i,\langle s_i-j\rangle_m}+l_{i,\langle s_i+j\rangle_m}=m-1$，这里 $j=0,1,\cdots,\frac{m-1}{2}$.

例 3.5.1 矩阵 $\boldsymbol{L}$ 是一个 RSKA$(3,5)$，

$$\boldsymbol{L}=(l_{i,s})_{3\times 5}=\begin{bmatrix}0&1&2&3&4\\4&1&3&0&2\\2&4&1&3&0\end{bmatrix}.$$

易见，$s_0=2,s_1=4,s_2=0$.

引理 3.5.3 对任意奇数 m，存在 RSKA$(3,m)$.

证 设 $\boldsymbol{L}=(l_{i,j})_{3\times m}$，其中

$$l_{0,j}=j,\ j\in I_m,$$

$$l_{1,j}=\begin{cases}\dfrac{2m-j-2}{2}, & j\equiv 0(\bmod 2), j\in I_m;\\[2mm] \dfrac{m-j-2}{2}, & j\equiv 1(\bmod 2), j\in I_m;\end{cases}$$

$$l_{2,j}=\begin{cases}\dfrac{m-1-j}{2}, & j\equiv 0(\bmod 2), j\in I_m;\\[2mm] \dfrac{2m-1-j}{2}, & j\equiv 1(\bmod 2), j\in I_m.\end{cases}$$

容易验证，$\boldsymbol{L}$ 是 KA$(3,m)$.

设 $s_0=\dfrac{m-1}{2}$，$s_1=m-1$ 且 $s_2=0$. 任意取定 $j\in I_{\frac{m+1}{2}}$. 当 $i=0$ 时，有

$$l_{0,\langle\frac{m-1}{2}-j\rangle_m}+l_{0,\langle\frac{m-1}{2}+j\rangle_m}=\frac{m-1}{2}-j+\frac{m-1}{2}+j=m-1.$$

当 $i=1,j\equiv 0(\bmod 2)$时，若 $j=0$，显然有 $2l_{1,m-1-j}=m-1$；若 $j>0$，注意到$\langle m-1-j\rangle_m=m-1-j$ 是偶数，而$\langle m-1+j\rangle_m=j-1$ 是奇数，所以有

$$\begin{aligned}l_{1,\langle m-1-j\rangle_m}+l_{1,\langle m-1+j\rangle_m}&=\frac{2m-(m-1-j)-2}{2}+\frac{m-(j-1)-2}{2}\\&=m-1.\end{aligned}$$

同理可证，$i=1,j\equiv 1(\bmod 2)$时的情形以及 $i=2$ 的情形.所以有

$$l_{i,\langle s_i-j\rangle_m}+l_{i,\langle s_i+j\rangle_m}=m-1, j\in I_{\frac{m+1}{2}}, i\in I_3.$$

因此 $\boldsymbol{L}$ 是 RSKA$(3,m)$.

现在我们利用 RSKA$(3,m)$ 给出引理 3.5.1 的一个改进.

引理 3.5.4 对于任意奇数 $m\geqslant 3$，存在 3 - SCCMR$(m,2)$.

证 设 $\boldsymbol{A},\boldsymbol{B}$ 是两个 m 阶方阵，其中

$$a_{i,j}=\langle i+j+(m-1)/2\rangle_m,\ b_{i,j}=\langle -i+j\rangle_m, i,j\in I_m.$$

易证 $\boldsymbol{A}$ 和 $\boldsymbol{B}$ 是一对 OLS(m).设 $\boldsymbol{L}=(l_{h,j})_{3\times m}$ 是一个 RSKA$(3,m)$，s_0,s_1,s_2 如引理 3.5.3 所述.设

$$\sigma_h(j)=l_{h,j}, h\in I_3, j\in I_m.$$

令 $\boldsymbol{A}_h=(a_{i,j}^{(h)}), a_{i,j}^{(h)}=a_{i,\langle j+s_h\rangle_m}, \boldsymbol{B}_h=(b_{i,j}^{(h)}), b_{i,j}^{(h)}=\sigma_k(b_{i,\langle j+s_h\rangle_m})$，

这里 $i,j\in I_m, h\in I_3$.

显然，对每个 $h\in I_3$，$\boldsymbol{A}_h$ 和 $\boldsymbol{B}_h$ 是一对 OLS(m).令

$$\boldsymbol{C}_h=(c_{i,j}^{(h)}),c_{i,j}^{(h)}=ma_{i,j}^{(h)}+b_{i,j}^{(h)},$$

则 $\boldsymbol{C}_0,\boldsymbol{C}_1,\boldsymbol{C}_2$ 是 MR(m,m).下证 $\boldsymbol{C}_0,\boldsymbol{C}_1,\boldsymbol{C}_2$ 是 3-SCCMR$(m,2)$.

事实上,因为 $\boldsymbol{L}$ 是 RSKA$(3,m)$，对每个 $i\in I_m$，有

$$\begin{aligned}\sum_{h\in I_3}\sum_{j\in I_m}a_{i,j}^{(h)}b_{i,j}^{(h)}&=\sum_{h\in I_3}\sum_{j\in I_m}a_{i,\langle j+s_h\rangle_m}\sigma_h(b_{i,\langle j+s_h\rangle_m})\\&=\sum_{h\in I_3}\sum_{j\in I_m}a_{i,j}\sigma_h(b_{i,j})\\&=\sum_{j\in I_m}a_{i,j}\sum_{h\in I_3}\sigma_h(b_{i,j})\\&=\sum_{j\in I_m}a_{i,j}\cdot\frac{3(m-1)}{2}\\&=\frac{m(m-1)}{2}\cdot\frac{3(m-1)}{2},\end{aligned}$$

因此,有

$$\begin{aligned}&\sum_{h\in I_3}\sum_{j\in I_m}(c_{i,j}^{(h)})^2\\&=\sum_{h\in I_3}\sum_{j\in I_m}(ma_{i,j}^{(h)}+b_{i,j}^{(h)})^2\\&=\sum_{h\in I_3}\sum_{j\in I_m}((m^2(a_{i,j}^{(h)})^2+(b_{i,j}^{(h)})^2))+2m\sum_{h\in I_3}\sum_{j\in I_m}a_{i,j}^{(h)}b_{i,j}^{(h)}\\&=3(m^2+1)\cdot\frac{m(m-1)(2m-1)}{6}+\frac{m(m-1)}{2}\cdot\frac{3(m-1)}{2}\\&=3S_2(m).\end{aligned}$$

类似地,可证 $\sum_{h\in I_3}\sum_{i\in I_m}(c_{i,j}^{(h)})^2=3S_2(m),j\in I_m$. 因此 $\boldsymbol{C}_0,\boldsymbol{C}_1,\boldsymbol{C}_2$ 是 3-CMR$(m,2)$.

设 $h\in I_3$ 且 $i\in I_m$，有

$$\begin{aligned}a_{i,j}^{(h)}&=a_{i,\langle j+s_h\rangle_m}=\langle i+\langle j+s_h\rangle_m+(m-1)/2\rangle_m\\&=\langle j+\langle i+s_h\rangle_m+(m-1)/2\rangle_m=a_{j,\langle i+s_h\rangle_m}=a_{j,i}^{(h)},\end{aligned}$$

且

$$\begin{aligned}b_{i,j}^{(h)}+b_{j,i}^{(h)}&=\sigma_h(b_{i,\langle j+s_h\rangle_m})+\sigma_h(b_{j,\langle i+s_h\rangle_m})\\&=\sigma_h(\langle -i+j+s_h\rangle_m)+\sigma_h(\langle -j+i+s_h\rangle_m)\\&=r_{h,\langle s_h-(i-j)\rangle_m}+r_{h,\langle s_h+(i-j)\rangle_m}\\&=m-1.\end{aligned}$$

因此，

$$\begin{aligned}\sum_{j\in I_m}(a_{i,j}^{(h)}b_{i,j}^{(h)}+a_{j,i}^{(h)}b_{j,i}^{(h)})&=\sum_{j\in I_m}a_{i,j}^{(h)}(b_{i,j}^{(h)}+b_{j,i}^{(h)})\\&=(m-1)\cdot\frac{m(m-1)}{2}.\end{aligned}$$

从而,我们得到

$$\begin{aligned}&\sum_{j\in I_m}((c_{i,j}^{(h)})^2+(c_{j,i}^{(h)})^2)\\&=\sum_{j\in I_m}m^2((a_{i,j}^{(h)})^2+(a_{j,i}^{(h)})^2)+\sum_{j\in I_m}((b_{i,j}^{(h)})^2+(b_{j,i}^{(h)})^2)+\\&\quad 2m\sum_{j\in I_m}(a_{i,j}^{(h)}b_{i,j}^{(h)}+a_{j,i}^{(h)}b_{j,i}^{(h)})\\&=2(m^2+1)\cdot\frac{m(m-1)(2m-1)}{6}+2m(m-1)\cdot\frac{m(m-1)}{2}\\&=2S_2(m).\end{aligned}$$

因此 $\boldsymbol{C}_0,\boldsymbol{C}_1,\boldsymbol{C}_2$ 都是 SCMR$(m,2)$.

例 3.5.2 3 - SCCMR(5,2).

证 令

$$\boldsymbol{A}=\begin{bmatrix}2&3&4&0&1\\3&4&0&1&2\\4&0&1&2&3\\0&1&2&3&4\\1&2&3&4&0\end{bmatrix},\boldsymbol{B}=\begin{bmatrix}0&1&2&3&4\\4&0&1&2&3\\3&4&0&1&2\\2&3&4&0&1\\1&2&3&4&0\end{bmatrix},\boldsymbol{L}=\begin{bmatrix}0&1&2&3&4\\4&1&3&0&2\\2&4&1&3&0\end{bmatrix}.$$

按照引理 3.5.4 中的步骤，可得

$$\boldsymbol{A}_0=\begin{bmatrix}4&0&1&2&3\\0&1&2&3&4\\1&2&3&4&0\\2&3&4&0&1\\3&4&0&1&2\end{bmatrix},\boldsymbol{A}_1=\begin{bmatrix}1&2&3&4&0\\2&3&4&0&1\\3&4&0&1&2\\4&0&1&2&3\\0&1&2&3&4\end{bmatrix},\ \boldsymbol{A}_2=\begin{bmatrix}2&3&4&0&1\\3&4&0&1&2\\4&0&1&2&3\\0&1&2&3&4\\1&2&3&4&0\end{bmatrix}.$$

$$\boldsymbol{B}_0=\begin{bmatrix}2&3&4&0&1\\1&2&3&4&0\\0&1&2&3&4\\4&0&1&2&3\\3&4&0&1&2\end{bmatrix},\ \boldsymbol{B}_1=\begin{bmatrix}2&4&1&3&0\\0&2&4&1&3\\3&0&2&4&1\\1&3&0&2&4\\4&1&3&0&2\end{bmatrix},\ \boldsymbol{B}_2=\begin{bmatrix}2&4&1&3&0\\0&2&4&1&3\\3&0&2&4&1\\1&3&0&2&4\\4&1&3&0&2\end{bmatrix}.$$

令 $\boldsymbol{C}_h=5\boldsymbol{A}_h+\boldsymbol{B}_h,h=0,1,2$, 则有

$$\boldsymbol{C}_0=\begin{bmatrix}22&3&9&10&16\\1&7&13&19&20\\5&11&17&23&4\\14&15&21&2&8\\18&24&0&6&12\end{bmatrix},\boldsymbol{C}_1=\begin{bmatrix}7&14&16&23&0\\10&17&24&1&8\\18&20&2&9&11\\21&3&5&12&19\\4&6&13&15&22\end{bmatrix},$$

$$
\boldsymbol{C}_2=\begin{bmatrix}12 & 19 & 21 & 3 & 5\\ 15 & 22 & 4 & 6 & 13\\ 23 & 0 & 7 & 14 & 16\\ 1 & 8 & 10 & 17 & 24\\ 9 & 11 & 18 & 20 & 2\end{bmatrix}.
$$

可以验证 $\boldsymbol{C}_0,\boldsymbol{C}_1,\boldsymbol{C}_2$ 是 3 - SCCMR(5,2).

定理 3.5.1 对于任意奇数 h，若存在 MR$(m,n,2)$，则存在 MR$(hm,hn,2)$.

证 设 h 是奇数.假设存在 MR$(m,n,2)$,由引理 1.3.1 得 $m\equiv n(\mathrm{mod}\ 2)$.

若 m,n 都是奇数,则由引理 3.5.4 知存在 3 - SCCMR$(h,2)$,由构造 3.4.1 知存在 MR$(hm,hn,2)$.

若 m,n 都是偶数,则由引理 3.5.1 知存在 SCMR$(h,2)$,由构造 3.4.1 知存在 MR$(hm,hn,2)$.

定理 1.3.3 设 $m,n\geqslant 2$,h 是奇数.对于任意素数幂 $q\geqslant m+n-1$,存在 MR$(hq^m,hq^n,2)$.

该定理可通过定理 3.3.1 和定理 3.5.1 证明.

引理 3.5.5 对于任意奇数 h,存在 MR$(8h,10h,2)$.

证 运用计算机程序,可以得到一个 MR(8,10,2):

$$
\boldsymbol{A}=\begin{bmatrix}6 & 8 & 30 & 27 & 33 & 71 & 39 & 57 & 59 & 75\\ 7 & 48 & 31 & 70 & 78 & 64 & 22 & 45 & 24 & 16\\ 26 & 77 & 80 & 28 & 14 & 40 & 49 & 18 & 17 & 56\\ 43 & 29 & 9 & 42 & 76 & 47 & 65 & 3 & 66 & 25\\ 53 & 55 & 52 & 79 & 37 & 1 & 54 & 23 & 46 & 5\\ 58 & 34 & 11 & 12 & 13 & 60 & 74 & 72 & 35 & 36\\ 62 & 10 & 50 & 51 & 32 & 20 & 2 & 38 & 73 & 67\\ 69 & 63 & 61 & 15 & 41 & 21 & 19 & 68 & 4 & 44\end{bmatrix}.
$$

由定理 3.5.1 知,对于任意奇数 h,存在 MR$(8h,10h,2)$.

定理 3.5.2 对于任意奇数 h 以及对于每对$(p,q)\in E=\{(11,7),(13,7),(19,7),(13,11),(17,11),(8,10)\}$,存在 MR$(hp,hq,2)$.

综合应用引理 1.3.2、引理 3.5.4 和定理 3.5.1,可以证明定理 3.5.3.

第4章 正交表强双大集和 t-重幻方

本章将在第3章的基础上引入正交表强双大集(SDLOA)的概念,建立正交表强双大集和 t-重幻方的联系,并给出强度为2、约束数为4的SDLOA的存在性及一类素数幂阶SDLOA的存在性,从而得到相应参数的 t-重幻方的存在性.

4.1 基于正交表强双大集的 t-重幻方的构造

为了解决 t-重幻方的对角线问题,我们引入正交表强双大集的定义.

定义 4.1.1 一个 DLOA$(N;t,k,v)$ $\{\boldsymbol{A}_0,\boldsymbol{A}_1,\cdots,\boldsymbol{A}_{N-1}\}$ 称为强的,记为 SDLOA$(N;t,k,v)$,如果

$$\boldsymbol{D}=(d_{i,j})_{k\times N},d_{i,j}=a_{i,j}^{(j)},i\in I_k,j\in I_N,$$

$$\boldsymbol{D}'=(d'_{i,j})_{k\times N},d'_{i,j}=a_{i,N-1-j}^{(j)},i\in I_k,j\in I_N$$

都是 OA$(N;t,k,v)$.

作为特殊的LOA,SDLOA不仅可用于弹性函数和zigzag函数,而且可用来构造 t-重幻方.

构造 4.1.1 若存在 SDLOA$(N;t,k,v)$,则存在 MS(N,t).

证 假设 $\{\boldsymbol{A}_0,\boldsymbol{A}_1,\cdots,\boldsymbol{A}_{N-1}\}$ 是 I_v 上的 SDLOA$(N;t,k,v)$,则 $N=v^{\frac{k}{2}}$. 令

$$\boldsymbol{C}=(c_{j,l})_{m\times m},c_{j,l}=\sum_{i=0}^{k-1}v^i a_{i,l}^{(j)},j,l\in I_N.$$

下证 $\boldsymbol{C}$ 是 MS(N,t).

设 $\boldsymbol{B}_j=(a_{i,j}^{(h)}),j\in I_N,\boldsymbol{D}=(a_{i,j}^{(j)}),\boldsymbol{D}'=(a_{i,N-1-j}^{(j)})$.因为 $\boldsymbol{A}_0,\boldsymbol{A}_1,\cdots,\boldsymbol{A}_{N-1}$ 构成 LOA$(N;t,k,v)$,所以 $\{(a_{0,l}^{(j)},a_{1,l}^{(j)},\cdots,a_{k-1,l}^{(j)})\mid j,l\in I_N\}=I_v^k$.因此,

$$\{c_{j,l} \mid c_{j,l} = \sum_{i=0}^{k-1} v^i a_{i,l}^{(j)}, j, l \in I_N\} = I_{N^2}.$$

由引理 3.2.2 知，对任意 $j \in I_N$，有 $\sum_{l=0}^{N-1} c_{j,l}^u = S_u(N)$.

注意到 $\boldsymbol{B}_0, \boldsymbol{B}_1, \cdots, \boldsymbol{B}_{N-1}, \boldsymbol{D}, \boldsymbol{D}'$ 也是 I_v 上的 OA$(N;t,k,v)$，由引理 3.2.2得

$$\sum_{j=0}^{m-1} c_{j,l}^u = S_u(N), l \in I_N; \sum_{j=0}^{m-1} c_{j,j}^u = \sum_{j=0}^{m-1} c_{j,m-1-j}^u = S_u(N).$$

因此，$\boldsymbol{C}$ 是 I_{N^2} 上的 MS(N,t).

为了说明构造 4.1.1，我们给出如下的例子.

例 4.1.1 存在一个 SDLOA(9;2,4,3)，且由此得 MS(9,2).

证 设 $\boldsymbol{A}_j = (a_{i,l}^{(j)})_{4\times 9}, j \in I_9$，其中，

$$\boldsymbol{A}_0 = \begin{bmatrix} 0 & 0 & 0 & 1 & 1 & 1 & 2 & 2 & 2 \\ 0 & 1 & 2 & 0 & 1 & 2 & 0 & 1 & 2 \\ 0 & 1 & 2 & 1 & 2 & 0 & 2 & 0 & 1 \\ 0 & 1 & 2 & 2 & 0 & 1 & 1 & 2 & 0 \end{bmatrix},$$

$$\boldsymbol{A}_1 = \begin{bmatrix} 1 & 1 & 1 & 2 & 2 & 2 & 0 & 0 & 0 \\ 0 & 1 & 2 & 0 & 1 & 2 & 0 & 1 & 2 \\ 2 & 0 & 1 & 0 & 1 & 2 & 1 & 2 & 0 \\ 1 & 2 & 0 & 0 & 1 & 2 & 2 & 0 & 1 \end{bmatrix},$$

$$\boldsymbol{A}_2 = \begin{bmatrix} 2 & 2 & 2 & 0 & 0 & 0 & 1 & 1 & 1 \\ 0 & 1 & 2 & 0 & 1 & 2 & 0 & 1 & 2 \\ 1 & 2 & 0 & 2 & 0 & 1 & 0 & 1 & 2 \\ 2 & 0 & 1 & 1 & 2 & 0 & 0 & 1 & 2 \end{bmatrix},$$

$$\boldsymbol{A}_3 = \begin{bmatrix} 0 & 0 & 0 & 1 & 1 & 1 & 2 & 2 & 2 \\ 2 & 0 & 1 & 2 & 0 & 1 & 2 & 0 & 1 \\ 1 & 2 & 0 & 2 & 0 & 1 & 0 & 1 & 2 \\ 1 & 2 & 0 & 0 & 1 & 2 & 2 & 0 & 1 \end{bmatrix},$$

$$\boldsymbol{A}_4 = \begin{bmatrix} 1 & 1 & 1 & 2 & 2 & 2 & 0 & 0 & 0 \\ 2 & 0 & 1 & 2 & 0 & 1 & 2 & 0 & 1 \\ 0 & 1 & 2 & 1 & 2 & 0 & 2 & 0 & 1 \\ 2 & 0 & 1 & 1 & 2 & 0 & 0 & 1 & 2 \end{bmatrix},$$

$$A_5=\begin{bmatrix}2&2&2&0&0&0&1&1&1\\2&0&1&2&0&1&2&0&1\\2&0&1&0&1&2&1&2&0\\0&1&2&2&0&1&1&2&0\end{bmatrix},$$

$$A_6=\begin{bmatrix}0&0&0&1&1&1&2&2&2\\1&2&0&1&2&0&1&2&0\\2&0&1&0&1&2&1&2&0\\2&0&1&1&2&0&0&1&2\end{bmatrix},$$

$$A_7=\begin{bmatrix}1&1&1&2&2&2&0&0&0\\1&2&0&1&2&0&1&2&0\\1&2&0&2&0&1&0&1&2\\0&1&2&2&0&1&1&2&0\end{bmatrix},$$

$$A_8=\begin{bmatrix}2&2&2&0&0&0&1&1&1\\1&2&0&1&2&0&1&2&0\\0&1&2&1&2&0&2&0&1\\1&2&0&0&1&2&2&0&1\end{bmatrix}.$$

易证$\{A_0,A_1,\cdots,A_8\}$构成 LOA(9;2,4,3).设$B_l=(a_{i,l}^{(j)})_{4\times 9}$, $l\in I_9$, 即

$$B_0=\begin{bmatrix}0&1&2&0&1&2&0&1&2\\0&0&0&2&2&2&1&1&1\\0&2&1&1&0&2&2&1&0\\0&1&2&1&2&0&2&0&1\end{bmatrix},$$

$$B_1=\begin{bmatrix}0&1&2&0&1&2&0&1&2\\1&1&1&0&0&0&2&2&2\\1&0&2&2&1&0&0&2&1\\1&2&0&2&0&1&0&1&2\end{bmatrix},$$

$$B_2=\begin{bmatrix}0&1&2&0&1&2&0&1&2\\2&2&2&1&1&1&0&0&0\\2&1&0&0&2&1&1&0&2\\2&0&1&0&1&2&1&2&0\end{bmatrix},$$

$$B_3=\begin{bmatrix}1&2&0&1&2&0&1&2&0\\0&0&0&2&2&2&1&1&1\\1&0&2&2&1&0&0&2&1\\2&0&1&0&1&2&1&2&0\end{bmatrix},$$

$$B_4=\begin{bmatrix}1&2&0&1&2&0&1&2&0\\1&1&1&0&0&0&2&2&2\\2&1&0&0&2&1&1&0&2\\0&1&2&1&2&0&2&0&1\end{bmatrix},$$

$$B_5=\begin{bmatrix}1&2&0&1&2&0&1&2&0\\2&2&2&1&1&1&0&0&0\\0&2&1&1&0&2&2&1&0\\1&2&0&2&0&1&0&1&2\end{bmatrix},$$

$$B_6=\begin{bmatrix}2&0&1&2&0&1&2&0&1\\0&0&0&2&2&2&1&1&1\\2&1&0&0&2&1&1&0&2\\1&2&0&2&0&1&0&1&2\end{bmatrix},$$

$$B_7=\begin{bmatrix}2&0&1&2&0&1&2&0&1\\1&1&1&0&0&0&2&2&2\\0&2&1&1&0&2&2&1&0\\2&0&1&0&1&2&1&2&0\end{bmatrix},$$

$$B_8=\begin{bmatrix}2&0&1&2&0&1&2&0&1\\2&2&2&1&1&1&0&0&0\\1&0&2&2&1&0&0&2&1\\0&1&2&1&2&0&2&0&1\end{bmatrix}.$$

可证$\{B_0,B_1,\cdots,B_8\}$也构成 LOA(9;2,4,3).因此$\{A_0,A_1,\cdots,A_8\}$是 DLOA(9;2,4,3).令

$$D=(a_{i,j}^{(j)})_{4\times9}=\begin{bmatrix}0&1&2&1&2&0&2&0&1\\0&1&2&2&0&1&1&2&0\\0&0&0&2&2&2&1&1&1\\0&2&1&0&2&1&0&2&1\end{bmatrix},$$

$$D'=(a_{i,8-j}^{(j)})_{4\times9}=\begin{bmatrix}2&0&1&1&2&0&0&1&2\\2&1&0&1&0&2&0&2&1\\1&2&0&1&2&0&1&2&0\\0&0&0&2&2&2&1&1&1\end{bmatrix}.$$

易证 D,D'是 OA(9;2,4,3).因此$\{A_0,A_1,\cdots,A_8\}$是 SDLOA(9;2,4,3).

设$C=(c_{i,j})_{9\times9}$，其中 $c_{j,l}=\sum\limits_{i=0}^{3}3^i a_{i,l}^{(j)},j,l\in I_9$，即

$$C=(c_{j,l})_{9\times 9}=\begin{bmatrix} 0 & 39 & 78 & 64 & 22 & 34 & 47 & 59 & 17 \\ 46 & 58 & 16 & 2 & 41 & 80 & 63 & 21 & 33 \\ 65 & 23 & 35 & 45 & 57 & 15 & 1 & 40 & 79 \\ 42 & 72 & 3 & 25 & 28 & 67 & 62 & 11 & 50 \\ 61 & 10 & 49 & 44 & 74 & 5 & 24 & 27 & 66 \\ 26 & 29 & 68 & 60 & 9 & 48 & 43 & 73 & 4 \\ 75 & 6 & 36 & 31 & 70 & 19 & 14 & 53 & 56 \\ 13 & 52 & 55 & 77 & 8 & 38 & 30 & 69 & 18 \\ 32 & 71 & 20 & 12 & 51 & 54 & 76 & 7 & 37 \end{bmatrix}.$$

容易验证,C 是 MS(9,2).

4.2 强度为 2 的正交表强双大集

本节中我们用正交对角拉丁方给出 SDLOA(n^2;2,4,n)的存在性.

引理 4.2.1 若存在一对正交对角 LS(n),则存在 SDLOA(n^2;2,4,n).

证 设 $G=(g_{u,v})_{n\times n}$,$H=(h_{u,v})_{n\times n}$ 是 I_n 上一对正交对角 LS(n).对于 j,$l\in I_{n^2}$,记

$$j=u+rn,\ l=v+sn,\ x=h_{u,v},\ y=h_{r,s},\ u,v,r,s\in I_n.$$

令 $$A_j=(a_{i,l}^{(j)})_{4\times n^2},a_{0,l}^{(j)}=h_{x,y},a_{1,l}^{(j)}=g_{x,y},a_{2,l}^{(j)}=g_{u,v},a_{3,l}^{(j)}=g_{r,s}.$$

下证$\{A_0,A_1,\cdots,A_{n^2-1}\}$是 I_n 上的 SDLOA(n^2;2,4,n).

首先证明对任意 $j\in I_{n^2}$,A_j 是 OA(n^2;2,4,n).固定 $j=u+rn\in I_{n^2}$.先证

$$\{(a_{0,l}^{(j)},a_{1,l}^{(j)})\mid l\in I_{n^2}\}=I_n^2.$$

由 A_j 的定义,即证

$$\{(h_{x,y},g_{x,y})\mid x=h_{u,v},y=h_{r,s},v,s\in I_n\}.$$

因为 H 是拉丁方,而 u,r 固定,所以$\{h_{u,v}\mid v\in I_n\}=I_n$,$\{h_{r,s}\mid s\in I_n\}=I_n$.从而$\{(x,y)\mid x=h_{u,v},y=h_{r,s},v,s\in I_n\}=\{(x,y)\mid x\in I_n,y\in I_n\}=I_n^2$.

由于 G,H 正交,因此有

$$\{(h_{x,y},g_{x,y})\mid x=h_{u,v},y=h_{r,s},v,s\in I_n\}=\{(h_{x,y},g_{x,y})\mid x,y\in I_n\}=I_n^2.$$

从而有$\{(a_{0,l}^{(j)},a_{1,l}^{(j)})\mid l\in I_{n^2}\}=I_n^2$.

再证$\{(a_{0,l}^{(j)},a_{2,l}^{(j)})\mid l\in I_{n^2}\}=I_n^2$. 由 A_j 的定义,即证

$$\{(h_{x,y},g_{u,v})\mid x=h_{u,v},y=h_{r,s},v,s\in I_n\}=I_n^2.$$

固定 $v\in I_n$,则 $h_{u,v}$,$g_{u,v}$ 固定,所以有

$$\{h_{x,y} \mid x=h_{u,v}, y=h_{r,s}, s\in I_n\}=\{h_{x,y} \mid y\in I_n\}=I_n.$$

由于 $\boldsymbol{G}$ 是拉丁方，所以有 $\{g_{u,v} \mid v\in I_n\}=I_n$，

$$\{(h_{x,y}, g_{u,v}) \mid x=h_{u,v}, y=h_{r,s}, v,s\in I_n\}=\{(k,g_{u,v}) \mid v,k\in I_n\}=I_n^2.$$

从而有 $\{(a_{0,l}^{(j)}, a_{2,l}^{(j)}) \mid l\in I_{n^2}\}=I_n^2$.

类似地，可证

$$\{(a_{0,l}^{(j)}, a_{3,l}^{(j)}) \mid l\in I_{n^2}\}=\{(h_{x,y}, g_{r,s}) \mid x=h_{u,v}, y=h_{r,s}, v,s\in I_n\}=I_n^2,$$

$$\{(a_{1,l}^{(j)}, a_{2,l}^{(j)}) \mid l\in I_{n^2}\}=\{(g_{x,y}, g_{u,v}) \mid x=h_{u,v}, y=h_{r,s}, v,s\in I_n\}=I_n^2,$$

$$\{(a_{1,l}^{(j)}, a_{3,l}^{(j)}) \mid l\in I_{n^2}\}=\{(g_{x,y}, g_{r,s}) \mid x=h_{u,v}, y=h_{r,s}, v,s\in I_n\}=I_n^2,$$

$$\{(a_{2,l}^{(j)}, a_{3,l}^{(j)}) \mid l\in I_{n^2}\}=\{(g_{u,v}, g_{r,s}) \mid v,s\in I_n\}=I_n^2.$$

由定义知，$\boldsymbol{A}_j$ 是 $\mathrm{OA}(n^2;2,4,n)$.

现在证明 $\bigcup\limits_{j\in I_{n2}} \boldsymbol{A}_j$ 是 $\mathrm{OA}(n^2;4,4,n)$，只要证对任意 $j,j'\in I_{n^2}, j\neq j'$，$\boldsymbol{A}_j$ 和 $\boldsymbol{A}_{j'}$ 没有相同的列，否则，存在 $l,l'\in I_{n^2}$ 使得

$$(a_{0,l}^{(j)}, a_{1,l}^{(j)}, a_{2,l}^{(j)}, a_{3,l}^{(j)})^{\mathrm{T}}=(a_{0,l'}^{(j')}, a_{1,l'}^{(j')}, a_{2,l'}^{(j')}, a_{3,l'}^{(j')})^{\mathrm{T}}. \tag{4-1}$$

记 $j=u+rn$，$l=v+sn$，$j'=u'+r'n$，$l=v'+s'n$，$u,v,r,s,u',v',r',s'\in I_n$，则式(4-1)变为

$$(h_{x,y}, g_{x,y}, g_{u,v}, g_{r,s})^{\mathrm{T}}=(h_{x',y'}, g_{x',y'}, g_{u',v'}, g_{r',s'})^{\mathrm{T}},$$

其中，$x=h_{u,v}, y=h_{r,s}, x'=h_{u',v'}, y'=h_{r',s'}$，从而有

$$h_{x,y}=h_{x',y'}, \tag{4-2}$$

$$g_{x,y}=g_{x',y'}, \tag{4-3}$$

$$g_{u,v}=g_{u',v'}, \tag{4-4}$$

$$g_{r,s}=g_{r',s'}. \tag{4-5}$$

注意到 $\boldsymbol{H}, \boldsymbol{G}$ 正交，由式(4-2)和式(4-3)有 $x=x', y=y'$，即

$$h_{u,v}=h_{u',v'}, \tag{4-6}$$

$$h_{r,s}=h_{r',s'}. \tag{4-7}$$

由式(4-4)和式(4-6)有 $u=u', v=v'$. 由式(4-5)和式(4-7)有 $r=r', s=s'$. 这表明 $j=j', l=l'$，矛盾.所以 $\{\boldsymbol{A}_0, \boldsymbol{A}_1, \cdots, \boldsymbol{A}_{n^2-1}\}$ 是 $\mathrm{LOA}(n^2;2,4,n)$.

令 $\boldsymbol{B}_l=(a_{i,l}^{(j)})_{4\times n^2}, l\in I_{n^2}, \boldsymbol{D}=(a_{i,j}^{(j)})_{4\times n^2}, \boldsymbol{D}'=(a_{i,j}^{(n^2-1-j)})_{4\times n^2}$. 与上述证明类似，可证 $\boldsymbol{B}_0, \boldsymbol{B}_1, \cdots, \boldsymbol{B}_{n^2-1}$ 是 $\mathrm{LOA}(n^2;2,4,n)$.注意到 $\boldsymbol{G}$ 和 $\boldsymbol{H}$ 的主对角和反对角都是截态，易证 $\boldsymbol{D}, \boldsymbol{D}'$ 都是 $\mathrm{OA}(n^2;2,4,n)$.

定理 4.2.1 存在一个 $\mathrm{SDLOA}(n^2;2,4,n)$ 当且仅当 $n\neq 2,6$.

证 对于 $n=2,6$，由文献[1]可知，不存在 $\mathrm{OA}(36;2,4,n)$，因而不存在 $\mathrm{SDLOA}(n^2;2,4,n)$.对于 $n\neq 2,6$，由引理 1.2.1 知，存在正交对角 $\mathrm{LS}(n)$.由引

理 4.2.1 知，存在 SDLOA(n^2;2,4,n).

4.3 素数幂阶正交表强双大集

本节给出 SDLOA(N;t,k,q)（q 为素数幂）的正交表强双大集的构造.

引理 4.3.1 设 $t,k,s\in\mathbf{Z}$, $2\leqslant t\leqslant s$, $k=2s$. 若存在 F_q 上的 $k\times k$ 非奇异矩阵 $\boldsymbol{E}=(\boldsymbol{E}_1\quad \boldsymbol{E}_2)$ 满足 $\boldsymbol{E}_1,\boldsymbol{E}_2\in M_{k\times s}^{(t)}(F_q)$，且 $\boldsymbol{E}_1+\boldsymbol{E}_2,\boldsymbol{E}_1-\boldsymbol{E}_2\in M_{k\times s}^{(t)}(F_q)$，则存在 SDLOA($q^s$;$t$,$k$,$q$).

证 首先，对 F_q 中的元素适当进行重排，记为 $F_q=\{\boldsymbol{\xi}_0,\boldsymbol{\xi}_1,\cdots,\boldsymbol{\xi}_{q-1}\}$，使其满足 $\boldsymbol{\xi}_j+\boldsymbol{\xi}_{q-1-j}=\boldsymbol{\xi}_{q-1}$, $j\in I_q$.

事实上，可以假定 $q=p^n$, p 是素数, $n\in\mathbf{Z}_+$. 当 $n=1$ 时，有 $F_q=\mathbb{Z}_q$. 显然, $\boldsymbol{\xi}_j+\boldsymbol{\xi}_{q-1-j}=\boldsymbol{\xi}_{q-1}$, $j\in I_q$. 当 $n\geqslant 2$ 时，F_q 中的每个元素可以表示成$\mathbb{Z}_p^n$中的向量，记

$$F_q=\{\boldsymbol{\xi}_j\mid \boldsymbol{\xi}_j=(\overline{w_0},\overline{w_1},\cdots,\overline{w_{n-1}})^{\mathrm{T}}\in\mathbb{Z}_p^n, j=w_0+w_1p+\cdots+w_{n-1}p^{n-1}\}.$$

注意到 $q-1=p^n-1=(p-1)+(p-1)p+\cdots+(p-1)p^{n-1}$，从而有$\boldsymbol{\xi}_j+\boldsymbol{\xi}_{q-1-j}=\boldsymbol{\xi}_{q-1}$, $j\in I_q$.

现在，我们构造 F_q 上的 SDLOA(q^s;t,k,q). 对每个 $j\in I_{q^s}$，记

$$j=x_0+x_1q+\cdots+x_{s-1}q^{s-1}, x_0,x_1,\cdots,x_{s-1}\in I_q.$$

令

$$\boldsymbol{u}_j=(\boldsymbol{\xi}_{x_0},\boldsymbol{\xi}_{x_1},\cdots,\boldsymbol{\xi}_{x_{s-1}})^{\mathrm{T}},$$

则有

$$F_q^s=\{\boldsymbol{u}_0,\boldsymbol{u}_1,\cdots,\boldsymbol{u}_{q^s-1}\},\ F_q^k=\{\boldsymbol{u}_{j,l}\mid \boldsymbol{u}_{j,l}=\boldsymbol{u}_l, j,l\in I_{q^s}\}.$$

对每个 $j\in I_{q^s}$，设 $\boldsymbol{A}_j=(a_{i,l}^{(j)})_{k\times q^s}=(\boldsymbol{H}_0^{(j)},\boldsymbol{H}_1^{(j)},\cdots,\boldsymbol{H}_{q^s-1}^{(j)})$，其中

$$\begin{aligned}\boldsymbol{H}_l^{(j)}&=(a_{0,l}^{(j)},a_{1,l}^{(j)},\cdots,a_{k-1,l}^{(j)})^{\mathrm{T}}\\&=\boldsymbol{E}\boldsymbol{u}_{j,l}=(\boldsymbol{E}_1\quad \boldsymbol{E}_2)\begin{pmatrix}\boldsymbol{u}_j\\ \boldsymbol{u}_l\end{pmatrix}\\&=\boldsymbol{E}_1\boldsymbol{u}_j+\boldsymbol{E}_2\boldsymbol{u}_l, l\in I_{q^s}.\end{aligned}$$

下证$\{\boldsymbol{A}_0,\boldsymbol{A}_1,\cdots,\boldsymbol{A}_{q^s-1}\}$构成 SDLOA($q^s$;$t$,$k$,$q$).设

$$\boldsymbol{B}_l=(a_{i,l}^{(j)})_{k\times q^s}, l\in I_{q^s}, \boldsymbol{D}=(a_{i,j}^{(j)})_{k\times q^s}, \boldsymbol{D}'=(a_{i,j}^{(q^s-1-j)})_{k\times q^s}.$$

因为 $\boldsymbol{E}$ 是非奇异的，且 $\boldsymbol{E}_1,\boldsymbol{E}_2\in M_{k\times s}^{(t)}(F_q)$，由引理 3.3.3 知，$\{\boldsymbol{A}_0,\boldsymbol{A}_1,\cdots,\boldsymbol{A}_{q^s-1}\}$构成 DLOA ($q^s$;$t$,$k$,$q$).余下部分证明 $\boldsymbol{D},\boldsymbol{D}'$是 OA($q^s$;$t$,$k$,$q$).

易见，

$$\boldsymbol{H}_j^{(j)}=\boldsymbol{E}_1\boldsymbol{u}_j+\boldsymbol{E}_2\boldsymbol{u}_j=(\boldsymbol{E}_1+\boldsymbol{E}_2)\boldsymbol{u}_j,j\in I_{q^s}.$$

因为 $\boldsymbol{E}_1+\boldsymbol{E}_2\in M_{k\times s}^{(t)}(F_q)$，由引理 3.3.1 知，

$$\boldsymbol{D}=(\boldsymbol{H}_0^{(0)},\boldsymbol{H}_1^{(1)},\cdots,\boldsymbol{H}_{q^s-1}^{(q^s-1)})=(\boldsymbol{E}_1+\boldsymbol{E}_2)(\boldsymbol{u}_0,\boldsymbol{u}_1,\cdots,\boldsymbol{u}_{q^s-1})$$

是 $\mathrm{OA}(q^s;t,k,q)$.

接下来证 $\boldsymbol{D}'$也是 $\mathrm{OA}(q^s;t,k,q)$.注意到

$$\boldsymbol{u}_j=(\boldsymbol{\xi}_{x_0},\boldsymbol{\xi}_{x_1},\cdots,\boldsymbol{\xi}_{x_{s-1}})^{\mathrm{T}},j=x_0+x_1q+\cdots+x_{s-1}q^{s-1}.$$

我们有

$$u_{q^s-1-j}=(\boldsymbol{\xi}_{q-1-x_0},\boldsymbol{\xi}_{q-1-x_1},\cdots,\boldsymbol{\xi}_{q-1-x_{s-1}})^{\mathrm{T}},$$

因为

$$q^s-1-j=q-1-x_0+(q-1-x_1)q+\cdots+(q-1-x_{s-1})q^{s-1}.$$

由以上证明可知,对任意 $i\in I_q$ 有 $\boldsymbol{\xi}_i+\boldsymbol{\xi}_{q-1-i}=\boldsymbol{\xi}_{q-1}$，从而有

$$\boldsymbol{u}_j+\boldsymbol{u}_{q^s-1-j}=(\boldsymbol{\xi}_{q-1},\boldsymbol{\xi}_{q-1},\cdots,\boldsymbol{\xi}_{q-1})=\boldsymbol{X}_{q^s-1}.$$

因此对任意 $j\in I_{q^s}$，有

$$\begin{aligned}\boldsymbol{H}_{q^s-1-j}^{(j)}&=\boldsymbol{E}_1\boldsymbol{u}_j+\boldsymbol{E}_2\boldsymbol{u}_{q^s-1-j}\\&=(\boldsymbol{E}_1-\boldsymbol{E}_2)\boldsymbol{u}_j+\boldsymbol{E}_2(\boldsymbol{u}_j+\boldsymbol{X}_{q^s-1-j})\\&=(\boldsymbol{E}_1-\boldsymbol{E}_2)\boldsymbol{u}_j+\boldsymbol{E}_2\boldsymbol{u}_{q^s-1}.\end{aligned}$$

因为 $\boldsymbol{E}_1-\boldsymbol{E}_2\in M_{k\times s}^{(t)}(F_q)$，由引理 3.3.1 知,$\boldsymbol{S}=(\boldsymbol{E}_1-\boldsymbol{E}_2)(\boldsymbol{u}_0,\boldsymbol{u}_1,\cdots,\boldsymbol{u}_{q^s-1})$是 $\mathrm{OA}(q^s;t,k,q)$.因此

$$\begin{aligned}\boldsymbol{D}'&=(\boldsymbol{H}_{q^s-1}^{(0)},\boldsymbol{H}_{q^s-2}^{(1)},\cdots,\boldsymbol{H}_0^{(q^s-1)})\\&=((\boldsymbol{E}_1-\boldsymbol{E}_2)\boldsymbol{u}_0+\boldsymbol{E}_2\boldsymbol{u}_{q^s-1},(\boldsymbol{E}_1-\boldsymbol{E}_2)\boldsymbol{u}_1+\\&\quad\boldsymbol{E}_2\boldsymbol{u}_{q^s-1},\cdots,(\boldsymbol{E}_1-\boldsymbol{E}_2)\boldsymbol{u}_{q^s-1}+\boldsymbol{E}_2\boldsymbol{u}_{q^s-1})\end{aligned}$$

也是 $\mathrm{OA}(q^s;t,k,q)$.

至此,我们证明了 $\{\boldsymbol{A}_0,\boldsymbol{A}_1,\cdots,\boldsymbol{A}_{q^s-1}\}$是 $\mathrm{SDLOA}(q^s;t,k,q)$.

引理 4.3.2 设 $t,k,s\in\mathbf{Z},2\leqslant t\leqslant s,k=2s,q\geqslant 4$ 是素数幂.若存在 F_q 上两个非奇异 $s\times s$ 矩阵 $\boldsymbol{E}_{11},\boldsymbol{E}_{21}$ 满足 $\boldsymbol{E}_1=\begin{bmatrix}\boldsymbol{E}_{11}\\\boldsymbol{E}_{21}\end{bmatrix}\in M_{k\times s}^{(t)}(F_q)$，则存在 $\mathrm{SDLOA}(q^s;t,k,q)$.

证 设 x 是 F_q 中的本原元.因为 $q\geqslant 4$,所以 $x,x^2\neq 0,1,-1$ 以及 $x\neq x^2$.设 $\boldsymbol{E}_{12}=x\boldsymbol{E}_{11},\boldsymbol{E}_{22}=x^2\boldsymbol{E}_{21}$,则 $\boldsymbol{E}_{12},\boldsymbol{E}_{22}$ 也是 F_q 上非奇异的，进一步地,$\boldsymbol{E}_2=\begin{bmatrix}\boldsymbol{E}_{12}\\\boldsymbol{E}_{22}\end{bmatrix}$，$\boldsymbol{E}_1+\boldsymbol{E}_2$ 以及 $\boldsymbol{E}_1-\boldsymbol{E}_2$ 都属于 $M_{k\times s}^{(t)}(F_q)$.

设 $\boldsymbol{E}=(\boldsymbol{E}_1\quad \boldsymbol{E}_2)=\begin{bmatrix}\boldsymbol{E}_{11} & \boldsymbol{E}_{12}\\ \boldsymbol{E}_{21} & \boldsymbol{E}_{22}\end{bmatrix}$，有

$$\begin{aligned}\det(\boldsymbol{E})&=\det(\boldsymbol{E}_{11})\det(\boldsymbol{E}_{22}-\boldsymbol{E}_{21}\boldsymbol{E}_{11}^{-1}\boldsymbol{E}_{12})\\&=(x^2-x)^s\det(\boldsymbol{E}_{11})\det(\boldsymbol{E}_{21}),\end{aligned}$$

$$\det(\boldsymbol{E})\in F_q\backslash\{0\}.$$

由引理 4.3.1 知，存在 SDLOA$(q^s;t,k,q)$.

例 4.3.1 存在 SDLOA$(7^5;4,10,7)$.

证 取 $t=4,s=5,g=7,k=10$，则有 $N=7^5$. 设 $\boldsymbol{E}_1=\begin{bmatrix}\boldsymbol{E}_{11}\\ \boldsymbol{E}_{21}\end{bmatrix}$是$\mathbb{Z}_7$上的矩阵，其中

$$\boldsymbol{E}_{11}=\begin{bmatrix}1&0&0&0&0\\0&1&0&0&0\\0&0&1&0&0\\0&0&0&1&0\\0&0&0&0&1\end{bmatrix},\ \boldsymbol{E}_{21}=\begin{bmatrix}1&1&1&1&1\\1&2&3&4&5\\1&3&4&5&2\\1&4&5&2&3\\1&5&2&3&4\end{bmatrix}.$$

易证 $\boldsymbol{E}_{11},\boldsymbol{E}_{21}$ 都是非奇异的且 $\boldsymbol{E}_1\in M_{10\times 5}^{(4)}(\mathbb{Z}_7)$.由引理 4.3.2 知，存在 SDLOA$(7^5;4,10,7)$.

考虑指数为 1 的 SDLOA，我们有以下推论.

推论 4.3.1 设 $q\geqslant 4$ 是素数幂，$t\geqslant 2$.若 $M_{2t\times t}^{(t)}(F_q)\neq\varnothing$，则存在 SDLOA$(q^{2t};t,2t,q)$.

定理 4.3.1 对所有素数幂 $q\geqslant 2t-1$ 且 $t\geqslant 2$，存在 SDLOA$(q^{2t};t,2t,q)$.

证 当 $q=3$，$t=2$ 时，相应的 SDLOA$(9;2,4,3)$由例 4.1.1 给出.当 $q\geqslant 4$ 时，设 x 是 F_q 的本原元且

$$\boldsymbol{E}=\begin{bmatrix}1&0&0&\cdots&0\\1&x&x^2&\cdots&x^{t-1}\\1&x^2&x^4&\cdots&x^{2(t-1)}\\\vdots&\vdots&\vdots&&\vdots\\1&x^{2t-2}&x^{2(2t-2)}&\cdots&x^{(t-1)(2t-2)}\\0&0&0&\cdots&1\end{bmatrix}.$$

易证，$\boldsymbol{E}$ 的任意 t 行线性无关，因此 $M_{2t\times t}^{(t)}(F_q)\neq\varnothing$. 由推论 4.3.1，得证.

4.4 一类 t-重幻方的存在性

引理 4.4.1 对任意 $n\in\mathbf{Z},n>2$,存在 $\mathrm{MS}(n^2,2)$.

证 对于 $n=6$, $\mathrm{MS}(36,2)$.

对于 $n\in\mathbf{Z},n>2,n\neq6$,由定理 4.2.1 知,存在 $\mathrm{SDLOA}(n^2;2,4,n)$.因此,由构造 4.1.1 知,对所有整数 $n>2$,存在 $\mathrm{MS}(n^2,2)$.

定理 4.4.1 设 $t\geqslant2$,对于所有素数幂 $q\geqslant2t-1$, 存在 $\mathrm{MS}(q^t,t)$.

证 对所有素数幂 $q\geqslant2t-1$ 且 $t\geqslant2$,由定理 4.3.1 知,存在 $\mathrm{SDLOA}(q^{2t};t,2t,q)$. 应用构造 4.1.1 得到 $\mathrm{MS}(q^t,t)$.

第5章 正交表大集和泛对角 t-重幻方

设 $\boldsymbol{A}$ 是一个 $n\times n$ 表，用 $I_n=\{0,1,\cdots,n-1\}$ 表示 $\boldsymbol{A}$ 的行指标和列指标. 对于正整数 a,n，记 $a(\bmod n)$ 为 $\langle a\rangle_n$. 对于 $k\in I_n$，多重集 $\{a_{i,\langle k+i\rangle n}\mid i\in I_n\}$ 和 $\{a_{i,\langle k-i\rangle_n}\mid i\in I_n\}$ 分别称为 $\boldsymbol{A}$ 的第 k 条右泛对角线和第 k 条左泛对角线. 一个 MS(n) (GMS(n))的每条泛对角线上数的和是幻和,则称其为泛对角的,记为 PMS(n) (PGMS(n)). 例如,PMS(5)可写为

$$\begin{bmatrix} 0 & 14 & 21 & 7 & 18 \\ 22 & 8 & 15 & 4 & 11 \\ 19 & 1 & 12 & 23 & 5 \\ 13 & 20 & 9 & 16 & 2 \\ 6 & 17 & 3 & 10 & 24 \end{bmatrix}.$$

5.1 泛对角 t-重幻方

泛对角幻方的存在性问题是由 Denes 和 Keedwell[16] 提出的. Sun[21] 证明了存在一个 PMS(n) 当且仅当 $n>3$ 且 $n\equiv 0,1,3(\bmod 4)$.

设 $\boldsymbol{A}$ 是一个 MS(n,t). $\boldsymbol{A}$ 称为泛对角 t-重幻方,记为 PMS(n,t)，如果 $\boldsymbol{A}^{*e}$ 是一个 PGMS(n),对任意 $e=1,2,\cdots,t$. 一个 PMS(n,2)通常称为泛对角平方幻方.

文献[4]中列出一个公开问题,即

对于任意正整数 n,是否存在一个 PMS(n, 2)?

2012 年,Li、Wu 和 Pan[36] 利用 2 -重幻矩给出了 PMS(n,2) 的一个构造,证明了如下结论.

引理 5.1.1 对于任意整数 $n\geqslant 1$,以及 $(p,q)\in E=\{(11,7),(13,7),(19,$

7),(13,11),(17,11)},存在一个 PMS($(pq)^n$,2).

Chen、Li 和 Pan[37]用正交表给出了 PMS(n,2)的一个构造方法.

正交表是组合设计理论的重要内容,有很多应用[1,46,47].此外,还有一些新结果[48,49]. Chen、Li 和 Pan[37]给出了 PMS 的如下构造方法.

引理 5.1.2 对于整数 $n\geqslant 7$ 且 $\gcd(n,30)=1$,存在一个 PMS(n^4,2).

本书将正交表大集进行推广,得到 PMS(n,t)的一般构造方法.

定理 5.1.1 对于所有的奇素数 $q\geqslant 4t-1$ 且 $t\geqslant 2$,存在一个 PMS(q^{2t},t).

特别地,通过利用积构造的方法,可进一步得到定理 5.1.2,这是对引理 1.4.3的拓展.

定理 5.1.2 对于任意奇整数 n,若 $\gcd(n,9)\neq 3$ 且 $\gcd(n,25)\neq 5$,存在一个 PMS(n^4,2).

本章第 2 节中定义了正交表四重大集,主要结果在第 3 节中给出.

5.2 正交表四重大集

Stinson 用正交表大集构造了弹性函数和锯齿函数[39,40].

下面先回顾例 4.1.1,以解释 LOA 的定义以及如何用它来构造矩阵.

例 5.2.1 由例 4.1.1,一个 4×9 正交表得到 LOA(9; 2, 4, 3).

$$\boldsymbol{A}_0=\begin{bmatrix}0&0&0&1&1&1&2&2&2\\0&1&2&0&1&2&0&1&2\\0&1&2&1&2&0&2&0&1\\0&1&2&2&0&1&1&2&0\end{bmatrix},$$

$$\boldsymbol{A}_1=\begin{bmatrix}1&1&1&2&2&2&0&0&0\\0&1&2&0&1&2&0&1&2\\2&0&1&0&1&2&1&2&0\\1&2&0&0&1&2&2&0&1\end{bmatrix},$$

$$\boldsymbol{A}_2=\begin{bmatrix}2&2&2&0&0&0&1&1&1\\0&1&2&0&1&2&0&1&2\\1&2&0&2&0&1&0&1&2\\2&0&1&1&2&0&0&1&2\end{bmatrix},$$

$$A_3=\begin{bmatrix}0&0&0&1&1&1&2&2&2\\2&0&1&2&0&1&2&0&1\\1&2&0&2&0&1&0&1&2\\1&2&0&0&1&2&2&0&1\end{bmatrix},$$

$$A_4=\begin{bmatrix}1&1&1&2&2&2&0&0&0\\2&0&1&2&0&1&2&0&1\\0&1&2&1&2&0&2&0&1\\2&0&1&1&2&0&0&1&2\end{bmatrix},$$

$$A_5=\begin{bmatrix}2&2&2&0&0&0&1&1&1\\2&0&1&2&0&1&2&0&1\\2&0&1&0&1&2&1&2&0\\0&1&2&2&0&1&1&2&0\end{bmatrix},$$

$$A_6=\begin{bmatrix}0&0&0&1&1&1&2&2&2\\1&2&0&1&2&0&1&2&0\\2&0&1&0&1&2&1&2&0\\2&0&1&1&2&0&0&1&2\end{bmatrix},$$

$$A_7=\begin{bmatrix}1&1&1&2&2&2&0&0&0\\1&2&0&1&2&0&1&2&0\\1&2&0&2&0&1&0&1&2\\0&1&2&2&0&1&1&2&0\end{bmatrix},$$

$$A_8=\begin{bmatrix}2&2&2&0&0&0&1&1&1\\1&2&0&1&2&0&1&2&0\\0&1&2&1&2&0&2&0&1\\1&2&0&0&1&2&2&0&1\end{bmatrix}.$$

将 $\boldsymbol{A}_i$ 的第 j 列转置为行向量并且作为 $\boldsymbol{C}$ 的 (i,j) 元，$i,j\in I_9$，得到

$$C=\begin{bmatrix}0000 & 0111 & 0222 & 1012 & 1120 & 1201 & 2021 & 2102 & 2210\\1021 & 1102 & 1210 & 2000 & 2111 & 2222 & 0012 & 0120 & 0201\\2012 & 2120 & 2201 & 0021 & 0102 & 0210 & 1000 & 1111 & 1222\\0211 & 0022 & 0100 & 1220 & 1001 & 1112 & 2202 & 2010 & 2121\\1202 & 1010 & 1121 & 2211 & 2022 & 2100 & 0220 & 0001 & 0112\\2220 & 2001 & 2112 & 0202 & 0010 & 0121 & 1211 & 1022 & 1100\\0122 & 0200 & 0011 & 1101 & 1212 & 1020 & 2110 & 2221 & 2002\\1110 & 1221 & 1002 & 2122 & 2200 & 2011 & 0101 & 0212 & 0020\\2101 & 2212 & 2020 & 0110 & 0221 & 0002 & 1122 & 1200 & 1011\end{bmatrix}.$$

将 $\boldsymbol{C}$ 的(i,j)元(u,v,x,y)用 $u+3v+9x+27y$ 替换,得到矩阵

$$\hat{C}=\begin{bmatrix}0 & 39 & 78 & 64 & 22 & 34 & 47 & 59 & 17\\46 & 58 & 16 & 2 & 41 & 80 & 63 & 21 & 33\\65 & 23 & 35 & 45 & 57 & 15 & 1 & 40 & 79\\42 & 72 & 3 & 25 & 28 & 67 & 62 & 11 & 50\\61 & 10 & 49 & 44 & 74 & 5 & 24 & 27 & 66\\26 & 29 & 68 & 60 & 9 & 48 & 43 & 73 & 4\\75 & 6 & 36 & 31 & 70 & 19 & 14 & 53 & 56\\13 & 52 & 55 & 77 & 8 & 38 & 30 & 69 & 18\\32 & 71 & 20 & 12 & 51 & 54 & 76 & 7 & 37\end{bmatrix}.$$

容易验证,$\hat{C}$是一个 RMR(9, 9, 2).

基于 LOA 的 RMR 的构造由第 3 章引理 3.2.2 给出,即若存在一个 LOA$(N;t, k, v)$,则存在一个 RMR$\left(\frac{v^k}{N}, N, t\right)$.

定义 5.2.1 设 $v^k=N^2$.假设存在一个 LOA$(N;t, k, v)$,$\boldsymbol{A}_h=(a_{i,j}^{(h)})$,$i$,$j$,$h\in I_N$.设

$$\boldsymbol{B}_j=(b_{i,h}^{(j)}),b_{i,h}^{(j)}=a_{i,j}^{(h)},$$

$$\boldsymbol{R}_h=(r_{i,j}^{(h)})_{k\times N},r_{i,j}^{(h)}=a_{i,j}^{(\langle h+j\rangle N)},$$

$$\boldsymbol{L}_h=(l_{i,j}^{(h)})_{k\times N},l_{i,j}^{(h)}=a_{i,j}^{(\langle h-j\rangle N)},$$

则$\{\boldsymbol{A}_0,\boldsymbol{A}_1,\cdots,\boldsymbol{A}_{N-1}\}$称为一个四重 LOA$(N;t, k, v)$, 记为 QLOA$(N; t, k, v)$, 如果 $\boldsymbol{B}_0,\boldsymbol{B}_1,\cdots,\boldsymbol{B}_{N-1}$ 构成一个 LOA$(N;t, k, v)$, 且 $\boldsymbol{R}_0,\boldsymbol{R}_1,\cdots,\boldsymbol{R}_{N-1}$ 也构成一个 LOA$(N;t, k, v)$,则 $\boldsymbol{L}_0,\boldsymbol{L}_1,\cdots,\boldsymbol{L}_{N-1}$ 也构成一个 LOA$(N;t, k, v)$.

可以得到基于 QLOA$(N;t, k, v)$的 PMS(N, t)的如下定理.

定理 5.2.1 若存在一个 QLOA$(N;t,k,v)$, 则存在一个 PMS(N, t).

证 设 $v^k=N^2$；$\boldsymbol{A}_h=(a_{i,j}^{(h)})$，$h\in I_N$ 是一个 QLOA(N；t，k，v)；$\boldsymbol{B}_j$，$\boldsymbol{R}_h$，$\boldsymbol{L}_h$，j，$h\in I_N$ 如定义 5.2.1 所述. 再设$\widehat{\boldsymbol{C}}=(\widehat{c}_{i,j})$，其中，

$$\widehat{c}_{i,j}=a_{0,j}^{(i)}+va_{1,j}^{(i)}+\cdots+v^{k-1}a_{k-1,j}^{(i)}.$$

因为$\boldsymbol{A}_0,\boldsymbol{A}_1,\cdots,\boldsymbol{A}_{N-1}$是一个 LOA($N$；$t$，$k$，$v$)，由引理 3.2.2 的证明知，$\widehat{\boldsymbol{C}}$是一个 RMR($N$，$N$，$t$). 因为$\boldsymbol{B}_0,\boldsymbol{B}_1,\cdots,\boldsymbol{B}_{N-1}$是一个 LOA($N$；$t$，$k$，$v$)，由引理 3.2.2 知，其转置$\widehat{\boldsymbol{C}}^{\mathrm{T}}$ 也是一个 RMR(N，N，t).

进一步地，因为$\boldsymbol{R}_0,\boldsymbol{R}_1,\cdots,\boldsymbol{R}_{N-1}$是 LOA($N$；$t$，$k$，$v$)，由引理 3.2.2 知，取$\widehat{\boldsymbol{C}}$的右泛对角线作为行构成的矩阵是一个 RMR($N$，$N$，$t$). 因为$\boldsymbol{L}_0,\boldsymbol{L}_1,\cdots,\boldsymbol{L}_{N-1}$是一个 LOA($N$；$t$，$k$，$v$)，取$\widehat{\boldsymbol{C}}$的左泛对角线作为行构成的矩阵是一个 RMR($N$，$N$，$t$). 综上，$\widehat{\boldsymbol{C}}$是一个 PMS($N$，$t$).

5.3 基于正交表大集的泛对角 t-重幻方

本节用 QLOA 给出有限域上的几类 PMS(N，t).

设 q 是素数幂，F_q 是 q 元 Galois 域. 设 $V_k(F_q)$是 F_q 上的 k 维列向量空间. 设 $M_{k\times s}^{(t)}(F_q)$是 F_q 上满足任意 t 行线性无关的 $k\times s$ 矩阵的集合.

如果用 $N\times N$ 矩阵 $\boldsymbol{C}$ 表示一个 $k\times N\times N$ 数表，$\boldsymbol{C}$ 的每一个元都是 F_q 上的 k 维列向量.如果 $\boldsymbol{C}$ 的所有行构成 LOA(N;t,k,v)，所有列、所有右泛对角线、所有左泛对角线都构成 LOA(N;t,k,v)，那么 $\boldsymbol{C}$ 构成一个 QLOA(N;t,k,v).

Bush[55] 给出了 OA 的如下线性构造.

引理 5.3.1 设 k，t，s 是正整数，$2\leqslant t\leqslant s\leqslant k$，$N=q^s$. 令 $\boldsymbol{E}=(e_{i,j})\in M_{k\times s}^{(t)}(F_q)$，$V_s(F_q)=\{\boldsymbol{X}_0,\boldsymbol{X}_1,\cdots,\boldsymbol{X}_{q^s-1}\}$且 $\boldsymbol{X}=\{\boldsymbol{X}_0,\boldsymbol{X}_1,\cdots,\boldsymbol{X}_{q^s-1}\}$，则矩阵乘积 $\boldsymbol{EX}$ 是一个 OA(q^s;t,k,q).

接下来，使用矩阵的以上技巧给出 QLOA 的线性构造.

引理 5.3.2 设 q 是一个奇素数幂，$t\geqslant 2$. 如果存在 $\boldsymbol{E}_i\in M_{4t\times t}^{(t)}(F_q)$，$i\in I_4$ 使得 $\boldsymbol{E}=(\boldsymbol{E}_0,\boldsymbol{E}_1,\boldsymbol{E}_2,\boldsymbol{E}_3)$ 是非奇异的，那么存在一个 QLOA(q^{2t};t,$4t$,q).

证 设 $N=q^t$，记 $V_t(F_q)=\{\boldsymbol{X}_i\mid i\in I_N\}$. 设 $\boldsymbol{E}_i\in M_{4t\times t}^{(t)}(F_q)$，$i\in I_4$满足 $\boldsymbol{E}=(\boldsymbol{E}_0,\boldsymbol{E}_1,\boldsymbol{E}_2,\boldsymbol{E}_3)$ 是非奇异的. 定义矩阵 $\boldsymbol{A}=(\boldsymbol{a}_{i,j})_{N^2\times N^2}$，其元素为

$$\boldsymbol{a}_{i,j}=\boldsymbol{E}_0\boldsymbol{X}_{\langle u+r\rangle N}+\boldsymbol{E}_1\boldsymbol{X}_v+\boldsymbol{E}_2\boldsymbol{X}_{\langle u-r\rangle N}+\boldsymbol{E}_3\boldsymbol{X}_s,$$

$$i=Nu+v,j=Nr+s,u,v,r,s\in I_N.$$

易见，$\boldsymbol{a}_{i,j}$是向量. 为证 $\boldsymbol{A}$ 构成一个 QLOA(N^2;t,$4t$,q)，须证明 $\boldsymbol{A}$ 的行、列、右对角线、左对角线分别构成一个 LOA(N^2;t,$4t$,q).

因为 q 是奇数，N 是奇数，若 u,v,r,s 跑遍 I_N，则 $\langle u+r\rangle_N,v,\langle u-r\rangle_N,s$ 均跑遍 I_N，所以 $\boldsymbol{X}_{\langle u+r\rangle_N},\boldsymbol{X}_v,\boldsymbol{X}_{\langle u-r\rangle_N},\boldsymbol{X}_s$ 跑遍 $V_t(F_q)$，从而 $\boldsymbol{a}_{i,j}$ 跑遍 I_{N^4}. 因此 $\boldsymbol{E}=(\boldsymbol{E}_0,\boldsymbol{E}_1,\boldsymbol{E}_2,\boldsymbol{E}_3)$ 是非奇异的.

下证 $\boldsymbol{A}$ 的所有行构成 LOA($N^2;t,4t,q$). 对于固定的 $i=Nu+v,u,v\in I_N$，有

$$\{\boldsymbol{a}_{i,j}\mid j\in I_{N^2}\}=\{\boldsymbol{a}_{Nu+v,Nr+s}\mid r,s\in I_N\}=\bigcup_{r\in I_N}\{\boldsymbol{a}_{Nu+v,Nr+s}\mid s\in I_N\}$$
$$=\bigcup_{r\in I_N}\{\boldsymbol{E}_0\boldsymbol{X}_{\langle u+r\rangle_N}+\boldsymbol{E}_1\boldsymbol{X}_v+\boldsymbol{E}_2\boldsymbol{X}_{\langle u-r\rangle_N}+\boldsymbol{E}_3\boldsymbol{X}_s\mid s\in I_N\}.$$

对于固定的 $r\in I_N$，因为 $\boldsymbol{E}_3\in M_{4t\times t}^{(t)}(F_q)$，由引理 3.3.1 知，$\{\boldsymbol{E}_3\boldsymbol{X}_s\mid s\in I_N\}$ 构成一个 OA($N;t,4t,q$). 集合 $\{\boldsymbol{a}_{i,j}\mid j\in I_{N^2}\}$ 包含子空间 $\{\boldsymbol{E}_3\boldsymbol{X}_s\mid s\in I_N\}$ 的所有平移，因此 $\{\boldsymbol{a}_{i,j}\mid j\in I_{N^2}\}$ 是一个 LOA($N^2;t,4t,q$).

类似地，对于固定的 $j=Nr+s,r,s\in I_N$，

$$\{\boldsymbol{a}_{i,j}\mid j\in I_{N^2}\}=\{\boldsymbol{a}_{Nu+v,Nr+s}\mid u,v\in I_N\}$$
$$=\bigcup_{u\in I_N}\{\boldsymbol{E}_0\boldsymbol{X}_{\langle u+r\rangle_N}+\boldsymbol{E}_1\boldsymbol{X}_v+\boldsymbol{E}_2\boldsymbol{X}_{\langle u-r\rangle_N}+\boldsymbol{E}_3\boldsymbol{X}_s\mid v\in I_N\}$$

也是一个 LOA($N^2;t,4t,q$)，因为 $\{\boldsymbol{E}_1\boldsymbol{X}_v\mid v\}$ 是一个 OA($N;t,4t,q$).

下证 $\boldsymbol{A}$ 的所有右对角线构成 LOA($N^2;t,4t,q$). 对于固定的 $j=Nr+s$，$r,s\in I_N$，对任意的 $i=Nu+v,u,v\in I_N$，有

$$\langle j+i\rangle_{N^2}=\langle Nr+s+Nu+v\rangle_{N^2}=N\langle u+r\rangle_N+\langle v+s\rangle_N.$$

因此，

$$\{\boldsymbol{a}_{i,\langle j+i\rangle_{N^2}}\mid i\in I_{N^2}\}$$
$$=\{\boldsymbol{E}_0\boldsymbol{X}_{\langle u+\langle u+r\rangle_N\rangle_N}+\boldsymbol{E}_1\boldsymbol{X}_v+\boldsymbol{E}_2\boldsymbol{X}_{\langle u-\langle u+r\rangle_N\rangle_N}+\boldsymbol{E}_3\boldsymbol{X}_{\langle v+s\rangle_N}\mid u,v\in I_N\}$$
$$=\{\boldsymbol{E}_0\boldsymbol{X}_{\langle 2u+r\rangle_N}+\boldsymbol{E}_1\boldsymbol{X}_v+\boldsymbol{E}_2\boldsymbol{X}_{N-r}+\boldsymbol{E}_3\boldsymbol{X}_{\langle v+s\rangle_N}\mid u,v\in I_N\}$$
$$=\bigcup_{v\in I_N}\{\boldsymbol{E}_0\boldsymbol{X}_{\langle 2u+r\rangle_N}+\boldsymbol{E}_1\boldsymbol{X}_v+\boldsymbol{E}_2\boldsymbol{X}_{N-r}+\boldsymbol{E}_3\boldsymbol{X}_{\langle v+s\rangle_N}\mid u\in I_N\}.$$

注意到 N 是奇数，有 $\{2u\mid u\in I_N\}=I_N$. 由引理 3.3.1 知，$\{\boldsymbol{E}_0\boldsymbol{X}_{\langle 2u+r\rangle_N}\mid u\in I_N\}$ 是 OA($N;t,4t,q$). 因此，对固定的 $v\in I_N$，

$$\{\boldsymbol{E}_0\boldsymbol{X}_{\langle 2u+r\rangle_N}+\boldsymbol{E}_1\boldsymbol{X}_v+\boldsymbol{E}_2\boldsymbol{X}_{N-r}+\boldsymbol{E}_3\boldsymbol{X}_{\langle v+s\rangle_N}\mid u\in I_N\}$$

构成 OA($N;t,4t,q$). 因而 $\{\boldsymbol{a}_{i,\langle j+i\rangle_{N^2}}\mid i\in I_{N^2}\}$ 构成 LOA($N^2;t,4t,q$).

类似地，检查 $\boldsymbol{A}$ 的左对角线. 对于固定的 $j=Nr+s,r,s\in I_N$ 以及任意的 $i=Nu+v,u,v\in I_N$，有

$$\langle j-i\rangle_{N^2}=\langle Nr+s-Nu-v\rangle_{N^2}=N\langle r-u\rangle_N+\langle s-v\rangle_N.$$

因此，

$$\{\boldsymbol{a}_{i,\langle j-i\rangle_{N^2}}\mid i\in I_{N^2}\}$$
$$=\{\boldsymbol{E}_0\boldsymbol{X}_{\langle u+\langle r-u\rangle_N\rangle_N}+\boldsymbol{E}_1\boldsymbol{X}_v+\boldsymbol{E}_2\boldsymbol{X}_{\langle u-\langle r-u\rangle_N\rangle_N}+\boldsymbol{E}_3\boldsymbol{X}_{\langle s-v\rangle_N}\mid u,v\in I_N\}$$

$=\{\boldsymbol{E}_0\boldsymbol{X}_r+\boldsymbol{E}_1\boldsymbol{X}_v+\boldsymbol{E}_2\boldsymbol{X}_{N-r}+\boldsymbol{E}_3\boldsymbol{X}_{\langle v+s\rangle_N}\mid u,v\in I_N\}$

$=\bigcup_{v\in I_N}\{\boldsymbol{E}_0\boldsymbol{X}_{\langle 2u+r\rangle_N}+\boldsymbol{E}_1\boldsymbol{X}_v+\boldsymbol{E}_2\boldsymbol{X}_{\langle 2u-r\rangle_N}+\boldsymbol{E}_3\boldsymbol{X}_{\langle s-v\rangle_N}\mid u\in I_N\}$

构成 LOA$(N^2;t,4t,q)$，$\{\boldsymbol{E}_2\boldsymbol{X}_{\langle 2u-r\rangle_N}\mid u\in I_N\}$构成 OA$(N;t,4t,q)$.

综上,$\boldsymbol{A}$ 是一个 QLOA$(N^2;t,4t,q)$.

引理 5.3.3 设 $t\geqslant 2,q\geqslant 4t-1,q$ 是奇素数幂,故存在 $\boldsymbol{E}_i\in M_{4t\times t}^{(t)}(F_q),i\in I_4$满足 $\boldsymbol{E}=(\boldsymbol{E}_0,\boldsymbol{E}_1,\boldsymbol{E}_2,\boldsymbol{E}_3)$非奇异.

证 设 x 是 F_q 的本原元，定义四个 $t\times t$ 矩阵如下：

$$\boldsymbol{H}_0(t)=\begin{bmatrix}1&0&0&\cdots&0\\0&0&0&\cdots&1\\1&x&x^2&\cdots&x^{t-1}\\1&x^2&x^4&\cdots&x^{2(t-1)}\\\vdots&\vdots&\vdots&&\vdots\\1&x^{t-2}&x^{2(t-2)}&\cdots&x^{(t-1)(t-2)}\end{bmatrix},$$

$$\boldsymbol{H}_1(t)=\begin{bmatrix}1&x^{t-1}&x^{2(t-1)}&\cdots&x^{(t-1)(t-1)}\\1&x^t&x^{2t}&\cdots&x^{t(t-1)}\\\vdots&\vdots&\vdots&&\vdots\\1&x^{2t-2}&x^{2(2t-2)}&\cdots&x^{(t-1)(2t-2)}\end{bmatrix},$$

$$\boldsymbol{H}_2(t)=\begin{bmatrix}1&x^{2t-1}&x^{2(2t-1)}&\cdots&x^{(2t-1)(t-1)}\\1&x^{2t}&x^{2(2t)}&\cdots&x^{2t(t-1)}\\\vdots&\vdots&\vdots&&\vdots\\1&x^{3t-2}&x^{2(2t-2)}&\cdots&x^{(t-1)(3t-2)}\end{bmatrix},$$

$$\boldsymbol{H}_3(t)=\begin{bmatrix}1&x^{3t-1}&x^{2(3t-1)}&\cdots&x^{(3t-1)(t-1)}\\1&x^{3t}&x^{2(3t)}&\cdots&x^{3t(t-1)}\\\vdots&\vdots&\vdots&&\vdots\\1&x^{4t-2}&x^{2(4t-2)}&\cdots&x^{(t-1)(4t-2)}\end{bmatrix}.$$

通过计算范德蒙行列式知,以上四个矩阵都是非奇异的. 定义一个 $4t\times 4t$ 矩阵如下：

$$\boldsymbol{E}=\begin{bmatrix}\boldsymbol{H}_0(t)&\boldsymbol{H}_0(t)&\boldsymbol{H}_0(t)&\boldsymbol{H}_0(t)\\\boldsymbol{H}_1(t)&x\boldsymbol{H}_1(t)&\boldsymbol{H}_1(t)&\boldsymbol{H}_1(t)\\\boldsymbol{H}_2(t)&\boldsymbol{H}_2(t)&x\boldsymbol{H}_2(t)&\boldsymbol{H}_2(t)\\\boldsymbol{H}_3(t)&\boldsymbol{H}_3(t)&\boldsymbol{H}_3(t)&x\boldsymbol{H}_3(t)\end{bmatrix}=(\boldsymbol{E}_0,\boldsymbol{E}_1,\boldsymbol{E}_2,\boldsymbol{E}_3),$$

其中 $\boldsymbol{E}_i$ 是 $4t\times t$ 表,$\boldsymbol{E}$ 是非奇异的,因为

$$\det(\boldsymbol{E})=(x-1)^3\det(\boldsymbol{H}_0)\det(\boldsymbol{H}_1)\det(\boldsymbol{H}_2)\det(\boldsymbol{H}_3)\in F_q^*.$$

简单计算可知，$\boldsymbol{E}_0$ 的 t 行线性无关，从而 $\boldsymbol{E}_0 \in M_{4t\times t}^{(t)}(F_q)$.因此 $\boldsymbol{E}_1,\boldsymbol{E}_2,\boldsymbol{E}_3 \in M_{4t\times t}^{(t)}(F_q)$.

例 5.3.1 设 $t=2$，若 x 是有限域 F_q 的本原元，则由引理 5.3.3 得如下矩阵：

$$\boldsymbol{H}_0(t)=\begin{bmatrix}1 & 0\\ 0 & 1\end{bmatrix},\ \boldsymbol{H}_1(t)=\begin{bmatrix}1 & x\\ 1 & x^2\end{bmatrix},$$

$$\boldsymbol{H}_2(t)=\begin{bmatrix}1 & x^3\\ 1 & x^4\end{bmatrix},\ \boldsymbol{H}_3(t)=\begin{bmatrix}1 & x^5\\ 1 & x^6\end{bmatrix},$$

$$\boldsymbol{E}=\begin{bmatrix}1 & 0 & 1 & 0 & 1 & 0 & 1 & 0\\ 0 & 1 & 0 & 1 & 0 & 1 & 0 & 1\\ 1 & x & x & x^2 & 1 & x & 1 & x\\ 1 & x^2 & x & x^3 & 1 & x^2 & 1 & x^2\\ 1 & x^3 & 1 & x^3 & x & x^4 & 1 & x^3\\ 1 & x^4 & 1 & x^4 & x & x^5 & 1 & x^4\\ 1 & x^5 & 1 & x^5 & 1 & x^5 & x & x^6\\ 1 & x^6 & 1 & x^6 & 1 & x^6 & x & x^7\end{bmatrix}.$$

记 $\boldsymbol{E}=(\boldsymbol{E}_0,\boldsymbol{E}_1,\boldsymbol{E}_2,\boldsymbol{E}_3)$，其中 $\boldsymbol{E}_0,\boldsymbol{E}_1,\boldsymbol{E}_2,\boldsymbol{E}_3$ 均为 8×2 矩阵.易证，$\boldsymbol{E}$ 是非奇异的，且 $\boldsymbol{E}_i \in M_{8\times 4}^{(t)}(F_q)$，$i\in I_4$，如引理 5.3.3 所述.

定理 5.3.1 对于奇素数幂 $q\geqslant 4t-1$，其中 $t\geqslant 2$，存在一个 PMS(q^{2t},t).

证 设 $t\geqslant 2$，$q\geqslant 4t-1$，q 是奇素数幂. 由引理 5.3.3 知，存在 $\boldsymbol{E}_i \in M_{4t\times t}^{(t)}(F_q)$，$i\in I_4$满足 $\boldsymbol{E}=(\boldsymbol{E}_0,\boldsymbol{E}_1,\boldsymbol{E}_2,\boldsymbol{E}_3)$是非奇异的. 所以由引理 5.3.2 知，存在一个 QLOA$(q^{2t};4t,q,t)$.

因此，由定理 5.2.1 知，存在一个 PMS(q^{2t},t).

引理 5.3.4 若存在一个 PMS(m,t)，且存在一个 PMS(n,t)，则存在一个 PMS(mn,t).

证 设 $\boldsymbol{A}=(a_{i,j})_{m\times m}$是一个 PMS$(m,t)$，$B=(b_{i,j})_{n\times n}$是一个 PMS$(n,t)$. 定义一个矩阵

$$\boldsymbol{C}=(c_{i,j})_{mn\times mn},\ c_{i,j}=n^2 a_{u,r}+b_{v,s},$$

$$i=nu+v,\ j=nr+s,\ u,r\in I_m,\ v,s\in I_n.$$

由文献[37]中的定理 2.2 知，$\boldsymbol{C}$ 是一个 PMS(mn). Derksen 等[44]证明了 $\boldsymbol{C}$ 是一个 MS(mn,t). 下证 $\boldsymbol{C}$ 是一个 PMS(mn,t). 只要证明右对角线和左对角线都具有 t-重幻性.

设 $S_0(n)=1$，

$$S_0(n)=\frac{\sum_{i=0}^{n^2-1} i^e}{n}, e=1,2,\cdots,t.$$

对于 $j\in I_{mn}, j=nr+s$，其中 $r\in I_m, s\in I_n$，有

$$\begin{aligned}\sum_{i=0}^{mn-1} c_{i,\langle j+i\rangle_{mn}}^e &= \sum_{v=0}^{n-1}\sum_{u=0}^{m-1}(n^2 a_{u(u+s+\left[\frac{v+s}{n}\right])_m}+b_{v,\langle v+s\rangle_n})^e \\ &= \sum_{k=0}^{e}\binom{e}{k} n^{2(e-k)}\sum_{v=0}^{n-1} b_{v,\langle v+s\rangle_n}^k \sum_{u=0}^{m-1} a_{u,\langle u+r+\left[\frac{v+s}{n}\right]\rangle_m}^{e-k} \\ &= \sum_{k=0}^{e}\binom{e}{k} n^{2(e-k)} S_{e-k}(m) S_k(n),\end{aligned}$$

这不依赖于 j 的选择. 同理有

$$\begin{aligned}\sum_{i=0}^{mn-1} c_{i,\langle j-i\rangle_{mn}}^e &= \sum_{v=0}^{n-1}\sum_{u=0}^{m-1}(n^2 a_{u,\langle r-u+\left[\frac{s-v}{n}\right]\rangle_m}-b_{v,\langle s-v\rangle_n})^e \\ &= \sum_{k=0}^{e}\binom{e}{k} n^{2(e-k)}\sum_{v=0}^{n-1} b_{v,\langle s-v\rangle_n}^k \sum_{u=0}^{m-1} a_{u,\langle r-u+\left[\frac{s-v}{n}\right]\rangle_m}^{e-k} \\ &= \sum_{k=0}^{e}\binom{e}{k} n^{2(e-k)} S_{e-k}(m) S_k(n),\end{aligned}$$

这也不依赖于 j 的选择. 因此,$\boldsymbol{C}$ 是一个 PMS(mn,t).

对于任意奇数 n,可将 n 表示为 $n=p_1^{s_1}p_2^{s_2}\cdots p_k^{s_k}$,$p_i$ 是素数,$i=1,2,\cdots,k$,$3\leqslant p_1<p_2<\cdots<p_k$.

由定理 5.1.1 和定理 5.1.2 得以下推论.

推论 5.3.1 如果奇数 $n=p_1^{s_1}p_2^{s_2}\cdots p_k^{s_k}$ 满足 $p_i^{s_i}\geqslant 4t-1, i=1,2,\cdots,k$,那么存在一个 PMS$(n^{2t},t)$，$t\geqslant 2$.

特别地,对于 $t=2$ 的情形有以下定理.

定理 5.3.2 对于奇数 n，如果 $\gcd(n,9)\neq 3$ 且 $\gcd(n,25)\neq 5$,那么存在一个 PMS$(n^2,2)$.

注 定理 5.1.2 覆盖了引理 5.1.2 的结果且给出了更多的 PMS，例如 PMS$((3^2)^4,2)$，PMS$((3^3)^4,2)$，PMS$((5^2)^4,2)$，PMS$((3^2\cdot 7)^4,2)$，PMS$((3^3\cdot 7)^4,2)$，PMS$((5^2\cdot 7)^4,2)$，等等.

最后我们给出关于 PMS$(n,2)$的存在性的两个公开问题.

(1) 找一个 PMS$(n^4,2)$，其中 n 是奇数，满足 $\gcd(n,9)=3$ 或 $\gcd(n,25)=5$.

(2) 找一个 PMS$(n,2)$，其中 n 是偶数.

第6章 t-重幻方的递推构造

本章中，我们将充分运用 t-重幻方的积构造给出 t-重幻方的递推构造，并用第5章关于SDLOA的结果得到相应的辅助设计，得到 t-重幻方的一些新的类.

6.1 t-重幻方的积构造

我们将在构造中用到Kronecker积[58].Kim和Yoo[7]定义了幻方的积运算.可以用Kronecker积重新叙述幻方的积运算.设 $\boldsymbol{A}$ 是MS(m)，$\boldsymbol{B}$ 是MS(n)，则 $\boldsymbol{A}$ 和 $\boldsymbol{B}$ 的积运算可由下式给出：

$$\boldsymbol{A}*\boldsymbol{B}=n^2\boldsymbol{A}\otimes\boldsymbol{J}_n+\boldsymbol{J}_m\otimes\boldsymbol{B}. \tag{6-1}$$

Kim和Yoo证明了 $\boldsymbol{A}*\boldsymbol{B}$ 是MS(mn)，并且所有幻方在此运算下构成半群.

事实上，$\boldsymbol{A}*\boldsymbol{B}$ 通常也称为复合幻方.感兴趣的读者可以参阅文献[2,6,59,60].

Li、Wu和Pan称 $\boldsymbol{A}*\boldsymbol{B}$ 为积构造[36]，并证明了积构造对于平方幻方也是成立的.我们将证明对于任意正整数 t，这个构造对于 t-重幻方都是成立的.

构造6.1.1(积构造) 假设 $\boldsymbol{A}$ 是一个MS(m,t)，$\boldsymbol{B}$ 是一个MS(n,t)，$t\geqslant1$，则式(6-1)给出的 $\boldsymbol{A}*\boldsymbol{B}$ 是MS(mn,t).

证 设 $\boldsymbol{C}=n^2\boldsymbol{A}\otimes\boldsymbol{J}_n+\boldsymbol{J}_m\otimes\boldsymbol{B}$，则 $\boldsymbol{C}$ 的元素为

$$c_{i,j}=n^2a_{u,v}+b_{r,s},$$
$$i=nu+r,j=nv+s,u,v\in I_m,r,s\in I_n.$$

Kim和Yoo已经证明了 $\boldsymbol{C}$ 是MS(mn).下面证明 $\boldsymbol{C}$ 是 t-重幻方.

令 $0^0=1$. 对每一个 $i\in I_{mn}$ 以及每个 $e(1\leqslant e\leqslant t)$，我们将证明 $\sum\limits_{j=0}^{mn-1}c_{i,j}^e=$

$S_e(mn)$. 注意到 $\boldsymbol{A},\boldsymbol{B}$ 是 t-重幻方，有

$$\sum_{j=0}^{mn-1} c_{i,j}^{e} = \sum_{v=0}^{m-1}\sum_{s=0}^{n-1}\left[\sum_{k=0}^{e}\binom{e}{k}(n^2 a_{u,v})^{e-k}(b_{r,s})^{k}\right]$$
$$= \sum_{k=0}^{e}\binom{e}{k} n^{2(e-k)} \sum_{v=0}^{m-1} a_{u,v}^{e-k} \sum_{s=0}^{n-1} b_{r,s}^{k}$$
$$= \sum_{k=0}^{e}\binom{e}{k} n^{2(e-k)} S_{e-k}(m) S_k(n),$$

其值仅依赖于 m,n,e，记为 $N(m,n,e)$.因此，

$$\sum_{i=0}^{mn-1}\sum_{j=0}^{mn-1} c_{i,j}^{e} = mnN(m,n,e).$$

另外，有

$$\sum_{i=0}^{mn-1}\sum_{j=0}^{mn-1} c_{i,j}^{e} = \sum_{d=0}^{(mn)^2-1} d^{e} = mn\,S_e(mn).$$

因此,$N(m,n,e)=S_e(mn)$，从而 $\sum_{j=0}^{mn-1} c_{i,j}^{e} = S_e(mn)$.

类似可证,对每个 $e(1\leqslant e\leqslant t)$,有

$$\sum_{i=0}^{mn-1} c_{i,j}^{e} = S_e(mn),\ j\in I_{mn};$$
$$\sum_{i=0}^{mn-1} c_{i,i}^{e} = \sum_{i=0}^{mn-1} c_{i,mn-1-i}^{e} = S_e(mn).$$

因此,$\boldsymbol{C}$ 是 $\mathrm{MS}(mn,t)$.

6.2 t-重幻方推广的积构造

本节中我们将给出推广的积构造,并且证明推广的积构造对于 $t\geqslant 2$ 的 t-重幻方的构造将比积构造更为有效.

我们知道,对于一个给定的阶数 n,构造一个 $\mathrm{MS}(n,t)$ 比构造一个 $\mathrm{MS}(n,t-1)$要困难得多.

我们希望推广式(6-1)中的矩阵 $\boldsymbol{J}_m\otimes\boldsymbol{B}$,用一些特殊的 $\mathrm{MS}(n,t-1)$代替 $\mathrm{MS}(n,t)$.因此引入 t-重互补幻方来描述这些特殊的 $\mathrm{MS}(n,t-1)$.

定义 6.2.1 设 $t\geqslant 2,\boldsymbol{B}_h=(b_{i,j}^{(h)})\ (h\in I_m),\boldsymbol{B}_0,\boldsymbol{B}_1,\cdots,\boldsymbol{B}_{m-1}$ 是 I_{n^2} 上的 m 个 $\mathrm{MS}(n,t-1)$,则 $\boldsymbol{B}_0,\boldsymbol{B}_1,\cdots,\boldsymbol{B}_{m-1}$ 称为 t-重互补幻方,记为 m-$\mathrm{CMS}(n,t)$.

(R1) $\sum_{h\in I_m}\sum_{j\in I_n}(b_{i,j}^{(h)})^{t} = m\,S_t(n),i\in I_n$;

(R2) $\sum_{h\in I_m}\sum_{i\in I_n}(b_{i,j}^{(h)})^t = m\,S_t(n), j\in I_n$;

(R3) $\sum_{h\in I_m}\sum_{i\in I_n}(b_{i,i}^{(h)})^t = \sum_{h\in I_m}\sum_{i\in I_n}(b_{i,n-1-i}^{(h)})^t = m\,S_t(n)$.

设 $\boldsymbol{P}_m(i,j)$是(i,j)元为 1、其他元都为 0 的 m 阶矩阵. 我们给出积构造的一个推广构造.

构造 6.2.1 设 $t\geqslant 2$. 假设

(1) 存在 I_{m^2} 上的 MS(m,t) $\boldsymbol{A}$,

(2) 存在 I_m 上的 m 阶对角拉丁方 $\boldsymbol{D}$,

(3) 存在 I_{n^2} 上的 m-CMS(n,t) $\boldsymbol{B}_0,\boldsymbol{B}_1,\cdots,\boldsymbol{B}_{m-1}$,

则
$$\boldsymbol{C}=(n^2\boldsymbol{A})\otimes\boldsymbol{J}_n+\sum_{u\in I_m}\sum_{v\in I_m}\boldsymbol{P}_m(u,v)\otimes\boldsymbol{B}_{d_{u,v}}$$
是$I_{(mn)^2}$上的 MS(mn,t).

证 记 $\boldsymbol{B}_h=(b_{i,j}^{(h)})$, $h\in I_m$.对任意 $i,j\in I_{mn}$, 记
$$i=nu+r, j=nv+s, u,v\in I_m, r,s\in I_n,$$
则 $\boldsymbol{C}$ 的 (i,j)元是
$$c_{i,j}=n^2a_{u,v}+b_{r,s}^{(d_{u,v})}.$$
下证 $\boldsymbol{C}$ 是 MS(mn,t).

因为$\{a_{u,v}\mid u,v\in I_m\}=I_{m^2}$以及$\{b_{r,s}\mid r,s\in I_n\}=I_{n^2}$, 有
$$\{c_{i,j}\mid i,j\in I_{mn}\}=\{n^2a_{u,v}+b_{r,s}\mid u,v\in I_m,r,s\in I_n\}=I_{(mn)^2},$$
这表明 $\boldsymbol{C}$ 的$(mn)^2$ 个元恰好是 $0,1,\cdots,(mn)^2-1$.

对每个 $i\in I_{mn}$以及每个$e(1\leqslant e\leqslant t)$, 我们将证明 $\sum\limits_{j=0}^{mn-1}c_{i,j}^e=S_e(mn)$. 由 $\boldsymbol{C}$ 的定义, 有
$$\sum_{j=0}^{mn-1}c_{i,j}^e=\sum_{k=0}^{e}\binom{e}{k}n^{2(e-k)}\sum_{v=0}^{m-1}a_{u,v}^{e-k}\sum_{s=0}^{n-1}(b_{r,s}^{(d_{u,v})})^k.$$
注意到 $\boldsymbol{A}$ 是 t-重幻方且 $\boldsymbol{B}_0,\boldsymbol{B}_1,\cdots,\boldsymbol{B}_{m-1}$是 t-重互补幻方.

若 $e<t$, 则
$$\sum_{j=0}^{mn-1}c_{i,j}^e=\sum_{k=0}^{e}\binom{e}{k}n^{2(e-k)}\,S_{e-k}(m)\,S_k(n).$$

若 $e=t$,则
$$\sum_{j=0}^{mn-1}c_{i,j}^e$$
$$=\sum_{k=0}^{t-1}\binom{t}{k}n^{2(t-k)}\sum_{v=0}^{m-1}a_{u,v}^{t-k}\sum_{s=0}^{n-1}(b_{r,s}^{(d_{u,v})})^k+\sum_{v=0}^{m-1}\sum_{s=0}^{n-1}(b_{r,s}^{(d_{u,v})})^t$$

$$=\sum_{k=0}^{t-1}\binom{t}{k}n^{2(t-k)}\,S_{t-k}(m)\,S_k(n)+m\,S_t(n)$$

$$=\sum_{k=0}^{t}\binom{t}{k}n^{2(t-k)}\,S_{t-k}(m)\,S_k(n).$$

因此，对任意 $e(1\leqslant e\leqslant t)$，有

$$\sum_{j=0}^{mn-1}c_{i,j}^{e}=\sum_{k=0}^{e}\binom{e}{k}n^{2(e-k)}\,S_{e-k}(m)\,S_k(n),$$

其值不依赖于 i，因此有

$$\sum_{j=0}^{mn-1}c_{i,j}^{e}=S_e(mn),i\in I_{mn}.$$

同理可证，

$$\sum_{i=0}^{mn-1}c_{i,j}^{e}=S_e(mn),j\in I_{mn};$$

$$\sum_{i=0}^{mn-1}c_{i,i}^{e}=\sum_{i=0}^{mn-1}c_{i,mn-1-i}^{e}=S_e(mn).$$

因此，$\boldsymbol{C}$ 是 $\mathrm{MS}(mn,t)$.

例 6.2.1 MS(32,2).

设 $$\boldsymbol{B}_0=\begin{bmatrix}2&12&5&11\\9&7&14&0\\15&1&8&6\\4&10&3&13\end{bmatrix},\ \boldsymbol{B}_1=\begin{bmatrix}1&15&6&8\\10&4&13&3\\12&2&11&5\\7&9&0&14\end{bmatrix}.$$

通过计算知 $\boldsymbol{B}_0,\boldsymbol{B}_1$是 I_{16}上的 MS(4)，也是 2-重互补幻方.事实上，有

$$\boldsymbol{B}_0^{*2}=\begin{bmatrix}4&144&25&121\\81&49&196&0\\225&1&64&36\\16&100&9&169\end{bmatrix},\ \boldsymbol{B}_1^{*2}=\begin{bmatrix}1&225&36&64\\100&16&169&9\\144&4&121&25\\49&81&0&196\end{bmatrix}.$$

计算可得

$$\sum\nolimits_{h\in I_2}\sum\nolimits_{j\in I_4}(b_{i,j}^{(h)})^2=2S_2(4)=620,i\in I_4;$$

$$\sum\nolimits_{h\in I_2}\sum\nolimits_{i\in I_4}(b_{i,j}^{(h)})^2=620,j\in I_4;$$

$$\sum\nolimits_{h\in I_2}\sum\nolimits_{i\in I_4}(b_{i,i}^{(h)})^2=\sum\nolimits_{h\in I_2}\sum\nolimits_{i\in I_4}(b_{i,3-i}^{(h)})^2=620.$$

因此，$\boldsymbol{B}_0,\boldsymbol{B}_1$ 是 2-CMS(4,2).设 $\boldsymbol{B}_i=\boldsymbol{B}_0,\boldsymbol{B}_{i+1}=\boldsymbol{B}_1$，$i=2,4,6$. 则 $\boldsymbol{B}_0,\boldsymbol{B}_1,\cdots,\boldsymbol{B}_7$ 是 8-CMS(4,2).

给出 I_8 上 DLS(8)如下：

$$
\boldsymbol{D}=\begin{bmatrix}
0 & 3 & 6 & 5 & 4 & 7 & 2 & 1 \\
1 & 2 & 7 & 4 & 5 & 6 & 3 & 0 \\
5 & 6 & 3 & 0 & 1 & 2 & 7 & 4 \\
4 & 7 & 2 & 1 & 0 & 3 & 6 & 5 \\
2 & 1 & 4 & 7 & 6 & 5 & 0 & 3 \\
3 & 0 & 5 & 6 & 7 & 4 & 1 & 2 \\
7 & 4 & 1 & 2 & 3 & 0 & 5 & 6 \\
6 & 5 & 0 & 3 & 2 & 1 & 4 & 7
\end{bmatrix}.
$$

因此，

$$
\sum_{i\in I_8}\sum_{j\in I_8}\boldsymbol{P}_8(i,j)\otimes\boldsymbol{B}_{d_{i,j}}
$$

即下面列出的矩阵：

$$
\left[\begin{array}{cccc|cccc|cccc|cccc|cccc|cccc|cccc|cccc}
2 & 12 & 5 & 11 & 1 & 15 & 6 & 8 & 2 & 12 & 5 & 11 & 1 & 15 & 6 & 8 & 2 & 12 & 5 & 11 & 1 & 15 & 6 & 8 & 2 & 12 & 5 & 11 & 1 & 15 & 6 & 8 \\
9 & 7 & 14 & 0 & 10 & 4 & 13 & 3 & 9 & 7 & 14 & 0 & 10 & 4 & 13 & 3 & 9 & 7 & 14 & 0 & 10 & 4 & 13 & 3 & 9 & 7 & 14 & 0 & 10 & 4 & 13 & 3 \\
15 & 1 & 8 & 6 & 12 & 2 & 11 & 5 & 15 & 1 & 8 & 6 & 12 & 2 & 11 & 5 & 15 & 1 & 8 & 6 & 12 & 2 & 11 & 5 & 15 & 1 & 8 & 6 & 12 & 2 & 11 & 5 \\
4 & 10 & 3 & 13 & 7 & 9 & 0 & 14 & 4 & 10 & 3 & 13 & 7 & 9 & 0 & 14 & 4 & 10 & 3 & 13 & 7 & 9 & 0 & 14 & 4 & 10 & 3 & 13 & 7 & 9 & 0 & 14 \\
\hline
1 & 15 & 6 & 8 & 2 & 12 & 5 & 11 & 1 & 15 & 6 & 8 & 2 & 12 & 5 & 11 & 1 & 15 & 6 & 8 & 2 & 12 & 5 & 11 & 1 & 15 & 6 & 8 & 2 & 12 & 5 & 11 \\
10 & 4 & 13 & 3 & 9 & 7 & 14 & 0 & 10 & 4 & 13 & 3 & 9 & 7 & 14 & 0 & 10 & 4 & 13 & 3 & 9 & 7 & 14 & 0 & 10 & 4 & 13 & 3 & 9 & 7 & 14 & 0 \\
12 & 2 & 11 & 5 & 15 & 1 & 8 & 6 & 12 & 2 & 11 & 5 & 15 & 1 & 8 & 6 & 12 & 2 & 11 & 5 & 15 & 1 & 8 & 6 & 12 & 2 & 11 & 5 & 15 & 1 & 8 & 6 \\
\hline
1 & 15 & 6 & 8 & 2 & 12 & 5 & 11 & 1 & 15 & 6 & 8 & 2 & 12 & 5 & 11 & 1 & 15 & 6 & 8 & 2 & 12 & 5 & 11 & 1 & 15 & 6 & 8 & 2 & 12 & 5 & 11 \\
10 & 4 & 13 & 3 & 9 & 7 & 14 & 0 & 10 & 4 & 13 & 3 & 9 & 7 & 14 & 0 & 10 & 4 & 13 & 3 & 9 & 7 & 14 & 0 & 10 & 4 & 13 & 3 & 9 & 7 & 14 & 0 \\
12 & 2 & 11 & 5 & 15 & 1 & 8 & 6 & 12 & 2 & 11 & 5 & 15 & 1 & 8 & 6 & 12 & 2 & 11 & 5 & 15 & 1 & 8 & 6 & 12 & 2 & 11 & 5 & 15 & 1 & 8 & 6 \\
7 & 9 & 0 & 14 & 4 & 10 & 3 & 13 & 7 & 9 & 0 & 14 & 4 & 10 & 3 & 13 & 7 & 9 & 0 & 14 & 4 & 10 & 3 & 13 & 7 & 9 & 0 & 14 & 4 & 10 & 3 & 13 \\
\hline
2 & 12 & 5 & 11 & 1 & 15 & 6 & 8 & 2 & 12 & 5 & 11 & 1 & 15 & 6 & 8 & 2 & 12 & 5 & 11 & 1 & 15 & 6 & 8 & 2 & 12 & 5 & 11 & 1 & 15 & 6 & 8 \\
9 & 7 & 14 & 0 & 10 & 4 & 13 & 3 & 9 & 7 & 14 & 0 & 10 & 4 & 13 & 3 & 9 & 7 & 14 & 0 & 10 & 4 & 13 & 3 & 9 & 7 & 14 & 0 & 10 & 4 & 13 & 3 \\
15 & 1 & 8 & 6 & 12 & 2 & 11 & 5 & 15 & 1 & 8 & 6 & 12 & 2 & 11 & 5 & 15 & 1 & 8 & 6 & 12 & 2 & 11 & 5 & 15 & 1 & 8 & 6 & 12 & 2 & 11 & 5 \\
4 & 10 & 3 & 13 & 7 & 9 & 0 & 14 & 4 & 10 & 3 & 13 & 7 & 9 & 0 & 14 & 4 & 10 & 3 & 13 & 7 & 9 & 0 & 14 & 4 & 10 & 3 & 13 & 7 & 9 & 0 & 14 \\
\hline
2 & 12 & 5 & 11 & 1 & 15 & 6 & 8 & 2 & 12 & 5 & 11 & 1 & 15 & 6 & 8 & 2 & 12 & 5 & 11 & 1 & 15 & 6 & 8 & 2 & 12 & 5 & 11 & 1 & 15 & 6 & 8 \\
9 & 7 & 14 & 0 & 10 & 4 & 13 & 3 & 9 & 7 & 14 & 0 & 10 & 4 & 13 & 3 & 9 & 7 & 14 & 0 & 10 & 4 & 13 & 3 & 9 & 7 & 14 & 0 & 10 & 4 & 13 & 3 \\
15 & 1 & 8 & 6 & 12 & 2 & 11 & 5 & 15 & 1 & 8 & 6 & 12 & 2 & 11 & 5 & 15 & 1 & 8 & 6 & 12 & 2 & 11 & 5 & 15 & 1 & 8 & 6 & 12 & 2 & 11 & 5 \\
4 & 10 & 3 & 13 & 7 & 9 & 0 & 14 & 4 & 10 & 3 & 13 & 7 & 9 & 0 & 14 & 4 & 10 & 3 & 13 & 7 & 9 & 0 & 14 & 4 & 10 & 3 & 13 & 7 & 9 & 0 & 14 \\
\hline
1 & 15 & 6 & 8 & 2 & 12 & 5 & 11 & 1 & 15 & 6 & 8 & 2 & 12 & 5 & 11 & 1 & 15 & 6 & 8 & 2 & 12 & 5 & 11 & 1 & 15 & 6 & 8 & 2 & 12 & 5 & 11 \\
10 & 4 & 13 & 3 & 9 & 7 & 14 & 0 & 10 & 4 & 13 & 3 & 9 & 7 & 14 & 0 & 10 & 4 & 13 & 3 & 9 & 7 & 14 & 0 & 10 & 4 & 13 & 3 & 9 & 7 & 14 & 0 \\
12 & 2 & 11 & 5 & 15 & 1 & 8 & 6 & 12 & 2 & 11 & 5 & 15 & 1 & 8 & 6 & 12 & 2 & 11 & 5 & 15 & 1 & 8 & 6 & 12 & 2 & 11 & 5 & 15 & 1 & 8 & 6 \\
7 & 9 & 0 & 14 & 4 & 10 & 3 & 13 & 7 & 9 & 0 & 14 & 4 & 10 & 3 & 13 & 7 & 9 & 0 & 14 & 4 & 10 & 3 & 13 & 7 & 9 & 0 & 14 & 4 & 10 & 3 & 13 \\
\hline
1 & 15 & 6 & 8 & 2 & 12 & 5 & 11 & 1 & 15 & 6 & 8 & 2 & 12 & 5 & 11 & 1 & 15 & 6 & 8 & 2 & 12 & 5 & 11 & 1 & 15 & 6 & 8 & 2 & 12 & 5 & 11 \\
10 & 4 & 13 & 3 & 9 & 7 & 14 & 0 & 10 & 4 & 13 & 3 & 9 & 7 & 14 & 0 & 10 & 4 & 13 & 3 & 9 & 7 & 14 & 0 & 10 & 4 & 13 & 3 & 9 & 7 & 14 & 0 \\
12 & 2 & 11 & 5 & 15 & 1 & 8 & 6 & 12 & 2 & 11 & 5 & 15 & 1 & 8 & 6 & 12 & 2 & 11 & 5 & 15 & 1 & 8 & 6 & 12 & 2 & 11 & 5 & 15 & 1 & 8 & 6 \\
7 & 9 & 0 & 14 & 4 & 10 & 3 & 13 & 7 & 9 & 0 & 14 & 4 & 10 & 3 & 13 & 7 & 9 & 0 & 14 & 4 & 10 & 3 & 13 & 7 & 9 & 0 & 14 & 4 & 10 & 3 & 13 \\
\hline
2 & 12 & 5 & 11 & 1 & 15 & 6 & 8 & 2 & 12 & 5 & 11 & 1 & 15 & 6 & 8 & 2 & 12 & 5 & 11 & 1 & 15 & 6 & 8 & 2 & 12 & 5 & 11 & 1 & 15 & 6 & 8 \\
9 & 7 & 14 & 0 & 10 & 4 & 13 & 3 & 9 & 7 & 14 & 0 & 10 & 4 & 13 & 3 & 9 & 7 & 14 & 0 & 10 & 4 & 13 & 3 & 9 & 7 & 14 & 0 & 10 & 4 & 13 & 3 \\
15 & 1 & 8 & 6 & 12 & 2 & 11 & 5 & 15 & 1 & 8 & 6 & 12 & 2 & 11 & 5 & 15 & 1 & 8 & 6 & 12 & 2 & 11 & 5 & 15 & 1 & 8 & 6 & 12 & 2 & 11 & 5 \\
4 & 10 & 3 & 13 & 7 & 9 & 0 & 14 & 4 & 10 & 3 & 13 & 7 & 9 & 0 & 14 & 4 & 10 & 3 & 13 & 7 & 9 & 0 & 14 & 4 & 10 & 3 & 13 & 7 & 9 & 0 & 14
\end{array}\right].
$$

设 $\boldsymbol{P}$ 是由 Pfeffermann 给出的 MS(8,2)，令 $\boldsymbol{A}=\boldsymbol{P}-\boldsymbol{J}_8$. 显然，$\boldsymbol{A}$ 是 I_{64} 上的 MS(8,2).也可以写出 $16\boldsymbol{A}\otimes\boldsymbol{J}_4$(这里省略).从而得到 MS(32,2)，其中，$\boldsymbol{C}=16\boldsymbol{A}\otimes\boldsymbol{J}_4+\sum_{i\in I_8}\sum_{j\in I_8}\boldsymbol{P}_8(i,j)\otimes\boldsymbol{B}_{d_{i,j}}$，表示如下：

$$
\left[\begin{array}{cccc|cccc|cccc|cccc|cccc|cccc|cccc|cccc}
882 & 892 & 885 & 891 & 529 & 543 & 534 & 536 & 114 & 124 & 117 & 123 & 897 & 911 & 902 & 904 & 274 & 284 & 277 & 283 & 737 & 751 & 742 & 744 & 130 & 140 & 133 & 139 & 481 & 495 & 486 & 488 \\
889 & 887 & 894 & 880 & 538 & 532 & 541 & 531 & 121 & 119 & 126 & 112 & 906 & 900 & 909 & 899 & 281 & 279 & 286 & 282 & 746 & 740 & 749 & 739 & 137 & 135 & 142 & 128 & 490 & 484 & 493 & 483 \\
895 & 881 & 888 & 886 & 540 & 530 & 539 & 533 & 127 & 113 & 120 & 118 & 908 & 898 & 907 & 901 & 287 & 273 & 280 & 278 & 748 & 738 & 747 & 741 & 143 & 19 & 136 & 134 & 492 & 482 & 491 & 485 \\
884 & 890 & 883 & 893 & 535 & 537 & 528 & 542 & 116 & 122 & 115 & 125 & 903 & 905 & 896 & 910 & 276 & 282 & 275 & 285 & 743 & 745 & 736 & 750 & 132 & 138 & 131 & 141 & 487 & 489 & 480 & 494 \\
\hline
513 & 527 & 518 & 520 & 306 & 316 & 309 & 315 & 849 & 863 & 854 & 856 & 754 & 764 & 757 & 763 & 97 & 111 & 102 & 104 & 450 & 460 & 453 & 459 & 929 & 943 & 934 & 936 & 146 & 156 & 149 & 155 \\
522 & 516 & 525 & 515 & 313 & 311 & 318 & 304 & 858 & 852 & 861 & 851 & 761 & 759 & 766 & 752 & 106 & 100 & 109 & 99 & 457 & 455 & 462 & 448 & 938 & 932 & 941 & 931 & 153 & 151 & 158 & 144 \\
524 & 514 & 523 & 517 & 319 & 305 & 312 & 310 & 860 & 850 & 859 & 853 & 767 & 753 & 760 & 758 & 108 & 98 & 107 & 101 & 463 & 449 & 456 & 454 & 940 & 930 & 939 & 933 & 159 & 145 & 152 & 150 \\
519 & 521 & 512 & 526 & 308 & 314 & 307 & 317 & 855 & 857 & 848 & 862 & 756 & 762 & 755 & 765 & 103 & 105 & 96 & 110 & 452 & 458 & 451 & 461 & 935 & 937 & 928 & 942 & 148 & 154 & 147 & 157 \\
\hline
401 & 415 & 406 & 408 & 674 & 684 & 677 & 683 & 193 & 207 & 198 & 200 & 354 & 364 & 357 & 363 & 1009 & 1023 & 1014 & 1016 & 594 & 604 & 597 & 603 & 49 & 63 & 54 & 56 & 770 & 780 & 773 & 779 \\
410 & 404 & 413 & 403 & 681 & 679 & 686 & 672 & 202 & 196 & 205 & 195 & 361 & 359 & 366 & 352 & 1018 & 1012 & 1021 & 1011 & 601 & 599 & 606 & 592 & 58 & 52 & 61 & 51 & 777 & 775 & 782 & 768 \\
412 & 402 & 411 & 405 & 687 & 673 & 680 & 678 & 204 & 194 & 203 & 197 & 367 & 353 & 360 & 358 & 1020 & 1010 & 1019 & 1013 & 307 & 593 & 600 & 598 & 60 & 50 & 59 & 53 & 783 & 769 & 776 & 774 \\
407 & 409 & 400 & 414 & 676 & 682 & 675 & 685 & 199 & 201 & 192 & 206 & 356 & 362 & 355 & 365 & 1015 & 1017 & 1008 & 1022 & 596 & 602 & 595 & 605 & 55 & 57 & 48 & 62 & 772 & 778 & 771 & 781 \\
\hline
290 & 300 & 293 & 299 & 65 & 79 & 70 & 72 & 546 & 556 & 549 & 555 & 465 & 479 & 470 & 472 & 834 & 844 & 837 & 843 & 177 & 191 & 182 & 184 & 722 & 732 & 725 & 731 & 945 & 959 & 950 & 952 \\
297 & 295 & 302 & 288 & 74 & 68 & 77 & 67 & 553 & 551 & 558 & 544 & 474 & 468 & 477 & 467 & 841 & 839 & 846 & 832 & 186 & 180 & 189 & 179 & 729 & 727 & 734 & 720 & 954 & 948 & 957 & 947 \\
303 & 289 & 296 & 294 & 76 & 66 & 75 & 69 & 559 & 545 & 551 & 550 & 476 & 466 & 475 & 469 & 847 & 833 & 840 & 838 & 188 & 178 & 187 & 181 & 735 & 721 & 728 & 726 & 956 & 940 & 955 & 949 \\
292 & 298 & 291 & 301 & 71 & 73 & 64 & 78 & 548 & 554 & 547 & 557 & 471 & 473 & 464 & 478 & 836 & 842 & 835 & 845 & 183 & 185 & 176 & 190 & 724 & 730 & 723 & 733 & 951 & 953 & 944 & 958 \\
\hline
226 & 236 & 229 & 235 & 385 & 399 & 390 & 392 & 994 & 1004 & 997 & 1003 & 17 & 31 & 22 & 24 & 642 & 652 & 645 & 651 & 369 & 383 & 374 & 376 & 786 & 796 & 789 & 795 & 625 & 639 & 630 & 632 \\
233 & 231 & 238 & 224 & 394 & 388 & 397 & 387 & 1001 & 999 & 1006 & 992 & 26 & 20 & 29 & 19 & 649 & 647 & 654 & 640 & 378 & 372 & 381 & 371 & 793 & 791 & 798 & 784 & 634 & 628 & 637 & 627 \\
239 & 225 & 232 & 230 & 396 & 386 & 395 & 389 & 1007 & 993 & 1000 & 998 & 28 & 18 & 27 & 21 & 655 & 641 & 648 & 646 & 380 & 370 & 379 & 373 & 799 & 785 & 792 & 790 & 636 & 626 & 635 & 629 \\
228 & 234 & 227 & 237 & 391 & 393 & 384 & 398 & 996 & 1002 & 995 & 1005 & 23 & 25 & 16 & 30 & 644 & 650 & 643 & 653 & 375 & 377 & 368 & 382 & 788 & 794 & 787 & 797 & 631 & 633 & 624 & 638 \\
\hline
81 & 95 & 86 & 88 & 866 & 876 & 869 & 875 & 257 & 271 & 262 & 264 & 162 & 172 & 165 & 171 & 561 & 575 & 566 & 568 & 914 & 924 & 917 & 923 & 497 & 511 & 502 & 504 & 706 & 716 & 709 & 715 \\
90 & 84 & 93 & 83 & 873 & 871 & 878 & 864 & 266 & 260 & 269 & 259 & 169 & 167 & 174 & 160 & 570 & 564 & 573 & 563 & 921 & 919 & 926 & 912 & 506 & 500 & 509 & 499 & 713 & 711 & 718 & 704 \\
92 & 82 & 91 & 85 & 879 & 865 & 872 & 870 & 268 & 258 & 267 & 261 & 175 & 161 & 168 & 166 & 572 & 562 & 571 & 565 & 927 & 913 & 920 & 918 & 508 & 498 & 507 & 501 & 719 & 705 & 712 & 710 \\
87 & 89 & 80 & 94 & 868 & 874 & 867 & 877 & 263 & 265 & 256 & 270 & 164 & 170 & 163 & 173 & 567 & 569 & 560 & 574 & 916 & 922 & 915 & 925 & 503 & 505 & 496 & 510 & 708 & 714 & 707 & 717 \\
\hline
961 & 975 & 966 & 968 & 242 & 252 & 245 & 251 & 657 & 671 & 662 & 664 & 818 & 828 & 821 & 827 & 417 & 431 & 422 & 424 & 2 & 12 & 5 & 11 & 609 & 623 & 614 & 616 & 338 & 348 & 341 & 347 \\
970 & 964 & 973 & 963 & 249 & 247 & 254 & 240 & 666 & 660 & 669 & 659 & 825 & 823 & 830 & 816 & 426 & 420 & 429 & 419 & 9 & 7 & 14 & 0 & 618 & 612 & 621 & 611 & 345 & 343 & 350 & 336 \\
972 & 962 & 971 & 965 & 255 & 241 & 248 & 246 & 668 & 658 & 667 & 661 & 831 & 817 & 824 & 822 & 428 & 418 & 427 & 421 & 15 & 1 & 8 & 6 & 620 & 610 & 619 & 613 & 351 & 337 & 344 & 342 \\
967 & 969 & 960 & 974 & 244 & 250 & 243 & 253 & 663 & 665 & 656 & 670 & 820 & 828 & 819 & 829 & 423 & 425 & 416 & 430 & 4 & 10 & 3 & 13 & 615 & 617 & 608 & 622 & 340 & 346 & 339 & 349 \\
\hline
690 & 700 & 693 & 699 & 977 & 997 & 982 & 984 & 434 & 444 & 437 & 443 & 577 & 591 & 582 & 584 & 210 & 220 & 213 & 219 & 801 & 815 & 806 & 808 & 322 & 332 & 325 & 331 & 33 & 47 & 38 & 40 \\
697 & 695 & 702 & 688 & 986 & 980 & 989 & 979 & 441 & 439 & 446 & 432 & 586 & 580 & 589 & 579 & 217 & 215 & 222 & 208 & 810 & 804 & 813 & 803 & 329 & 327 & 334 & 320 & 42 & 36 & 45 & 35 \\
703 & 689 & 696 & 694 & 986 & 978 & 987 & 981 & 447 & 433 & 440 & 438 & 588 & 578 & 587 & 581 & 223 & 209 & 216 & 214 & 812 & 802 & 811 & 805 & 335 & 321 & 328 & 326 & 44 & 34 & 43 & 37 \\
692 & 698 & 691 & 701 & 983 & 985 & 976 & 990 & 436 & 442 & 435 & 445 & 583 & 585 & 576 & 590 & 212 & 218 & 211 & 221 & 807 & 809 & 800 & 814 & 324 & 330 & 323 & 333 & 39 & 41 & 32 & 46
\end{array}\right]
$$

6.3 t-重幻方的递推构造

本节将利用构造 6.2.1 给出 t-重幻方的一些递推构造.

对于对角拉丁方的存在性，Gergely[61] 给出了如下结果.

引理 6.3.1 存在一个对角 LS(n)当且仅当 $n\geqslant 4$.

关于 t-重幻方的如下递推构造在本书中将起重要作用.

构造 6.3.1 设 $t\geqslant 2$.若存在 MS(m,t) 以及 m-CMS(n,t)，则存在 MS(mn,t).

证 假设存在 MS(m,t). 由引理 1.4.1 知，不存在 MS(2,2)，MS(3,2)以及 MS(4,2).因此 $m>4$，从而由引理 6.3.1 知，存在一个对角 LS(m).由构造 6.2.1 可得到结论.

构造 6.3.2 设 $t \geqslant 2$. 若存在 $MS(m,t)$ 以及 m_1-$CMS(n,t)$ 且 $m_1 \mid m$，则存在 $MS(mn,t)$.

证 假设存在 m_1-$CMS(n,t)$，$m_1 \mid m$. 易证存在 m_1-$CMS(n,t)$. 由构造 6.3.1知，存在 $MS(mn,t)$.

对于 $t \geqslant 2$，因为 1-$CMS(n,t)$ 是 $MS(n,t)$，由构造 6.3.1 可以推出 t-重幻方的积构造.

现在考虑平方幻方的递推构造. 我们将使用正交对角拉丁方和 Kotzig 表作为辅助设计. 关于正交对角拉丁方的结果见引理 1.2.1，关于 Kotzig 表的结果见引理 3.5.2.

引理 6.3.2 若存在正交对角 $LS(n)$ 及 $KA(m,n)$，则存在 m-$CMS(n,2)$.

证 设 $\boldsymbol{R}$ 是 $KA(m,n)$. 不失一般性，取 $r_{0,u}=u$，$u \in I_n$. 设 $\sigma_h(u)=r_{h,u}$，$h \in I_m$，$u \in I_n$.

设 $\boldsymbol{A}$，$\boldsymbol{B}$ 是 I_n 上的一对正交对角 $LS(n)$，$\boldsymbol{B}_h=(b_{i,j}^{(h)})$，其中 $b_{i,j}^{(h)}=\sigma_h(b_{i,j})$，$i,j \in I_n$，$h \in I_m$，则对每个 $h \in I_m$，$\boldsymbol{A}$，$\boldsymbol{B}_h$ 是一对正交对角 $LS(n)$. 设 $\boldsymbol{C}_h=(c_{i,j}^{(h)})$，其中

$$c_{i,j}^{(h)}=na_{i,j}+b_{i,j}^{(h)}, i,j \in I_n.$$

显然，对每个 $h \in I_m$，$\boldsymbol{C}_h$ 是幻方.

现证 $\boldsymbol{C}_h$，$h \in I_m$ 是 m-$CMS(n,2)$.

事实上，对 $i \in I_n$，有

$$\begin{aligned}\sum_{h=0}^{m-1}\sum_{j=0}^{n-1}(c_{i,j}^{(h)})^2 &= \sum_{h=0}^{m-1}\sum_{j=0}^{n-1}(na_{i,j}+b_{i,j}^{(h)})^2 \\ &= n^2\sum_{h=0}^{m-1}\sum_{j=0}^{n-1}a_{i,j}^2+\sum_{h=0}^{m-1}\sum_{j=0}^{n-1}(b_{i,j}^{(h)})^2+2n\sum_{j=0}^{n-1}a_{ij}\sum_{h=0}^{m-1}b_{ij}^{(h)}.\end{aligned}$$

注意到

$$\sum_{j=0}^{n-1}(a_{i,j})^2=\sum_{j=0}^{n-1}(b_{i,j})^2=\sum_{j=0}^{n-1}(b_{i,j}^{(h)})^2=\frac{n(n-1)(2n-1)}{6}, h \in I_m;$$

$$\sum_{h=0}^{m-1}b_{i,j}^{(h)}=\sum_{h=0}^{m-1}\sigma_h(b_{i,j})=\sum_{h=0}^{m-1}r_{h,b_{i,j}}=\frac{m(n-1)}{2}, j \in I_n.$$

简单的计算表明

$$\sum_{h=0}^{m-1}\sum_{j=0}^{n-1}(c_{i,j}^{(h)})^2=mS_2(n).$$

类似地，有

$$\sum_{h=0}^{m-1}\sum_{i=0}^{n-1}(c_{i,j}^{(h)})^2=mS_2(n), j \in I_n;$$

$$\sum_{h=0}^{m-1}\sum_{i=0}^{n-1}(c_{i,i}^{(h)})^2=\sum_{h=0}^{m-1}\sum_{i=0}^{n-1}(c_{i,n-1-i}^{(h)})^2=mS_2(n).$$

因此,$\boldsymbol{C}_h, h\in I_m$ 是 m - CMS(n,2).

引理 6.3.3 若 $m(n-1)$是偶数, $m>1$ 且 $n\notin\{2,3,6\}$, 则存在 m - CMS(n,2).

该引理可通过引理 1.2.1、引理 3.5.2 和引理 6.3.2 证明.

构造 6.3.3 设 $m,n\in\mathbf{Z}_+$ 满足 $m(n-1)$是偶数且 $n\notin\{2,3,6\}$. 若存在 MS(m,2), 则存在 MS(mn,2).

该构造可通过构造 6.3.1 及引理 6.3.3 证明.

以下给出一类奇数阶 t-重互补幻方,并由此给出 t-重幻方的一个递推构造.

引理 6.3.4 对于奇数 $t\geqslant 3$, 若存在 MS($n,t-1$), 则存在 $2l$ - CMS(n, t),$l\geqslant 1$.

证 假设 $\boldsymbol{A}$ 是 MS($n,t-1$). 设 $\boldsymbol{B}=(n^2-1)\boldsymbol{J}_n-\boldsymbol{A}$,易证 $\boldsymbol{B}$ 也是 MS(n, $t-1$).注意到 t 是奇数,对于 $i\in I_n$,有

$$\begin{aligned}\sum_{j=0}^{n-1}(a_{i,j}^t+b_{i,j}^t)&=\sum_{j=0}^{n-1}[a_{i,j}^t+(n^2-1-a_{i,j})^t]\\&=\sum_{k=0}^{t-1}\binom{t}{k}(-1)^k(n^2-1)^{t-k}\sum_{j=0}^{n-1}a_{i,j}^k\\&=\sum_{k=0}^{t-1}\binom{t}{k}(-1)^k(n^2-1)^{t-k}S_k(n),\end{aligned}$$

这仅依赖于 n,t, 记为 $\beta(n,t)$.因此,

$$n\beta(n,t)=\sum_{i=0}^{n-1}\sum_{j=0}^{n-1}(a_{i,j}^t+b_{i,j}^t)=2\sum_{d=0}^{n^2-1}d^t=2n\,S_t(n).$$

所以有 $\sum_{j=0}^{n-1}(a_{i,j}^t+b_{i,j}^t)=2S_t(n)$.

类似地,有 $\sum_{i=0}^{n-1}(a_{i,j}^t+b_{i,j}^t)=2S_t(n), j\in I_n$, 且

$$\sum_{i=0}^{n-1}(a_{i,i}^t+b_{i,i}^t)=2S_t(n),\sum_{i=0}^{n-1}(a_{i,n-1-i}^t+b_{i,n-1-i}^t)=2S_t(n).$$

因此 $\boldsymbol{A},\boldsymbol{B}$ 是 2 - CMS(n,t).所以存在 $2l$ - CMS(n,t), $l\geqslant 1$.

构造 6.3.4 对于偶数 m 及奇数t, 若存在 MS(m,t)以及 MS($n,t-1$), 则存在 MS(mn,t).

证 因为存在 MS($n,t-1$), m 是偶数且 t 是奇数, 所以由引理 6.3.2 知,

存在 m - CMS(n,t).因此由构造 6.3.1 知,存在 MS(mn,t).

6.4 素数幂阶 t-重幻方

本节我们考虑素数幂阶 t-重幻方.通过正交表强双大集，我们给出一类 t-重互补幻方，并用此 t-重互补幻方得到一类素数幂阶 t-重幻方.

设 $q=p^m$，p 是素数，$n\geqslant 1$.有限域 F_q 可以写成$\mathbb{Z}_p$上的向量空间，即

$$F_q=\{\boldsymbol{\xi}_j\mid \boldsymbol{\xi}_j=(\overline{w}_0,\overline{w}_1,\cdots,\overline{w}_{n-1})^{\mathrm{T}}\in\mathbb{Z}_p^m,\ j=\sum_{i=0}^{m=1}w_ip^i\},$$

其中$\overline{w}_i$ 为整数 w_i 在$\mathbb{Z}_p$中的同等类.因此 $\boldsymbol{\xi}_j+\boldsymbol{\xi}_{q-1-j}=\boldsymbol{\xi}_{q-1}$，$j\in I_q$. 记$(\boldsymbol{\xi}_{q-1},\boldsymbol{\xi}_{q-1},\cdots,\boldsymbol{\xi}_{q-1})^{\mathrm{T}}\in F_q^t$为 $\tilde{\boldsymbol{u}}$.

我们将用 SDLOA$(q^t;t,2t,q)$构造 q^t - CMS$(q^t,t+1)$.为方便起见，SDLOA$(q^t;2t,q,t)$将被记成 $2t\times q^t\times q^t$ 阵. 进一步地，$2t\times q^t\times q^t$阵可以看成$q^t\times q^t$ 矩阵$\boldsymbol{C}=(\boldsymbol{C}_{u,v})$,每个 $\boldsymbol{C}_{u,v}$是 $2t\times 1$ 列向量.显然,这样的 $q^t\times q^t$ 矩阵 $\boldsymbol{C}$ 是 SDLOA$(q^t;t,2t,q)$,如果 $\boldsymbol{C}$ 满足每行、每列、主对角线、反对角线都构成 OA$(q^t;t,2t,q)$,且所有行构成 LOA$(q^t;t,2t,q)$.我们将用 F_q^t 作为$\boldsymbol{C}$ 的行、列指标集合.

现在我们用例子说明 SDLOA 可以用来构造 CMS.

引理 6.4.1　存在 9 - CMS(9,3).

证　令

$$\boldsymbol{E}_1=\begin{bmatrix}1&0\\0&1\\1&1\\2&1\end{bmatrix},\boldsymbol{E}_2=\begin{bmatrix}0&1\\2&0\\1&2\\1&1\end{bmatrix},\boldsymbol{E}=(\boldsymbol{E}_1\quad \boldsymbol{E}_2).$$

可以证明 $\boldsymbol{E}$ 非奇异且 $\boldsymbol{E}_1,\boldsymbol{E}_2,\boldsymbol{E}_1+\boldsymbol{E}_2,\boldsymbol{E}_1-\boldsymbol{E}_2\in M_{4\times 2}^{(2)}(\mathbb{Z}_3)$.设

$$\boldsymbol{w}_0=\begin{bmatrix}0\\0\end{bmatrix},\boldsymbol{w}_1=\begin{bmatrix}0\\1\end{bmatrix},\boldsymbol{w}_2=\begin{bmatrix}0\\2\end{bmatrix},$$

$$\boldsymbol{w}_3=\begin{bmatrix}1\\0\end{bmatrix},\boldsymbol{w}_4=\begin{bmatrix}1\\1\end{bmatrix},\boldsymbol{w}_5=\begin{bmatrix}1\\2\end{bmatrix},$$

$$\boldsymbol{w}_6=\begin{bmatrix}2\\0\end{bmatrix},\boldsymbol{w}_7=\begin{bmatrix}2\\1\end{bmatrix},\boldsymbol{w}_8=\begin{bmatrix}2\\2\end{bmatrix};$$

$$w_0^* = \begin{bmatrix} 0 \\ 1 \end{bmatrix}, w_1^* = \begin{bmatrix} 0 \\ 2 \end{bmatrix}, w_2^* = \begin{bmatrix} 0 \\ 0 \end{bmatrix},$$

$$w_3^* = \begin{bmatrix} 2 \\ 1 \end{bmatrix}, w_4^* = \begin{bmatrix} 2 \\ 2 \end{bmatrix}, w_5^* = \begin{bmatrix} 2 \\ 0 \end{bmatrix},$$

$$w_6^* = \begin{bmatrix} 1 \\ 1 \end{bmatrix}, w_7^* = \begin{bmatrix} 1 \\ 2 \end{bmatrix}, w_8^* = \begin{bmatrix} 1 \\ 0 \end{bmatrix}.$$

设 $\boldsymbol{C}_i = (\boldsymbol{C}_{u,v}^{(i)})$，$\boldsymbol{C}_{u,v}^{(i)} = (\boldsymbol{E}_1 \quad \boldsymbol{E}_2)\begin{pmatrix} \boldsymbol{u} + \boldsymbol{w}_i \\ \boldsymbol{v} + \boldsymbol{w}_i^* \end{pmatrix} = \boldsymbol{E}_1(\boldsymbol{u} + \boldsymbol{w}_i) + \boldsymbol{E}_2(\boldsymbol{v} + \boldsymbol{w}_i^*)$，$\boldsymbol{u}, \boldsymbol{v} \in \mathbb{Z}_3^2$. 对任意 $i \in I_9$，当 $\boldsymbol{u}$ 跑遍 $\mathbb{Z}_3^2$ 时 $\boldsymbol{u} + \boldsymbol{w}_i$ 跑遍 $\mathbb{Z}_3^2$，且当 $\boldsymbol{v}$ 跑遍 $\mathbb{Z}_3^2$ 时 $\boldsymbol{v} + \boldsymbol{w}_i^*$ 跑遍 $\mathbb{Z}_3^2$，因此由引理 4.3.1 知，$\boldsymbol{C}_i$ 是 SDLOA(9;2,4,3). 所以由构造 4.1.1 的证明，对应于 $\boldsymbol{C}_i$，可以得到 MS(9,2)，即 $\boldsymbol{M}_i$. 列出这 9 个 MS(9,2) 如下：

$$\boldsymbol{M}_0 = \begin{bmatrix} 46 & 65 & 0 & 61 & 26 & 42 & 13 & 32 & 75 \\ 58 & 23 & 39 & 10 & 29 & 72 & 52 & 71 & 6 \\ 16 & 35 & 78 & 49 & 68 & 3 & 55 & 20 & 36 \\ 2 & 45 & 64 & 44 & 60 & 25 & 77 & 12 & 31 \\ 41 & 57 & 22 & 74 & 9 & 28 & 8 & 51 & 70 \\ 80 & 15 & 34 & 5 & 48 & 67 & 38 & 54 & 19 \\ 63 & 1 & 47 & 24 & 43 & 62 & 30 & 76 & 14 \\ 21 & 40 & 59 & 27 & 73 & 11 & 69 & 7 & 53 \\ 33 & 79 & 17 & 66 & 4 & 50 & 18 & 37 & 56 \end{bmatrix},$$

$$\boldsymbol{M}_1 = \begin{bmatrix} 23 & 39 & 58 & 29 & 72 & 10 & 71 & 6 & 52 \\ 35 & 78 & 16 & 68 & 3 & 49 & 20 & 36 & 55 \\ 65 & 0 & 46 & 26 & 42 & 61 & 32 & 75 & 13 \\ 57 & 22 & 41 & 9 & 28 & 74 & 51 & 70 & 8 \\ 15 & 34 & 80 & 48 & 67 & 5 & 54 & 19 & 38 \\ 45 & 64 & 2 & 60 & 25 & 44 & 12 & 31 & 77 \\ 40 & 59 & 21 & 73 & 11 & 27 & 7 & 53 & 69 \\ 79 & 17 & 33 & 4 & 50 & 66 & 37 & 56 & 18 \\ 1 & 47 & 63 & 43 & 62 & 24 & 76 & 14 & 30 \end{bmatrix},$$

$$M_2=\begin{bmatrix}78&16&35&3&49&68&36&55&20\\0&46&65&42&61&26&75&13&32\\39&58&23&72&10&29&6&52&71\\34&80&15&67&5&48&19&38&54\\64&2&45&25&44&60&31&77&12\\22&41&57&28&74&9&70&8&51\\17&33&79&50&66&4&56&18&37\\47&63&1&62&24&43&14&30&76\\59&21&40&11&27&73&53&69&7\end{bmatrix},$$

$$M_3=\begin{bmatrix}77&12&31&2&45&64&44&60&25\\8&51&70&41&57&22&74&9&28\\38&54&19&80&15&34&5&48&67\\30&76&14&63&1&47&24&43&62\\69&7&53&21&40&59&27&73&11\\18&37&56&33&79&17&66&4&50\\13&32&75&46&65&0&61&26&42\\52&71&6&58&23&39&10&29&72\\55&20&36&16&35&78&49&68&3\end{bmatrix},$$

$$M_4=\begin{bmatrix}51&70&8&57&22&41&9&28&74\\54&19&38&15&34&80&48&67&5\\12&31&77&45&64&2&60&25&44\\7&53&69&40&59&21&73&11&27\\37&56&18&79&17&33&4&50&66\\76&14&30&1&47&63&43&62&24\\71&6&52&23&39&58&29&72&10\\20&36&55&35&78&16&68&3&49\\32&75&13&65&0&46&26&42&61\end{bmatrix},$$

$$M_5=\begin{bmatrix}19&38&54&34&80&15&67&5&48\\31&77&12&64&2&45&25&44&60\\70&8&51&22&41&57&28&74&9\\56&18&37&17&33&79&50&66&4\\14&30&76&47&63&1&62&24&43\\53&69&7&59&21&40&11&27&73\\36&55&20&78&16&35&3&49&68\\75&13&32&0&46&65&42&61&26\\6&52&71&39&58&23&72&10&29\end{bmatrix},$$

$$M_6=\begin{bmatrix}24&43&62&30&76&14&63&1&47\\27&73&11&69&7&53&21&40&59\\66&4&50&18&37&56&33&79&17\\61&26&42&13&32&75&46&65&0\\10&29&72&52&71&6&58&23&39\\49&68&3&55&20&36&16&35&78\\44&60&25&77&12&31&2&45&64\\74&9&28&8&51&70&41&57&22\\5&48&67&38&54&19&80&15&34\end{bmatrix},$$

$$M_7=\begin{bmatrix}73&11&27&7&53&69&40&59&21\\4&50&66&37&56&18&79&17&33\\43&62&24&76&14&30&1&47&63\\29&72&10&71&6&52&23&39&58\\68&3&49&20&36&55&35&78&16\\26&42&61&32&75&13&65&0&46\\9&28&74&51&70&8&57&22&41\\48&67&5&54&19&38&15&34&80\\60&25&44&12&31&77&45&64&2\end{bmatrix},$$

$$M_8=\begin{bmatrix}50&66&4&56&18&37&17&33&79\\62&24&43&14&30&76&47&63&1\\11&27&73&53&69&7&59&21&40\\3&49&68&36&55&20&78&16&35\\42&61&26&75&13&32&0&46&65\\72&10&29&6&52&71&39&58&23\\67&5&48&19&38&54&34&80&15\\25&44&60&31&77&12&64&2&45\\28&74&9&70&8&51&22&41&57\end{bmatrix}.$$

通过计算知，$\boldsymbol{M}_0,\boldsymbol{M}_1,\cdots,\boldsymbol{M}_8$ 是 3-重互补幻方.

引理 6.4.2 若存在 F_q 上 q^t 个 SDLOA$(q^t;t,2t,q)$，$\boldsymbol{C}_w=(\boldsymbol{C}_{u,v}^{(w)})$，$\boldsymbol{w}\in F_q^t$，满足

$$\boldsymbol{R}_u=\{\boldsymbol{C}_{u,v}^{(w)}\mid \boldsymbol{v},\boldsymbol{w}\in F_q^t\},\boldsymbol{u}\in F_q^t,$$
$$\boldsymbol{T}_v=\{\boldsymbol{C}_{u,v}^{(w)}\mid \boldsymbol{u},\boldsymbol{w}\in F_q^t\},\boldsymbol{v}\in F_q^t,$$
$$\boldsymbol{U}=\{\boldsymbol{C}_{u,u}^{(w)}\mid \boldsymbol{u},\boldsymbol{w}\in F_q^t\},$$
$$\boldsymbol{U}'=\{\boldsymbol{C}_{u,\tilde{u}-u}^{(w)}\mid \boldsymbol{u},\boldsymbol{w}\in F_q^t\}$$

是 $2q^t+2$ 个 LOA$(q^t;t,2t,q)$，则存在 q^t-CMS$(q^t,t+1)$.

证 设$\hat{\boldsymbol{C}}_w=(\hat{\boldsymbol{C}}_{u,v}^{(w)})$.对于$\boldsymbol{C}_{u,v}^{(w)}=(\boldsymbol{\xi}_{j_0},\boldsymbol{\xi}_{j_1},\cdots,\boldsymbol{\xi}_{j_{2t-1}})^{\mathrm{T}}$，$\boldsymbol{u},\boldsymbol{v},\boldsymbol{w}\in F_q^t$，设

$$\begin{aligned}\hat{\boldsymbol{C}}_{u,v}^{(w)}&=(1,q,\cdots,q^{2t-1})(j_0,j_1,\cdots,j_{2t-1})^{\mathrm{T}}\\&=j_0+j_1q+\cdots+j_{2t-1}q^{2t-1}.\end{aligned}$$

由构造 4.1.1 的证明知$\hat{\boldsymbol{C}}_w$，$\boldsymbol{w}\in F_q^t$ 是 q^t 个 MS(q^t,t). 下证$\hat{\boldsymbol{C}}_w$，$\boldsymbol{w}\in F_q^t$ 是 q^t-CMS$(q^t,t+1)$.

事实上，对于固定的 $\boldsymbol{u}\in F_q^t$，因为 $\boldsymbol{R}_u$ 是 LOA$(q^t;t,2t,q)$，有

$$\hat{\boldsymbol{R}}_u=\{\hat{\boldsymbol{C}}_{u,v}^{(w)}\mid \boldsymbol{v},\boldsymbol{w}\in F_q^t\}=I_{q^{2t}}.$$

所以，

$$\sum_{w\in F_q^t}\sum_{v\in F_q^t}(\hat{\boldsymbol{C}}_{u,v}^{(w)})^{t+1}=\sum_{d=0}^{q^{2t}-1}d^{t+1}=q^tS_{t+1}(q^t),\boldsymbol{u}\in F_q^t.$$

类似地，因为 $\boldsymbol{T}_v$，$\boldsymbol{v}\in F_q^t$，$\boldsymbol{U}$，$\boldsymbol{U}'$ 是 LOA$(q^t;t,2t,q)$，所以

$$\sum_{w\in F_q^t}\sum_{u\in F_q^t}(\hat{\boldsymbol{C}}_{u,v}^{(w)})^{t+1}=q^tS_{t+1}(q^t),\boldsymbol{v}\in F_q^t;$$

$$\sum_{w\in F_q^t}\sum_{u\in F_q^t}(\hat{\boldsymbol{C}}_{u,u}^{(w)})^{t+1}=\sum_{w\in F_q^t}\sum_{u\in F_q^t}(\hat{\boldsymbol{C}}_{u,\tilde{u}-u}^{(w)})^{t+1}=q^tS_{t+1}(q^t).$$

因此，$\hat{\boldsymbol{C}}_w$，$\boldsymbol{w}\in F_q^t$ 是 q^t-CMS$(q^t,t+1)$.

引理 6.4.3 设 $t\geqslant 2$ 且 $d\in F_q$. 若存在 F_q 上的矩阵 $\boldsymbol{E}=(e_{i,j})_{2t\times 2t}=(\boldsymbol{E}_1,$

$\boldsymbol{E}_2$）满足：

(1) $\boldsymbol{E}_1$，$\boldsymbol{E}_2$，$\boldsymbol{E}_1+\boldsymbol{E}_2$，$\boldsymbol{E}_1-\boldsymbol{E}_2\in M_{2t\times t}^{(t)}(F_q)$；

(2) $\boldsymbol{E}$，$(\boldsymbol{E}_1,\boldsymbol{E}_1+d\boldsymbol{E}_2)$，$(\boldsymbol{E}_2,\boldsymbol{E}_1+d\boldsymbol{E}_2)$，$(\boldsymbol{E}_1+\boldsymbol{E}_2,\boldsymbol{E}_1+d\boldsymbol{E}_2)$，$(\boldsymbol{E}_1-\boldsymbol{E}_2,\boldsymbol{E}_1+d\boldsymbol{E}_2)$ 非奇异，

则存在 q^t-CMS$(q^t,t+1)$.

证 设 $\boldsymbol{C}=(\boldsymbol{C}_{u,v})$，其中

$$\boldsymbol{C}_{u,v}=(\boldsymbol{E}_1\quad \boldsymbol{E}_2)\begin{pmatrix}\boldsymbol{u}\\ \boldsymbol{v}\end{pmatrix},\boldsymbol{u},\boldsymbol{v}\in F_q^t.$$

由引理 4.3.1，$\boldsymbol{C}$ 是 F_q 上的 SDLOA$(q^t;t,2t,q)$.下面利用 $\boldsymbol{C}$ 的坐标平移构造 q^t-CMS$(q^t,t+1)$.

设 $\boldsymbol{w}\in F_q^t$ 且 $\boldsymbol{w}^*=d\boldsymbol{w}$.再设

$$\boldsymbol{C}_w=(\boldsymbol{C}_{u,v}^{(w)}),\ \boldsymbol{w}\in F_q^t,$$

其中，

$$\boldsymbol{C}_{u,v}^{(w)}=\boldsymbol{C}_{u+w,v+w^*}=(\boldsymbol{E}_1\quad \boldsymbol{E}_2)\begin{pmatrix}\boldsymbol{u}+\boldsymbol{w}\\ \boldsymbol{v}+\boldsymbol{w}^*\end{pmatrix},\boldsymbol{u},\boldsymbol{v}\in F_q^t.$$

即
$$\boldsymbol{C}_{u,v}^{(w)}=\boldsymbol{E}_1\boldsymbol{u}+\boldsymbol{E}_2\boldsymbol{v}+(\boldsymbol{E}_1+d\boldsymbol{E}_2),\boldsymbol{w},\boldsymbol{u},\boldsymbol{v}\in F_q^t.$$

我们将证明 $\boldsymbol{C}_w,\boldsymbol{w}\in F_q^t$ 是 q^t-CMS$(q^t,t+1)$.

对于固定的 $\boldsymbol{w}\in F_q^t$，令 $\boldsymbol{K}_w=(\boldsymbol{E}_1\quad \boldsymbol{E}_2)\begin{pmatrix}\boldsymbol{w}\\ \boldsymbol{w}^*\end{pmatrix}$，则

$$\boldsymbol{C}_{u,v}^{(w)}=(\boldsymbol{E}_1\quad \boldsymbol{E}_2)\begin{pmatrix}\boldsymbol{u}\\ \boldsymbol{v}\end{pmatrix}+\boldsymbol{K}_w,\boldsymbol{u},\boldsymbol{v}\in F_q^t.$$

这表明 $\boldsymbol{C}_w$ 是由 3 维表 $\boldsymbol{C}$ 的每个元素（列向量）加 $\boldsymbol{K}_w$ 而得.因为 $\boldsymbol{C}$ 是 SDLOA$(q^t;t,2t,q)$，显然 $\boldsymbol{C}_w$ 也是 SDLOA$(q^t;t,2t,q)$.

设 $\boldsymbol{R}_u,\boldsymbol{u}\in F_q^t,\boldsymbol{T}_v,\boldsymbol{v}\in F_q^t,\boldsymbol{U},\boldsymbol{U}'$同引理 6.4.2，则

$$\begin{aligned}\boldsymbol{R}_u&=\{\boldsymbol{E}_1\boldsymbol{u}+\boldsymbol{E}_2\boldsymbol{v}+(\boldsymbol{E}_1+d\boldsymbol{E}_2)\boldsymbol{w}\mid \boldsymbol{v},\boldsymbol{w}\in F_q^t\}\\&=\left\{\boldsymbol{E}_1\boldsymbol{u}+(\boldsymbol{E}_2,\boldsymbol{E}_1+d\boldsymbol{E}_2)\begin{pmatrix}\boldsymbol{v}\\ \boldsymbol{w}\end{pmatrix}\middle|\ \boldsymbol{v},\boldsymbol{w}\in F_q^t\right\},\boldsymbol{u}\in F_q^t.\end{aligned}$$

因为 $\boldsymbol{E}_2\in M_{2t\times t}^{(t)}(F_q)$且$(\boldsymbol{E}_2,\boldsymbol{E}_1+d\boldsymbol{E}_2)$是非奇异的，由引理 3.3.2 知，$\boldsymbol{R}_u,\boldsymbol{u}\in F_q^t$ 是 LOA$(q^t;t,2t,q)$.类似地，因为 $\boldsymbol{E}_1\in M_{2t\times t}^{(t)}(F_q)$且$(\boldsymbol{E}_1,\boldsymbol{E}_1+d\boldsymbol{E}_2)$非奇异，由引理 3.3.2 知，$\boldsymbol{T}_v,\boldsymbol{v}\in F_q^t$ 是 LOA$(q^t;t,2t,q)$.

现在考虑 $\boldsymbol{U},\boldsymbol{U}'$，由引理 3.3.2 有

$$U=\{E_1u+E_2u+(E_1+dE_2)w\mid u,w\in F_q^t\}$$
$$=\left\{(E_1+E_2,E_1+dE_2)\begin{pmatrix}u\\w\end{pmatrix}\middle|u,w\in F_q^t\right\},$$

且
$$U'=\{E_1u+E_2(\tilde{u}-u)+(E_1+dE_2)w\mid u,w\in F_q^t\}$$
$$=\{(E_1-E_2,E_1+dE_2)\begin{pmatrix}u\\w\end{pmatrix}+E_2\tilde{u}\mid u,w\in F_q^t\},$$

因为$E_1+E_2,E_1-E_2\in M_{2t\times t}^{(t)}(F_q)$以及$(E_1+E_2,E_1+dE_2)$，$(E_1-E_2,E_1+dE_2)$非奇异，由引理3.3.2知，$U,U'$是LOA$(q^t;t,2t,q)$.由引理6.4.2，$C_w$，$w\in F_q^t$是$q^t$-CMS$(q^t,t+1)$.

引理6.4.4 设$q\geqslant4$是素数幂.若存在$E_1\in M_{2t\times t}^{(t)}(F_q)$，则存在$q^t$-CMS$(q^t,t+1)$.

证 设x是F_q的本原元且$d=x$.因为$q\geqslant4$，所以$x,x^2\notin\{0,1,-1\}$且$x\neq x^2$.假设E_{11},E_{21}是两个$t\times t$矩阵，满足$E_1=\begin{bmatrix}E_{11}\\E_{21}\end{bmatrix}\in M_{2t\times t}^{(t)}(F_q)$.设

$$E=(E_1\quad E_2)=\begin{bmatrix}E_{11}&E_{12}\\E_{21}&E_{22}\end{bmatrix}=\begin{bmatrix}E_{11}&xE_{11}\\E_{21}&x^2E_{21}\end{bmatrix}.$$

易证，E满足引理6.4.3的条件，因此，存在q^t-CMS$(q^t,t+1)$.

引理6.4.5 对于所有素数幂$q\geqslant\max\{2t-1,4\}$，$t\geqslant2$，存在$E_1\in M_{2t\times t}^{(t)}(F_q)$.

证 当$q\geqslant4$时，设x是F_q的本原元，且

$$E=\begin{bmatrix}1&0&0&\cdots&0\\0&0&0&\cdots&1\\1&x&x^2&\cdots&x^{t-1}\\1&x^2&x^4&\cdots&x^{2(t-1)}\\\vdots&\vdots&\vdots&&\vdots\\1&x^{2t-2}&x^{2(2t-2)}&\cdots&x^{(t-1)(2t-2)}\end{bmatrix}.$$

易证，E的任意t行线性无关，因此，$E\in M_{2t\times t}^{(t)}(F_q)$.由引理6.4.4得证.

引理6.4.6 对于任意素数幂$q\geqslant2t-1$，$t\geqslant2$，存在q^t-CMS$(q^t,t+1)$.

证 对于$q=3,t=2$，由引理6.4.1知，存在9-CMS(9,3).当$q\geqslant4$，$t\geqslant2$时，由引理6.4.5知，存在矩阵$E_1\in M_{2t\times t}^{(t)}(F_q)$.因此，由引理6.4.4知，存在$q^t$-CMS$(q^t,t+1)$.所以，对于任意素数幂$q\geqslant2t-1$，$t\geqslant2$，存在$q^t$-CMS$(q^t,t+1)$.

作为引理 6.4.6 的一个应用，我们考虑 $MS(q^m,t)$的存在性，其中 q 为素数幂.

引理 6.4.7 对于素数幂 $q\geqslant 2t-1$，$t\geqslant 3$，存在 $MS(q^{2t-1},t)$.

证 对于素数幂 $q\geqslant 2t-1$，$t\geqslant 3$，由定理 4.4.1 知，存在 $MS(q^t,t)$. 由引理 6.4.6 知，存在 q^{t-1}-$CMS(q^{t-1},t)$.因此，由构造 6.2.1 存在 $MS(q^{2t-1},t)$.

现在我们给出素数幂阶 t-重幻方的主要结果.

定理 6.4.1 对于素数幂 $q\geqslant 4t-5$，$m\geqslant t\geqslant 2$，存在 $MS(q^m,t)$.

证 设 $t\geqslant 2$，$m\geqslant t$，$q\geqslant 4t-5$，q 是素数幂.若 $t=2$，由引理 1.4.2，对于 $q\geqslant 3$且 $m\geqslant 2$，存在 $MS(q^m,2)$.现在考虑 $t\geqslant 3$，对于 $0\leqslant k\leqslant t-2$ 且 $q\geqslant 2(t+k)-1$，由定理 1.4.1 知，存在 $MS(q^{t+k},t+k)$，从而存在 $MS(q^{t+k},t)$.对于 $k=t-1$，当 $q\geqslant 2t-1$ 时，由引理 6.4.7 知，存在 $MS(q^{t+k},t)$.注意到

$$\max\{2(t+k)-1\mid k=0,1,\cdots,t-2\}\cup\{2t-1\}\}=4t-5.$$

因此，对于任意素数幂 $q\geqslant 4t-5$ 以及任意 $k=0,1,\cdots,t-1$，存在 $MS(q^{t+k},t)$.迭代使用构造 6.1.1 以及 $MS(q^t,t)$，我们得到 $MS(q^m,t)$，q 是素数幂且 $q\geqslant 4t-5$，$m\geqslant t$.

6.5 2-重幻方和 3-重幻方的存在类

作为构造 6.3.3 的应用，我们得到如下单偶数阶平方幻方的无穷类.

定理 6.5.1 对于任意 $n\in\mathbf{Z}_+$，当 $m\in\{10,14,18,22,26,34,38,46,58,62\}$ 且$(m,n)\notin\{(22,3),(26,3),(34,2),(34,3),(38,2),(38,3),(46,2),(46,3),(58,2),(58,3),(62,2),(62,3)\}$时，存在 $MS(mn,2)$.

证 以 $MS(10n,2)$ 为例.由引理 1.4.1 存在 $MS(10n,2)$，$n=1,2,3,6$.对于 $n=4,5$ 或 $n>6$，由构造 6.3.3 知，存在 $MS(10n,2)$.同理可证其余情形.

注：引理 1.4.2 中的两类结果，不含单偶数阶平方幻方.因此，我们得到的结果是新的.

作为构造 6.3.4 的应用，我们得到一类 5-重幻方.

推论 6.5.1 对于任意非负整数 s，存在 $MS(2^{10+9s},5)$.

证 因为存在 $MS(2^{10},5)$以及 $MS(2^9,4)$[43]，由构造 6.3.4 知，存在 $MS(2^{10+9s},5)(s\geqslant 0)$.

作为构造 6.3.4 的另一个应用，我们得到 3-重幻方的如下无穷类.

推论 6.5.2 (1) 对于 $n\in\mathbf{Z},n\geqslant 2$，存在 $MS(48n,3)$，$MS(64n,3)$，

MS($120n$,3)；

(2) 对于奇数 $n\in\mathbf{Z}, n\geqslant 3$，存在 MS($60n$,3),MS($84n$,3).

证 (1) 由引理 1.4.1 知,存在 MS(12,3)和 MS(16,3).对于 $n\in\mathbf{Z}, n\geqslant 2$，由引理 1.4.2 以及定理 6.5.1 知,存在 MS($4n$,2)和 MS($10n$,2)，因此由构造 6.3.4 知,存在 MS(mn,3),$m=48,64,120$.

(2) 以 MS($60n$,3)为例,n 是奇数,$n\geqslant 3$.由引理 1.4.1 知,存在 MS(12,3).由引理 1.4.2 和引理 1.4.1 知,存在 MS($5n$,2)和 MS($7n$,2).因此,由构造 6.3.4 知,存在 MS($60n$,3)和 MS($84n$,3).

类似地,还可以得到更多的无穷类,这里不一一列举.

第7章 杨辉型 2-重幻方

本章首先给出偶数阶杨辉型幻方几种常用的构造，然后给出 YMS$(n,2)$的构造方法，并讨论所得到的 YMS$(n,2)$的无理性和对角有序性.

7.1 偶数阶杨辉型 2-重幻方的基本构造

给定 $m\times n$ 矩阵 $\boldsymbol{A}$ 和 $p\times q$ 矩阵 $\boldsymbol{B}$，Kronecker 积为 $\boldsymbol{A}\otimes\boldsymbol{B}=(a_{i,j}\boldsymbol{B})_{mp\times nq}$，其中 $a_{i,j}\boldsymbol{B}=(a_{i,j}b_{s,t})$，$i\in I_m$，$j\in I_n$，$s\in I_p$，$t\in I_q$.

记 $I_n=\{0,1,\cdots,n-1\}$，I_{n^2} 中所有元素的 t 次幂的和记为 $S(n,t)$，即 $S(n,t)=\sum\limits^{i\in I_{n^2}} i^t$. 记 $H(n,t)=\dfrac{1}{2}S(n,t)$.

构造 7.1.1 对于偶数 m，若存在一个 YMS(m,t)和一个 MS(n)，则存在一个 YMS(mn,t).

证 设 $\boldsymbol{A}$ 是一个 YMS(m,t)，$\boldsymbol{B}$ 是一个 MS(n). 令

$$\boldsymbol{C}=(c_{i,j})=n^2\boldsymbol{A}\otimes\boldsymbol{J}_n+\boldsymbol{J}_m\otimes\boldsymbol{B},$$

则 mn 阶方阵$\boldsymbol{C}$ 的元素可表示为

$$c_{i,j}=n^2a_{u,v}+b_{s,t},i=nu+s,j=nv+t,u,v\in I_m,s,t\in I_n.$$

下证 $\boldsymbol{C}$ 是一个 YMS(mn,t).

事实上，Kim 和 Yoo[7]已证明了 $\boldsymbol{C}$ 是一个 MS(mn). 因为 mn 是偶数，所以我们只需证明 $\boldsymbol{C}$ 满足 t 次幂和的性质.

对任意的 $e\in\{2,3,\cdots,t\}$，$\boldsymbol{C}^{*e}$ 的上一半元素总和为

$$\sum_{i=0}^{\frac{mn}{2}-1}\sum_{j=0}^{mn-1}c_{i,j}^e=\sum_{u=0}^{\frac{m}{2}-1}\sum_{s=0}^{n-1}\sum_{v=0}^{m-1}\sum_{t=0}^{n-1}(n^2a_{u,v}+b_{s,t})^e$$

$$=\sum_{u=0}^{\frac{m}{2}-1}\sum_{s=0}^{n-1}\sum_{v=0}^{m-1}\sum_{t=0}^{n-1}\left[\sum_{k=0}^{e}\binom{e}{k}(n^2a_{u,v})^{e-k}(b_{s,t})^k\right]$$

$$=\sum_{k=0}^{e}\binom{e}{k}n^{2(e-k)}\sum_{u=0}^{\frac{m}{2}-1}\sum_{v=0}^{m-1}(a_{u,v})^{e-k}\sum_{s=0}^{n-1}\sum_{t=0}^{n-1}(b_{s,t})^k.$$

因为 $\boldsymbol{A}$ 是一个 YMS(m,t),$\boldsymbol{B}$ 是一个 MS(n)，所以有

$$\sum_{u=0}^{\frac{m}{2}-1}\sum_{v=0}^{m-1}(a_{u,v})^{e-k}=H(m,e-k),$$

$$\sum_{u=\frac{m}{2}}^{m-1}\sum_{v=0}^{m-1}a_{u,v}^{e-k}=H(m,e-k),$$

$$\sum_{s=0}^{n-1}\sum_{t=0}^{n-1}(b_{s,t})^k=S(n,k),$$

从而

$$\sum_{i=0}^{\frac{mn}{2}-1}\sum_{j=0}^{mn-1}c_{i,j}^{e}=\sum_{k=0}^{e}\binom{e}{k}n^{2(e-k)}H(m,e-k)S(n,k).\tag{7-1}$$

同样可计算得 $\boldsymbol{C}^{*e}$ 的下一半元素总和为

$$\sum_{i=\frac{mn}{2}}^{mn-1}\sum_{j=0}^{mn-1}c_{i,j}^{e}=\sum_{k=0}^{e}\binom{e}{k}n^{2(e-k)}H(m,e-k)S(n,k).\tag{7-2}$$

由式(7-1)和式(7-2)，我们有 $\sum_{i=0}^{\frac{mn}{2}-1}\sum_{j=0}^{mn-1}c_{i,j}^{e}=\sum_{i=\frac{mn}{2}}^{mn-1}\sum_{j=0}^{mn-1}c_{i,j}^{e}$，即 $\boldsymbol{C}^{*e}$ 的上一半元素总和等于下一半元素总和. 同理可证,$\boldsymbol{C}^{*e}$ 的右一半元素总和等于左一半元素总和，即

$$\sum_{i=0}^{mn-1}\sum_{j=0}^{\frac{mn}{2}-1}c_{i,j}^{e}=\sum_{i=0}^{mn-1}\sum_{j=\frac{mn}{2}}^{mn-1}c_{i,j}^{e}.$$

综上所述,$\boldsymbol{C}$ 是一个 YMS(mn,t).

构造 7.1.2 对于偶数 n，若存在一个 YMS(n,t)，则存在一个 YMS$(2n,t)$.

证 设 $\boldsymbol{A}$ 是一个 YMS(n,t)，$\boldsymbol{C}=4\boldsymbol{A}\otimes\boldsymbol{J}_2+\boldsymbol{B}$，其中

$$\boldsymbol{B}=\begin{bmatrix}\boldsymbol{J}_{\frac{n}{2}}\otimes\boldsymbol{B}_0 & \boldsymbol{J}_{\frac{n}{2}}\otimes\boldsymbol{B}_1\\ \boldsymbol{J}_{\frac{n}{2}}\otimes\boldsymbol{B}_2 & \boldsymbol{J}_{\frac{n}{2}}\otimes\boldsymbol{B}_3\end{bmatrix},$$

$$\boldsymbol{B}_0=(b_{i,j}^{(0)})=\begin{bmatrix}0 & 1\\ 2 & 3\end{bmatrix},\boldsymbol{B}_1=(b_{i,j}^{(1)})=\begin{bmatrix}2 & 3\\ 0 & 1\end{bmatrix},$$

$$\boldsymbol{B}_2=(b_{i,j}^{(2)})=\begin{bmatrix}1&0\\3&2\end{bmatrix},\boldsymbol{B}_3=(b_{i,j}^{(3)})=\begin{bmatrix}3&2\\1&0\end{bmatrix}.$$

下证 $\boldsymbol{C}$ 是一个 YMS$(2n,t)$.

易知$\{c_{i,j}\mid i,j\in I_n\}=I_{4n^2}$.对任意 $j\in I_n$，令 $j=2v+q$，$v\in I_{\frac{n}{2}}$，$q\in I_2$.对任意 $i\in I_{2n}$，令 $i=2u+p$，$u\in I_n$，$p\in I_2$，则有

$$\begin{aligned}\sum_{i=0}^{2n-1}c_{i,j}&=\sum_{u=0}^{\frac{n}{2}-1}\sum_{p=0}^{1}(4a_{u,v}+b_{p,q}^{(0)})+\sum_{u=\frac{n}{2}}^{n-1}\sum_{p=0}^{1}(4a_{u,v}+b_{p,q}^{(2)})\\&=8\sum_{u=0}^{n-1}a_{u,v}+\frac{n}{2}\sum_{p=0}^{1}(b_{p,q}^{(0)}+b_{p,q}^{(2)})\\&=8\frac{n(n^2-1)}{2}+3n\\&=n(4n^2-1).\end{aligned}$$

同理可证，对任意的 $j\in I_{2n}\setminus I_n$，有 $\sum\limits_{i=0}^{2n-1}c_{i,j}=n(4n^2-1)$. 因此，对任意的 $j\in I_{2n}$，$\sum\limits_{i=0}^{2n-1}c_{i,j}=n(4n^2-1)$. 同理，对任意的 $i\in I_{2n}$，有

$$\sum_{j=0}^{2n-1}c_{i,j}=n(4n^2-1),\ \sum_{i=0}^{2n-1}c_{i,i}=n(4n^2-1),$$

$$\sum_{i=0}^{2n-1}c_{i,2n-1-i}=n(4n^2-1).$$

故 $\boldsymbol{C}$ 是一个 MS$(2n)$.

下证 $\boldsymbol{C}$ 满足 t 次幂和的性质. 计算 $\boldsymbol{C}^{*e}$ 的上一半元素总和及下一半元素总和分别如下：

$$\begin{aligned}\sum_{i=0}^{n-1}\sum_{j=0}^{n-1}c_{i,j}^{e}&=\sum_{u=0}^{\frac{n}{2}-1}\sum_{v=0}^{\frac{n}{2}-1}\sum_{p=0}^{1}\sum_{q=0}^{1}(4a_{u,v}+b_{p,q}^{(0)})^e\\&=\sum_{u=0}^{\frac{n}{2}-1}\sum_{v=0}^{\frac{n}{2}-1}\sum_{p=0}^{1}\sum_{q=0}^{1}\left[\sum_{k=0}^{e}\binom{e}{k}(4a_{u,v})^{e-k}(b_{p,q}^{(0)})^k\right]\\&=\sum_{k=0}^{e}\binom{e}{k}4^{e-k}\sum_{u=0}^{\frac{n}{2}-1}\sum_{v=0}^{\frac{n}{2}-1}(a_{u,v})^{e-k}\sum_{p=0}^{1}\sum_{q=0}^{1}(b_{p,q}^{(0)})^k,\end{aligned}$$

$$\begin{aligned}\sum_{i=n}^{2n-1}\sum_{j=n}^{2n-1}c_{i,j}^{e}&=\sum_{u=\frac{n}{2}}^{n-1}\sum_{v=\frac{n}{2}}^{n-1}\sum_{p=0}^{1}\sum_{q=0}^{1}(4a_{u,v}+b_{p,q}^{(3)})^e\\&=\sum_{u=\frac{n}{2}}^{n-1}\sum_{v=\frac{n}{2}}^{n-1}\sum_{p=0}^{1}\sum_{q=0}^{1}\left[\sum_{k=0}^{e}\binom{e}{k}(4a_{u,v})^{e-k}(b_{p,q}^{(3)})^k\right]\end{aligned}$$

$$=\sum_{k=0}^{e}\binom{e}{k}4^{e-k}\sum_{u=\frac{n}{2}}^{n-1}\sum_{v=\frac{n}{2}}^{n-1}a_{u,v}^{e-k}\sum_{p=0}^{1}\sum_{q=0}^{1}(b_{p,q}^{(3)})^{k}.$$

因为 $\boldsymbol{A}$ 是一个 YMS(n,t)，所以有 $\sum_{u=0}^{\frac{n}{2}-1}\sum_{v=0}^{\frac{n}{2}-1}(a_{u,v})^{e-k}=\sum_{u=\frac{n}{2}}^{n-1}\sum_{v=\frac{n}{2}}^{n-1}a_{u,v}^{e-k}$，容易看出 $\sum_{p=0}^{1}\sum_{q=0}^{1}(b_{p,q}^{(0)})^{k}=\sum_{p=0}^{1}\sum_{q=0}^{1}(b_{p,q}^{(3)})^{k}$.于是有

$$\sum_{i=0}^{n-1}\sum_{j=0}^{n-1}c_{i,j}^{e}=\sum_{i=n}^{2n-1}\sum_{j=n}^{2n-1}c_{i,j}^{e}.$$

同理可证，$\boldsymbol{C}^{*e}$ 的右一半元素总和等于左一半元素总和，即

$$\sum_{i=0}^{n-1}\sum_{j=n}^{2n-1}c_{i,j}^{e}=\sum_{i=n}^{2n-1}\sum_{j=0}^{n-1}c_{i,j}^{e}.$$

综上所述，$\boldsymbol{C}$ 是一个 YMS$(2n,t)$.

例 7.1.1 设 $n=6$，令

$$\boldsymbol{A}=\begin{bmatrix}7&4&34&30&5&25\\35&12&8&6&20&24\\18&22&15&19&29&2\\26&32&17&16&11&3\\9&14&31&1&27&23\\10&21&0&33&13&28\end{bmatrix}.$$

容易验算，$\boldsymbol{A}$ 是一个 YMS$(6,2)$. 令

$$\boldsymbol{B}=\begin{bmatrix}\boldsymbol{J}_3\otimes\boldsymbol{B}_0&\boldsymbol{J}_3\otimes\boldsymbol{B}_1\\\boldsymbol{J}_3\otimes\boldsymbol{B}_2&\boldsymbol{J}_3\otimes\boldsymbol{B}_3\end{bmatrix}=\begin{bmatrix}0&1&0&1&0&1&2&3&2&3&2&3\\2&3&2&3&2&3&0&1&0&1&0&1\\0&1&0&1&0&1&2&3&2&3&2&3\\2&3&2&3&2&3&0&1&0&1&0&1\\0&1&0&1&0&1&2&3&2&3&2&3\\2&3&2&3&2&3&0&1&0&1&0&1\\1&0&1&0&1&0&3&2&3&2&3&2\\3&2&3&2&3&2&1&0&1&0&1&0\\1&0&1&0&1&0&3&2&3&2&3&2\\3&2&3&2&3&2&1&0&1&0&1&0\\1&0&1&0&1&0&3&2&3&2&3&2\\3&2&3&2&3&2&1&0&1&0&1&0\end{bmatrix},$$

其中 $\boldsymbol{B}_0,\boldsymbol{B}_1,\boldsymbol{B}_2,\boldsymbol{B}_3$ 为构造 7.1.2 证明过程中给出的 $\boldsymbol{B}_0,\boldsymbol{B}_1,\boldsymbol{B}_2,\boldsymbol{B}_3$.从而 $\boldsymbol{C}=$

$4\boldsymbol{A}\otimes\boldsymbol{J}_2+\boldsymbol{B}$，即

$$\boldsymbol{C}=\begin{bmatrix}28&29&16&17&136&137&122&123&22&23&102&103\\30&31&18&19&138&139&120&121&20&21&100&101\\140&141&48&49&32&33&26&27&82&83&98&99\\142&143&50&51&34&35&24&25&80&81&96&97\\72&73&88&89&60&61&78&79&118&119&10&11\\74&75&90&91&62&63&76&77&116&117&8&9\\105&104&129&128&69&68&67&66&47&46&15&14\\107&106&131&130&71&70&65&64&45&44&13&12\\37&36&57&56&125&124&7&6&111&110&95&94\\39&38&59&58&127&126&5&4&109&108&93&92\\41&40&85&84&1&0&135&134&55&54&115&114\\43&42&87&86&3&2&133&132&53&52&113&112\end{bmatrix}.$$

容易验证，$\boldsymbol{C}$ 是一个 YMS(12,2).

在给出下一个构造之前，我们先介绍两个概念：弱对称杨辉型幻框和广义杨辉型幻方.

定义 7.1.1 令 $\boldsymbol{E}=(e_i)$，$\overline{\boldsymbol{E}}=(\overline{e}_i)$，$\boldsymbol{F}=(f_i)^{\mathrm{T}}$ 及 $\overline{\boldsymbol{F}}=(\overline{f}_i)^{\mathrm{T}}$ 是在 I_{n^2} 上的 $(n-2)$ 维向量，其中

$$\overline{e}_i+e_i=n^2-1,\ \overline{f}_i+f_i=n^2-1,\ i\in I_{n-2}.$$

令 $\alpha,\beta,\overline{\alpha},\overline{\beta}\in I_{n^2}$ 且满足 $\alpha+\overline{\alpha}=\beta+\overline{\beta}=n^2-1$. 我们定义一个带 $n-2$ 阶洞的 n 阶方阵如下：

$$\boldsymbol{\Pi}=\begin{bmatrix}\alpha&\boldsymbol{E}&\beta\\\boldsymbol{F}&&\overline{\boldsymbol{F}}\\\overline{\beta}&\overline{\boldsymbol{E}}&\overline{\alpha}\end{bmatrix}.\tag{7-3}$$

$\boldsymbol{\Pi}$ 是一个弱对称杨辉型幻框，记为 WSYMF(n).如果 $\boldsymbol{\Pi}$ 满足以下 4 个条件：

(L1) $\alpha+\beta+\sum\limits_{i=0}^{n-3}e_i=\dfrac{n(n^2-1)}{2}$，

(L2) $\alpha+\overline{\beta}+\sum\limits_{i=0}^{n-3}f_i=\dfrac{n(n^2-1)}{2}$，

(L3) $\sum\limits_{i=0}^{\frac{n}{2}-2}(e_i^2+\overline{e}_i^2)=\sum\limits_{i=\frac{n}{2}-1}^{n-3}(e_i^2+\overline{e}_i^2)$，

(L4) $\sum_{i=0}^{\frac{n}{2}-2}(f_i^2+\overline{f}_i^2)=\sum_{i=\frac{n}{2}-1}^{n-3}(f_i^2+\overline{f}_i^2)$.

例 7.1.2 设 $n=10$.令 $\alpha=8$，$\beta=10$，$\boldsymbol{E}=(0,93,94,96,92,1,97,4)$，$\boldsymbol{F}=(20,19,70,50,90,30,59,60)^{\mathrm{T}}$. 则 $\overline{\alpha}=91$，$\overline{\beta}=89$，$\overline{\boldsymbol{E}}=(99,6,5,3,7,98,2,95)$，$\overline{\boldsymbol{F}}=(79,80,29,49,9,69,40,39)^{\mathrm{T}}$. 令

$$\boldsymbol{\Pi}=\begin{bmatrix}\alpha & \boldsymbol{E} & \beta\\ \boldsymbol{F} & & \overline{\boldsymbol{F}}\\ \overline{\beta} & \overline{\boldsymbol{E}} & \overline{\alpha}\end{bmatrix}=\begin{bmatrix}8 & 0 & 93 & 94 & 96 & 92 & 1 & 97 & 4 & 10\\ 20 & & & & & & & & & 79\\ 19 & & & & & & & & & 80\\ 70 & & & & & & & & & 29\\ 50 & & & & & & & & & 49\\ 90 & & & & & & & & & 9\\ 30 & & & & & & & & & 69\\ 59 & & & & & & & & & 40\\ 60 & & & & & & & & & 39\\ 89 & 99 & 6 & 5 & 3 & 7 & 98 & 2 & 95 & 91\end{bmatrix}.$$

不难验证，$\boldsymbol{\Pi}$ 是一个 WSYMS(10).

设 $\boldsymbol{A}=(a_{i,j})_{n\times n}$ 是一个广义幻方，t 是大于 1 的整数，如果对于任意的 $e\in\{2,3,\cdots,t\}$，$\boldsymbol{A}^{*e}$ 的前 $\left[\frac{n}{2}\right]$ 行、后 $\left[\frac{n}{2}\right]$ 行、左 $\left[\frac{n}{2}\right]$ 列及右 $\left[\frac{n}{2}\right]$ 列的元素的总和是一个定值，则称 $\boldsymbol{A}$ 是一个 n 阶 t-重杨辉型广义幻方，记作 YGMS(n,t).

构造 7.1.3 设 $n\equiv 0\pmod 2$，令 $I_{n^2}=S\cup T$，其中 $|S|=4n-4$，$|T|=(n-2)^2$，且 $S\cap T=\varnothing$. 若在 S 上存在一个 WSYMF(n) 以及在 T 上存在一个幻和为 $(n-2)(n^2-1)/2$ 的 YGMS$(n-2,2)$，则存在一个 YMS$(n,2)$.

证 设 $\boldsymbol{\Pi}$ 是在 S 上的一个 WSYMF(n)，$\boldsymbol{B}=(b_{i,j})$ 是在 T 上的一个 YGMS$(n-2,2)$，且幻和为 $(n-2)(n^2-1)/2$. 把 $\boldsymbol{B}$ 填入 $\boldsymbol{\Pi}$ 的洞中，即得到一个方阵

$$\boldsymbol{A}=(a_{i,j})=\begin{bmatrix}\alpha & \boldsymbol{E} & \beta\\ \boldsymbol{F} & \boldsymbol{B} & \overline{\boldsymbol{F}}\\ \overline{\beta} & \overline{\boldsymbol{E}} & \overline{\alpha}\end{bmatrix}.$$

下证 $\boldsymbol{A}$ 是一个 YMS$(n,2)$.

由 $\boldsymbol{\Pi}$ 的性质可知 $\alpha+\overline{\alpha}=\beta+\overline{\beta}=e_i+\overline{e}_i=f_i+\overline{f}_i=n^2-1$，$i\in I_{n-2}$，$\boldsymbol{B}$ 的幻和为 $(n-2)(n^2-1)/2$.又由条件(L1)和(L2)，有

$$\sum_{i=0}^{n-1} a_{i,j} = \frac{n(n^2-1)}{2}, j \in I_n; \sum_{j=0}^{n-1} a_{i,j} = \frac{n(n^2-1)}{2}, i \in I_n;$$

$$\sum_{i=0}^{n-1} a_{i,i} = \frac{n(n^2-1)}{2}, \sum_{i=0}^{n-1} a_{i,n-i-1} = \frac{n(n^2-1)}{2}.$$

因此,$\boldsymbol{A}$ 是一个 MS(n).

下面证明 $\boldsymbol{A}$ 满足 2 次幂和性质.易知,

$$\sum_{i=0}^{\frac{n}{2}-1} \sum_{j=0}^{n-1} a_{i,j}^2 = \sum_{j=0}^{n-1} a_{0,j}^2 + \sum_{i=1}^{\frac{n}{2}-1} \sum_{j=0}^{n-1} a_{i,j}^2,$$

$$\sum_{i=\frac{n}{2}}^{n-1} \sum_{j=0}^{n-1} a_{i,j}^2 = \sum_{j=0}^{n-1} a_{n-1,j}^2 + \sum_{i=\frac{n}{2}}^{n-2} \sum_{j=0}^{n-1} a_{i,j}^2.$$

由 $\boldsymbol{\Pi}$ 的定义可得

$$\sum_{j=0}^{n-1} a_{0,j}^2 = \sum_{j=0}^{n-1} (n^2-1-a_{n-1,j})^2$$

$$= n(n^2-1)^2 - 2(n^2-1)\sum_{j=0}^{n-1} a_{n-1,j} + \sum_{j=0}^{n-1} a_{n-1,j}^2.$$

因为 $\boldsymbol{A}$ 是一个 MS(n), 所以有 $\sum_{j=0}^{n-1} a_{n-1,j} = \frac{n(n^2-1)}{2}$, 从而 $\sum_{j=0}^{n-1} a_{0,j}^2 = \sum_{j=0}^{n-1} a_{n-1,j}^2$.

因为 $\boldsymbol{B}$ 是一个 YGMS($n-2$,2), 所以有

$$\sum_{i=1}^{\frac{n}{2}-1} \sum_{j=1}^{n-2} a_{i,j}^2 = \sum_{i=\frac{n}{2}}^{n-2} \sum_{j=1}^{n-2} a_{i,j}^2.$$

由条件(L3) 可得

$$\sum_{i=1}^{\frac{n}{2}-1} \sum_{j=0}^{n-1} a_{i,j}^2 = \sum_{i=\frac{n}{2}}^{n-2} \sum_{j=0}^{n-1} a_{i,j}^2,$$

即

$$\sum_{i=0}^{\frac{n}{2}-1} \sum_{j=0}^{n-1} a_{i,j}^2 = \sum_{i=\frac{n}{2}}^{n-1} \sum_{j=0}^{n-1} a_{i,j}^2.$$

同理可得

$$\sum_{i=0}^{n-1} \sum_{j=0}^{\frac{n}{2}-1} a_{i,j}^2 = \sum_{i=0}^{n-1} \sum_{j=\frac{n}{2}}^{n-1} a_{i,j}^2.$$

综上所述, $\boldsymbol{A}$ 是一个 YMS(n,2).

7.2 偶数阶杨辉型2-重幻方的存在性

由构造7.1.3知，当n为偶数时，由WSYMF(n)和YMS($n-2,2$)可得到YMS($n,2$).本节研究当$n\equiv 2 \pmod 4$时，WSYMF(n)和YGMS($n-2,2$)的存在性.

在证明WSYMF(n)的存在性时，我们需要用到幻矩.一个$m\times n$幻矩，记为MR(m,n)，它是一个由连续整数构成的$m\times n$矩阵，且满足每行的元素总和是一个定值，称为行幻和，每列的元素总和是一个定值，称为列幻和.Harmuth[27,28]证明了MR(m,n)的存在性，即

引理7.2.1 设整数$m,n>1$,存在一个MR(m,n)当且仅当$m\equiv n \pmod 2$且$(m,n)\neq(2,2)$.

引理7.2.2 一个MR($2,n$)的第一行元素的平方和等于第二行元素的平方和.

证 设$\boldsymbol{A}=(a_{i,j})_{2\times n}$是一个MR($2,n$). 令$S_r$和$S_c$分别表示$\boldsymbol{A}$的行幻和及列幻和，可得

$$\begin{aligned}\sum_{i=0}^{n-1}(a_{0,i}^2-a_{1,i}^2)&=\sum_{i=0}^{n-1}(a_{0,i}+a_{1,i})(a_{0,i}-a_{1,i})\\&=S_c\left(\sum_{i=0}^{n-1}a_{0,i}-\sum_{i=0}^{n-1}a_{1,i}\right)\\&=S_c(S_r-S_r)=0.\end{aligned}$$

因此，$\sum_{i=0}^{n-1}a_{0,i}^2=\sum_{i=0}^{n-1}a_{1,i}^2$.

引理7.2.3 设整数$k>1$，则存在一个幻矩$\boldsymbol{H}_{2\times 2k}$及四个$I_{2k}$的子集$P_0$，$P_1$,$P_2$和$P_3$满足以下条件：

(1) $|P_0|+|P_1|=2k-1$，$|P_2|+|P_3|=2k-2$；

(2) $\sum_{j\in P_0}h_{0,j}+\sum_{j\in P_1}h_{1,j}=4k^2-5k-1$；

(3) $\sum_{j\in P_2}h_{0,j}+\sum_{j\in P_3}h_{1,j}=4k^2-5k+2$.

证 当$k\equiv 0 \pmod 2$时，不妨设$k=2q$，$\boldsymbol{H}=(h_{i,j})_{2\times 2k}$，其中

$$h_{i,j}=\begin{cases}j, & i=0,j\in I_q\cup(I_{4q}\setminus I_{3q})\text{或}i=1,j\in I_{3q}\setminus I_q,\\8q-1-j, & i=0,j\in I_{3q}\setminus I_q\text{或}i=1,j\in I_q\cup(I_{4q}\setminus I_{3q}).\end{cases}$$

容易看出$\boldsymbol{H}_{2\times 2k}$是一个 MR(2,2k). 令

$$P_0=I_{2q-1},$$
$$P_1=\{i\mid 1\leqslant i\leqslant 2q-2\}\cup\{3q-2,3q\},$$
$$P_2=(I_{2q}\setminus I_q)\cup(I_{3q}\setminus I_{2q+1}),$$
$$P_3=(I_{2q-1}\setminus I_q)\cup(I_{3q}\setminus I_{2q}).$$

此时 P_0,P_1,P_2 和 P_3 满足条件(1),有

$$\begin{aligned}&\sum_{j\in P_0}h_{0,j}+\sum_{j\in P_1}h_{1,j}\\&=\sum_{j=0}^{2q-2}h_{0,j}+\sum_{j=1}^{2q-2}h_{1,j}+h_{1,3q-2}+h_{1,3q}\\&=\sum_{j=0}^{q-1}j+\sum_{j=q}^{2q-2}(8q-1-j)+\sum_{j=1}^{q-1}(8q-1-j)+\sum_{j=q}^{2q-2}j+8q-3\\&=(2q-2)(8q-1)+8q-3\\&=4k^2-5k-1.\end{aligned}$$

$$\begin{aligned}&\sum_{j\in P_2}h_{0,j}+\sum_{j\in P_3}h_{1,j}\\&=\sum_{j=q}^{2q-1}h_{0,j}+\sum_{j=2q+1}^{3q-1}h_{0,j}+\sum_{j=q}^{2q-2}h_{1,j}+\sum_{j=2q}^{3q-1}h_{1,j}\\&=\sum_{j=q}^{2q-1}(8q-1-j)+\sum_{j=2q+1}^{3q-1}(8q-1-j)+\sum_{j=q}^{2q-2}j+\sum_{j=2q}^{3q-1}j\\&=(8q-1)(2q-1)+1\\&=4k^2-5k+2.\end{aligned}$$

即当 $k\equiv 0(\bmod 2)$时,满足题中三个条件.

当 $k\equiv 1(\bmod 2)$时,不妨设 $k=2q+1$. 令

$$\boldsymbol{G}=(g_{i,j})=\begin{bmatrix}2&6&0&7&8&10\\9&5&11&4&3&1\end{bmatrix}.$$

显然,$\boldsymbol{G}$ 是一个 MR(2,6).

对 $q>1$, 令

$$\boldsymbol{N}_t=(n_{i,j}^{(t)})=\begin{bmatrix}0&8t+2&8t+1&3\\8t+3&1&2&8t\end{bmatrix},t=1,2,\cdots,q.$$

易知,$\boldsymbol{N}_t$ 是在$\{0,1,2,3,8t,8t+1,8t+2,8t+3\}$上的一个广义 MR(2,4).令$\boldsymbol{H}_{2\times(4t+2)}=(h_{i,j}^{(t)})$, 其中

$$h_{i,j}^{(1)}=g_{i,j},i\in I_2,j\in I_6,$$

当 $1<t\leqslant q$ 时,

$$h_{i,j}^{(t)}=\begin{cases}h_{i,j}^{(t-1)}+4, & i\in I_2, j\in I_{4t-2};\\ n_{i,j-4t+2}^{(t)}, & i\in I_2, j\in I_{4t+2}\setminus I_{4t-2},\end{cases} \tag{7-4}$$

易知，$\boldsymbol{H}_{2\times(4t+2)}$是一个 MR$(2,4t+2)$.

令 $T=\{7,8\}\cup\{11,12\}\cup\cdots\cup\{4q-5,4q-4\}\cup\{4q-1,4q\}$,

$P_0=I_{4q+2}\cap(\{0,4q-2\}\cup T)$, $P_1=I_{4q+2}\cap(\{2,3,4\}\cup T)$,

$P_2=I_{4q+2}\cap(\{0,3\}\cup T)$, $P_3=I_{4q+2}\cap(\{0,1\}\cup T)$,

此时 P_0,P_1,P_2 和 P_3 满足条件(1)，下面证明 $\boldsymbol{H}_{2\times(4t+2)}$ 满足条件(2)，即满足等式

$$\sum_{j\in P_0}h_{0,j}+\sum_{j\in P_1}h_{1,j}=4k^2-5k-1.$$

事实上，当 $q=1$，$k=3$ 时，有

$$\sum_{j\in P_0}h_{0,j}^{(1)}+\sum_{j\in P_1}h_{1,j}^{(1)}=g_{0,0}+g_{0,2}+\sum_{j=2}^{4}g_{1,j}=20=4k^2-5k-1.$$

不妨设当 $q=m-1$，$k=2m-1$ 时，满足条件(2)，即

$$\begin{aligned}&\sum_{j\in P_0}h_{0,j}^{(m-1)}+\sum_{j\in P_1}h_{1,j}^{(m-1)}\\ &=h_{0,0}^{(m-1)}+h_{0,4(m-1)-2}^{(m-1)}+\sum_{j\in T\setminus\{4m-1,4m\}}h_{0,j}^{(m-1)}+\sum_{j=2}^{4}h_{1,j}^{(m-1)}+\sum_{j\in T\setminus\{4m-1,4m\}}h_{1,j}^{(m-1)}\\ &=4(2m-1)^2-5(2m-1)-1.\end{aligned}$$

当 $q=m$ 时，易知 $h_{0,4(m-1)-2}^{(m-1)}=n_{0,0}^{(m-1)}=0$.由式(7-4)和假设，我们有

$$\begin{aligned}&\sum_{j\in P_0}h_{0,j}^{(m)}+\sum_{j\in P_1}h_{1,j}^{(m)}\\ &=h_{0,0}^{(m)}+h_{0,4m-2}^{(m)}+\sum_{j\in T}h_{0,j}^{(m)}+\sum_{j=2}^{4}h_{1,j}^{(m)}+\sum_{j\in T}h_{1,j}^{(m)}\\ &=(h_{0,0}^{(m-1)}+4)+h_{0,4m-2}^{(m)}+\sum_{j\in T\setminus 4m-1,4m}(h_{0,j}^{(m-1)}+4)+h_{0,4m-1}^{(m)}+h_{0,4m}^{(m)}+\\ &\sum_{j=2}^{4}(h_{1,j}^{(m-1)}+4)+\sum_{j\in T\setminus 4m-1,4m}(h_{1,j}^{(m-1)}+4)+h_{1,4m-1}^{(m)}+h_{1,4m}^{(m)}\\ &=4(2m-1)^2-5(2m-1)-1+4(4m-4)+16m-2\\ &=4k^2-5k-1.\end{aligned}$$

即条件(2)成立.

同理可证，条件(3)成立，即

$$\sum_{j\in P_2}h_{0,j}+\sum_{j\in P_3}h_{1,j}=4k^2-5k+2.$$

引理 7.2.4 对所有的 $n\equiv 2(\mathrm{mod}\ 4)$，$n>6$，都存在一个 WSYMF$(n)$.

证 设 $n=4k+2$，$S=S_0\cup S_1\cup S_2\cup S_3$，其中，

$$S_0=\{0,1,\cdots,n-2\},S_1=\{in\mid 1\leqslant i\leqslant n-1\},$$
$$S_2=\{in+(n-1)\mid 0\leqslant i\leqslant n-2\},\ S_3=\{n(n-1)+i\mid 1\leqslant i\leqslant n-1\},$$

则 S 是 I_{n^2} 的含有 $(4n-4)$ 个元素的子集. 由引理 7.2.3 知，存在一个幻矩 $\boldsymbol{H}_{2\times 2k}=(h_{i,j})$ 和四个 I_{2k} 的子集 P_0,P_1,P_2,P_3，满足条件(1)－(3).我们利用 MR(2,2k) 构造在 S 上的 WSYMF(n).令 $Q_0=\{2k+i\mid i\in P_1\}$,$Q_1=\{2k+i\mid i\in P_3\}$，显然,$Q_0,Q_1\subset(I_{4k}\setminus I_{2k})$.设 $\alpha=n-2$，$\beta=n$,$\boldsymbol{E}=(e_0,e_1,\cdots,e_{n-3})$，$\boldsymbol{F}=(f_0,f_1,\cdots,f_{n-3})^{\mathrm{T}}$,其中，

$$e_i=\begin{cases}h_{0,i}, & i\in P_0;\\ n^2-1-h_{0,i}, & i\in I_{2k}\setminus P_0;\\ h_{1,i-2k}, & i\in Q_0;\\ n^2-1-h_{1,i-2k}, & i\in(I_{4k}\setminus I_{2k})Q_0;\end{cases}\tag{7-5}$$

$$f_i=\begin{cases}n^2-1-n(h_{0,i}+2), & i\in P_2;\\ n(h_{0,i}+2), & i\in I_{2k}\setminus P_2;\\ n^2-1-n(h_{1,i-2k}+2), & i\in Q_1;\\ n(h_{1,i-2k}+2), & i\in(I_{4k}\setminus I_{2k})Q_1.\end{cases}\tag{7-6}$$

容易看出,$\boldsymbol{E}$ 和$\overline{\boldsymbol{E}}$的元素集在 $S_0\cup S_3$ 上，$\boldsymbol{F}$ 和$\overline{\boldsymbol{F}}$的元素集在 $S_1\cup S_2$ 上.现在证明由上述 $\alpha,\beta,\boldsymbol{E},\boldsymbol{F}$ 构成的形如式(7-3)的 $\boldsymbol{\Pi}$ 即为一个 WSYMF(n).

由式(7-5),有

$$\begin{aligned}\sum_{i=0}^{n-3}e_i&=\sum_{i\in P_0\cup Q_0}e_i+\sum_{i\in I_{4k}\setminus(P_0\cup Q_0)}e_i\\ &=\sum_{i\in P_0}h_{0,i}+\sum_{i\in Q_0}h_{1,i-2k}+\sum_{i\in I_{2k}\setminus P_0}(n^2-1-h_{0,i})+\sum_{i\in(I_{4k}\setminus I_{2k})Q_0}(n^2-1-h_{1,i-2k})\\ &=\sum_{i\in P_0}h_{0,i}+\sum_{i\in P_1}h_{1,i}+\sum_{i\in I_{2k}\setminus P_0}(n^2-1-h_{0,i})+\sum_{i\in I_{2k}\setminus P_1}(n^2-1-h_{1,i}).\end{aligned}$$

根据引理 7.2.3 中的条件(2)，可得

$$\sum_{i\in I_{2k}\setminus P_0}h_{0,i}+\sum_{i\in I_{2k}\setminus P_1}h_{1,i}=\frac{4k(4k-1)}{2}-(4k^2-5k-1).$$

因为$|P_0|+|P_1|=2k-1$,所以

$$\begin{aligned}\sum_{i=0}^{n-3}e_i&=4k^2-5k-1+(2k+1)(n^2-1)-\left[\frac{4k(4k-1)}{2}-(4k^2-5k-1)\right]\\ &=\frac{n(n^2-1)}{2}-(2n-2),\end{aligned}$$

即 $\alpha+\beta+\sum_{i=0}^{n-3}e_i=\frac{n(n^2-1)}{2}$，此时满足定义 7.1.1 中的条件(L1).

因为

$$|P_2|+|Q_1|=|P_2|+|P_3|=2k-2,$$

又由式(7-6),所以有

$$\begin{aligned}\sum_{i=0}^{n-3}f_i&=\sum_{i\in P_2\cup Q_1}f_i+\sum_{i\in I_{4k}\setminus(P_2\cup Q_1)}f_i\\&=\sum_{i\in P_2}[n^2-1-n(h_{0,i}+2)]+\sum_{i\in Q_1}[n^2-1-n(h_{1,i-2k}+2)]+\\&\quad\sum_{i\in I_{2k}\setminus P_2}n(h_{0,i}+2)+\sum_{i\in(I_{4k}\setminus I_{2k})\setminus Q_1}n(h_{1,i-2k}+2)\\&=(2k-2)(n^2-1)+8n-n\Big(\sum_{i\in P_2}h_{0,i}+\sum_{i\in P_3}h_{1,i}\Big)+\\&\quad n\Big(\sum_{i\in I_{2k}\setminus P_2}h_{0,i}+\sum_{i\in I_{2k}\setminus P_3}h_{1,i}\Big).\end{aligned}$$

根据引理 7.2.3 中的条件(3),有

$$\sum_{i\in I_{2k}\setminus P_2}h_{0,i}+\sum_{i\in I_{2k}\setminus P_3}h_{1,i}=\frac{4k(4k-1)}{2}-(4k^2-5k+2),$$

因此,

$$\begin{aligned}\sum_{i=0}^{n-3}f_i&=(2k-2)(n^2-1)+8n-n(4k^2-5k+2)+\\&\quad n\left[\frac{4k(4k-1)}{2}-(4k^2-5k+2)\right]\\&=(2k-2)(n^2-1)+4n(2k+1)\\&=\frac{(n-6)(n^2-1)}{2}+2n^2,\end{aligned}$$

所以,

$$\alpha+\bar{\beta}+\sum_{i=0}^{n-3}f_i=n^2-3+\frac{(n-6)(n^2-1)}{2}+2n^2=\frac{n(n^2-1)}{2},$$

即满足定义 7.1.1 中的条件(L2).

现在证明 $\boldsymbol{\Pi}$ 满足定义 7.1.1 中的条件(L3)和(L4).由式(7-5)可得

$$\begin{aligned}\sum_{i=0}^{\frac{n}{2}-2}(e_i^2+\bar{e}_i^2)&=\left(\frac{n}{2}-1\right)(n^2-1)^2+2\sum_{i=0}^{2k-1}e_i^2-2(n^2-1)\sum_{i=0}^{2k-1}e_i\\&=\left(\frac{n}{2}-1\right)(n^2-1)^2+2\Big[\sum_{i\in P_0}h_{0,i}^2+\sum_{i\in I_{2k}\setminus P_0}(n^2-1-h_{0,i})^2\Big]-\\&\quad 2(n^2-1)\Big[\sum_{i\in P_0}h_{0,i}+\sum_{i\in I_{2k}\setminus P_0}(n^2-1-h_{0,i})\Big]\\&=\left(\frac{n}{2}-1\right)(n^2-1)^2+2\sum_{i=0}^{2k-1}h_{0,i}^2-2(n^2-1)\sum_{i=0}^{2k-1}h_{0,i}.\end{aligned}$$

同理可以得到

$$\sum_{i=\frac{n}{2}-1}^{n-3}(e_i^2+\overline{e}_i^2)=\left(\frac{n}{2}-1\right)(n^2-1)^2+2\sum_{i=0}^{2k-1}h_{1,i}^2-2(n^2-1)\sum_{i=0}^{2k-1}h_{1,i}.$$

因为 $\boldsymbol{H}$ 是一个幻矩，所以由引理 7.2.2 有

$$\sum_{i=0}^{2k-1}h_{0,i}=\sum_{i=0}^{2k-1}h_{1,i},\sum_{i=0}^{2k-1}h_{0,i}^2=\sum_{i=0}^{2k-1}h_{1,i}^2.$$

根据上面的式子可得

$$\sum_{i=0}^{\frac{n}{2}-1}(e_i^2+\overline{e}_i^2)=\sum_{i=\frac{n}{2}}^{n-3}(e_i^2+\overline{e}_i^2).$$

同理可以证明

$$\sum_{i=0}^{\frac{n}{2}-1}(f_i^2+\overline{f}_i^2)=\sum_{i=\frac{n}{2}}^{n-3}(f_i^2+\overline{f}_i^2).$$

综上所述，$\boldsymbol{\Pi}$ 是一个 WSYMF(n).

例 7.2.1 设 $n=10$，则 $k=2$. 令

$$S_0=\{0,1,\cdots,8\},\ S_1=\{10,20,\cdots,90\},$$
$$S_2=\{9,19,\cdots,89\},\ S_3=\{91,92,\cdots,99\}.$$

令 $\boldsymbol{H}_{2\times4}=(h_{i,j})$，其中，

$$h_{i,j}=\begin{cases}j, & i=0,j=0,3\text{ 或 }i=1,j=1,2;\\ 7-j, & i=0,j=1,2\text{ 或 }i=1,j=0,3.\end{cases}$$

即 $\boldsymbol{H}_{2\times4}=\begin{bmatrix}0&6&5&3\\7&1&2&4\end{bmatrix}$. 容易验证，$\boldsymbol{H}$ 是一个 MR(2,4).

令 $P_0=\{0\}$，$P_1=\{1,3\}$，$P_2=\{1\}$，$P_3=\{2\}$，$Q_0=\{i+4|i\in P_1\}=\{5,7\}$，$Q_1=\{i+4|i\in P_3\}=\{6\}$.令 $\alpha=8$，$\beta=10$，$\boldsymbol{E}=(e_0,e_1,\cdots,e_7)$，$\boldsymbol{F}=(f_0,f_1,\cdots,f_7)^{\mathrm{T}}$，其中，

$$e_i=\begin{cases}h_{0,i}, & i\in P_0;\\ 99-h_{0,i}, & i\in I_4\backslash P_0;\\ h_{1,i-4}, & i\in Q_0;\\ 99-h_{1,i-4}, & i\in(I_8\backslash I_4)\backslash Q_0;\end{cases}$$

$$f_i=\begin{cases}99-10(h_{0,i}+2), & i\in P_2;\\ 10(h_{0,i}+2), & i\in I_4\backslash P_2;\\ 99-10(h_{1,i-4}+2), & i\in Q_1;\\ 10(h_{1,i-4}+2), & i\in(I_8\backslash I_4)Q_1.\end{cases}$$

即 $\boldsymbol{E}=(0,93,94,96,92,1,97,4),\boldsymbol{F}=(20,19,70,50,90,30,59,60)^{\mathrm{T}}$.

此时得到的 $\boldsymbol{\Pi}=\begin{bmatrix}\alpha & \boldsymbol{E} & \beta \\ \boldsymbol{F} & & \overline{\boldsymbol{F}} \\ \overline{\beta} & \overline{\boldsymbol{E}} & \overline{\alpha}\end{bmatrix}$ 即为例 7.1.2 中给出的 WSYMF(10).

引理 7.2.5 对于 $n\equiv 2(\bmod 4)$,在 I_{n^2} 上存在一个幻和为 $(n-2)(n^2-1)/2$ 的 YGMS$(n-2,2)$.

证 设 $n=4k+2$，令

$$\boldsymbol{C}=(c_{i,j})_{4k\times 4k},\ c_{i,j}=(i+1)n+j+1.$$

可以看出,$\boldsymbol{C}$ 中的元素跑遍 I_{n^2}. 令 $T=I_k\cup(I_{4k}\backslash I_{3k})$，$\boldsymbol{B}=(b_{i,j})$，其中，

$$b_{i,j}=\begin{cases}c_{i,j}, & i,j\in T \text{ 或 } i,j\in I_{3k}\backslash I_k;\\ c_{4k-i-1,4k-j-1}, & i\in T,j\in I_{3k}\backslash I_k \text{ 或 } i\in I_{3k}\backslash I_k,j\in T.\end{cases} \tag{7-7}$$

下证 $\boldsymbol{B}$ 是一个 YGMS$(4k,2)$.

对任意的 $i\in I_k\cup(I_{4k}\backslash I_{3k})$，有

$$\begin{aligned}\sum_{j=0}^{4k-1}b_{i,j}&=\sum_{j=0}^{k-1}c_{i,j}+\sum_{j=k}^{3k-1}c_{4k-i-1,4k-j-1}+\sum_{j=3k}^{4k-1}c_{i,j}\\&=\sum_{j=0}^{k-1}[(i+1)n+j+1]+\sum_{j=k}^{3k-1}[(4k-i)n+4k-j]+\\&\quad\sum_{j=3k}^{4k-1}[(i+1)n+j+1]\\&=2k[(4k+1)n+2]+\sum_{j=0}^{4k-1}j\\&=\frac{(n-2)(n^2-1)}{2}.\end{aligned}$$

同样,对任意 $i\in I_{3k}\backslash I_k$，可得 $\sum\limits_{j=0}^{4k-1}b_{i,j}=\dfrac{(n-2)(n^2-1)}{2}$,所以

$$\sum_{j=0}^{4k-1}b_{i,j}=\frac{(n-2)(n^2-1)}{2},i\in I_{4k}.$$

同理可得

$$\sum_{i=0}^{4k-1}b_{i,j}=\frac{(n-2)(n^2-1)}{2},j\in I_{4k},$$

$$\sum_{i=0}^{4k-1}b_{i,i}=\sum_{i=0}^{4k-1}b_{i,4k-i-1}=\frac{(n-2)(n^2-1)}{2},$$

故 $\boldsymbol{B}$ 是一个 $n-2$ 阶广义幻方.

下证 $\boldsymbol{B}$ 满足 2 次幂和性质. 令 $M=\sum\limits_{i=0}^{2k-1}\sum\limits_{j=0}^{2k-1}b_{i,j}^2-\sum\limits_{i=2k}^{4k-1}\sum\limits_{j=2k}^{4k-1}b_{i,j}$，则有

$$M=\sum_{i=0}^{2k-1}\sum_{j=0}^{2k-1}(b_{i,j}^2-b_{i+2k,j+2k}^2)$$
$$=\sum_{i=0}^{2k-1}\sum_{j=0}^{2k-1}(b_{i,j}+b_{i+2k,j+2k})(b_{i,j}-b_{i+2k,j+2k}).$$

由式(7-7)，可得

$$M=\sum_{i=0}^{k-1}\sum_{j=0}^{k-1}(c_{i,j}+c_{i+2k,j+2k})(c_{i,j}-c_{i+2k,j+2k})+\sum_{i=0}^{k-1}\sum_{j=k}^{2k-1}(c_{4k-i-1,4k-i-j}+c_{2k-i-1,2k-j+1})(c_{4k-i-1,4k-i-j}-c_{2k-i-1,2k-j+1})+\sum_{i=k}^{2k-1}\sum_{j=0}^{k-1}(c_{4k-i-1,4k-i-j}+c_{2k-i-1,2k-j+1})(c_{4k-i-1,4k-i-j}-c_{2k-i-1,2k-j+1})+\sum_{i=k}^{2k-1}\sum_{j=k}^{2k-1}(c_{i,j}+c_{i+2k,j+2k})(c_{i,j}-c_{i+2k,j+2k})$$
$$=\sum_{i=0}^{k-1}\sum_{j=0}^{k-1}[2ni+2j+(2n+2)(k+1)](-2kn-2k)+\sum_{i=0}^{k-1}\sum_{j=k}^{2k-1}(6kn+6k-2ni-2j)(2kn+2k)+\sum_{i=k}^{2k-1}\sum_{j=0}^{k-1}(6kn+6k-2ni-2j)(2kn+2k)+\sum_{i=k}^{2k-1}\sum_{j=k}^{2k-1}[2ni+2j+(2n+2)(k+1)](-2kn-2k)$$
$$=2k^2(2kn+2k)[(6kn+6k)-(2n+2)(k+1)]-2k^2(2kn+2k)(4k-2)(n+1)$$
$$=0.$$

因此，

$$\sum_{i=0}^{2k-1}\sum_{j=0}^{2k-1}b_{i,j}^2=\sum_{i=2k}^{4k-1}\sum_{j=2k}^{4k-1}b_{i,j}^2.$$

同理可证

$$\sum_{i=0}^{2k-1}\sum_{j=2k}^{4k-1}b_{i,j}^2=\sum_{i=2k}^{4k-1}\sum_{j=0}^{2k-1}b_{i,j}^2.$$

综上所述，$\boldsymbol{B}$ 是一个 YGMS$(n-2,2)$.

定理 7.2.1 对所有整数 $n\equiv 2(\bmod 4)$，$n\geqslant 6$，都存在一个 YMS$(n,2)$.

证 当 $n=2$ 时，显然不存在 YMS(2,2).当 $n=6$ 时，在例 7.1.1 中给出一个 YMS(6,2).当 $n>6$ 时，由引理 7.2.4 知存在一个 WSYMF(n)，由引理 7.2.5 知存在一个幻和为$(n-2)(n^2-1)/2$ 的 YGMS$(n-2,2)$.故由构造 7.1.3 知，当 $n\equiv 2(\bmod 4)$，$n>6$ 时，存在一个 YMS$(n,2)$.

7.3 奇数阶杨辉型2-重幻方

本节利用杨辉型强对称自正交行拉丁幻方阵构造奇数阶杨辉型幻方.

一个 n 阶行拉丁幻方阵,记作 RLS(n),是一个在 I_n 上的 $n\times n$ 方阵,满足 I_n 中的元素在方阵中的每一行当且仅当出现过一次,且每列的元素和是一个定值.如果一个 n 阶行拉丁方 $\boldsymbol{X}$ 的 n^2 个序对$(x_{i,j},x_{j,i})$两两互异,则称其是自正交的,记为 SORLS(n).如果对任意的 $0\leqslant i,j\leqslant n-1$, $x_{i,j}+x_{n-1-i,n-1-j}=n-1$, 则称 $\boldsymbol{X}=(x_{i,j})$是一个强对称的 SORLS(n),记作 SSSORLS(n).

设 $\boldsymbol{X}$ 是一个奇数阶的 SSSORLS(n), t 是大于1的整数,如果 $\boldsymbol{X}$ 的中间列是 I_n 上的一个全排列,且对任意的 $2\leqslant e\leqslant t$, $(n\boldsymbol{X}+\boldsymbol{X}^{\mathrm{T}})^{*e}$ 的中间行、中间列的元素和都等于$\frac{1}{n}S(n,e)$,则称 $\boldsymbol{X}$ 是杨辉型 SSSORLS(n),记为 YSSSORLS(n, t). 例如,一个 YSSSORLS(9,2)如下:

$$\boldsymbol{X}=\begin{bmatrix}0&4&2&3&8&5&6&1&7\\8&1&6&5&7&3&2&0&4\\0&1&2&4&6&3&5&7&8\\8&7&6&3&5&2&4&1&0\\7&0&5&2&4&6&3&8&1\\8&7&4&6&3&5&2&1&0\\0&1&3&5&2&4&6&7&8\\4&8&6&5&1&3&2&7&0\\1&7&2&3&0&5&6&4&8\end{bmatrix}.$$

构造 7.3.1 设 n 是奇数,如果存在一个 YSSSORLS(n,2),则存在一个 YMS(n,2).

证 设$\boldsymbol{U}=(u_{i,j})$是一个 YSSSORLS(n,2), $\boldsymbol{A}=(a_{i,j})=n\boldsymbol{U}+\boldsymbol{U}^{\mathrm{T}}$.下证 $\boldsymbol{A}$ 是一个 YMS(n,2).

对任意的 $j\in I_n$, 有

$$\begin{aligned}\sum_{i=0}^{n-1}a_{i,j}&=\sum_{i=0}^{n-1}(nu_{i,j}+u_{j,i})\\&=n\sum_{i=0}^{n-1}u_{i,j}+\sum_{i=0}^{n-1}u_{j,i}\end{aligned}$$

$$=n\frac{n(n-1)}{2}+\frac{n(n-1)}{2}$$
$$=\frac{n(n^2-1)}{2}.$$

同样,我们可以证明:对任意的 $i\in I_n$,

$$\sum_{j=0}^{n-1}a_{i,j}=\frac{n(n^2-1)}{2},$$
$$\sum_{i=0}^{n-1}a_{i,i}=\frac{n(n^2-1)}{2},$$
$$\sum_{i=0}^{n-1}a_{i,n-1-i}=\frac{n(n^2-1)}{2}.$$

所以 $\boldsymbol{A}$ 是一个 MS(n).

根据 YSSSORLS(n,2)的定义,我们可以得到

$$\sum_{i=0}^{n-1}a_{i,\frac{n-1}{2}}^2=\frac{1}{n}S(n,2),\ \sum_{j=0}^{n-1}a_{\frac{n-1}{2},j}^2=\frac{1}{n}S(n,2).$$

因为 $\boldsymbol{U}$ 是强对称的,所以有

$$\begin{aligned}\sum_{i=0}^{\frac{n-3}{2}}\sum_{j=0}^{n-1}a_{i,j}^2&=\sum_{i=0}^{\frac{n-3}{2}}\sum_{j=0}^{n-1}(nu_{i,j}+u_{j,i})^2\\&=\sum_{i=\frac{n+1}{2}}^{n-1}\sum_{j=0}^{n-1}[n(n-1-u_{i,j})+n-1-u_{j,i}]^2\\&=\sum_{i=\frac{n+1}{2}}^{n-1}\sum_{j=0}^{n-1}[(n^2-1)^2-2(n^2-1)(nu_{i,j}+u_{j,i})]+\\&\quad\sum_{i=\frac{n+1}{2}}^{n-1}\sum_{j=0}^{n-1}(nu_{i,j}+u_{j,i})^2.\end{aligned}$$

又因为

$$\begin{aligned}&\sum_{i=\frac{n+1}{2}}^{n-1}\sum_{j=0}^{n-1}[(n^2-1)^2-2(n^2-1)(nu_{i,j}+u_{j,i})]\\&=\sum_{i=\frac{n+1}{2}}^{n-1}\left[n(n^2-1)^2-2(n^2-1)\left(n\sum_{j=0}^{n-1}u_{i,j}+\sum_{j=0}^{n-1}u_{j,i}\right)\right]\\&=\sum_{i=\frac{n+1}{2}}^{n-1}\left\{n(n^2-1)^2-2(n^2-1)\left[n\frac{n(n-1)}{2}+\frac{n(n-1)}{2}\right]\right\}\\&=0,\end{aligned}$$

所以

$$\sum_{i=0}^{\frac{n-3}{2}}\sum_{j=0}^{n-1}a_{i,j}^{2}=\sum_{i=\frac{n+1}{2}}^{n-1}\sum_{j=0}^{n-1}a_{i,j}^{2}.$$

同理,可以证明

$$\sum_{i=0}^{n-1}\sum_{j=0}^{\frac{n-3}{2}}a_{i,j}^{2}=\sum_{i=0}^{n-1}\sum_{j=\frac{n+1}{2}}^{n-1}a_{i,j}^{2}.$$

综上所述，$\boldsymbol{A}$ 是一个 YMS$(n,2)$.

要构造一个奇数阶的 YMS$(n,2)$，根据构造 7.3.1，即要构造一个 YSSSORLS$(n,2)$.下面我们将用不完全强对称自正交行拉丁幻方阵来构造 YSSSORLS$(n,2)$.

设 S 是一个 n 元集合，B 是 S 的一个 b 元子集合.一个不完全强对称自正交行拉丁幻方阵 $\boldsymbol{L}$ 是一个在 S 上的 $n\times n$ 阵列,记作 IRLS$(n;b)$，并满足下列条件：

(1) $\boldsymbol{L}$ 中的每一个位置要么为空，要么是 S 中的元素；

(2) 下标由 $B\times B$ 标记的子阵列为空(空的子阵列称为洞)；

(3) S 中的每一个元素在 $\boldsymbol{L}$ 的每一行中至多出现一次，且元素 $s\in S$ 在 $\boldsymbol{L}$ 的 t 行出现当且仅当 $(s,t)\in(S\times S)\backslash(B\times B)$；

(4) $\boldsymbol{L}$ 的任意没有空位的列的列和为 $\dfrac{1}{n}\sum\limits_{i\in S}i$，其他列和均相等.

设 $\boldsymbol{L}_1$ 和 $\boldsymbol{L}_2$ 是两个在集合 S 上的有相同洞集 B 的 IRLS$(n;b)$,如果 $\boldsymbol{L}_1$ 和 $\boldsymbol{L}_2$ 重叠起来正好是 $(S\times S)\backslash(B\times B)$ 的所有有序元素对,那么 $\boldsymbol{L}_1$ 和 $\boldsymbol{L}_2$ 是正交的.如果 $\boldsymbol{L}_2$ 是 $\boldsymbol{L}_1$ 的转置，则称 $\boldsymbol{L}_1$ 是自正交的，记为 ISORLS$(n;b)$.

设 $\boldsymbol{L}$ 是 I_n 上的 ISORLS$(n;b)$,如果 $\boldsymbol{L}$ 的任意元素和它的中心对称元素相加都等于 $n-1$,则称 $\boldsymbol{L}$ 是强对称 ISORLS$(n;b)$,记作 ISSSORLS$(n;b)$.

例 7.3.1 设 $n=15$,

$$
\boldsymbol{L}=\begin{bmatrix}
0 & 13 & 2 & 3 & 4 & 5 & 6 & 1 & 10 & 9 & 8 & 11 & 12 & 7 & 14\\
7 & 1 & 12 & 11 & 10 & 9 & 8 & 14 & 4 & 5 & 6 & 3 & 2 & 13 & 0\\
0 & 13 & & & & & & & & & & & & 1 & 14\\
14 & 1 & & & & & & & & & & & & 13 & 0\\
14 & 13 & & & & & & & & & & & & 0 & 1\\
14 & 13 & & & & & & & & & & & & 1 & 0\\
0 & 1 & & & & & & & & & & & & 14 & 13\\
0 & 1 & & & & & & & & & & & & 13 & 14\\
1 & 0 & & & & & & & & & & & & 13 & 14\\
14 & 13 & & & & & & & & & & & & 1 & 0\\
13 & 14 & & & & & & & & & & & & 1 & 0\\
14 & 1 & & & & & & & & & & & & 13 & 0\\
0 & 13 & & & & & & & & & & & & 1 & 14\\
14 & 1 & 12 & 11 & 8 & 9 & 10 & 0 & 6 & 5 & 4 & 3 & 2 & 13 & 7\\
0 & 7 & 2 & 3 & 6 & 5 & 4 & 13 & 8 & 9 & 10 & 11 & 12 & 1 & 14
\end{bmatrix}.
$$

容易验证，$\boldsymbol{L}$ 是一个 ISSSORLS(15;11).

令 $\boldsymbol{J}_{n\times n}$ 是一个元素全为 1 的方阵.为方便起见，我们将 $\boldsymbol{J}_{n\times n}$ 写为 $\boldsymbol{J}_n$.

引理 7.3.1 设奇数 $n\geqslant 9$，如果存在一个 YSSSORLS$(n-4,2)$，则存在一个 YSSSORLS$(n,2)$.

证 设 $n=2k+5$，$k\geqslant 2$，$\boldsymbol{E}$ 是一个 YSSSORLS$(n-4,2)$，$\boldsymbol{F}=\boldsymbol{E}+2\boldsymbol{J}_{n-4}$. 当 $k\equiv 0 \pmod 2$ 时，令

$$
L_0=\begin{bmatrix}
0 & k+2 & 2 & \cdots & k+1 & 2k+4 & k+3 & \cdots & 2k+2 & 1 & 2k+3 \\
2k+4 & 1 & 2k+2 & \cdots & k+3 & 2k+3 & k+1 & \cdots & 2 & 0 & k+2 \\
0 & 1 & & & & & & & & 2k+3 & 2k+4 \\
2k+4 & 2k+3 & & & & & & & & 1 & 0 \\
\vdots & \vdots & & & & & & & & \vdots & \vdots \\
0 & 1 & & & & & & & & 2k+3 & 2k+4 \\
2k+4 & 2k+3 & & & & & & & & 1 & 0 \\
2k+3 & 0 & & & & & & & & 2k+4 & 1 \\
2k+4 & 2k+3 & & & & & & & & 1 & 0 \\
0 & 1 & & & & & & & & 2k+3 & 2k+4 \\
\vdots & \vdots & & & & & & & & \vdots & \vdots \\
2k+4 & 2k+3 & & & & & & & & 1 & 0 \\
0 & 1 & & & & & & & & 2k+3 & 2k+4 \\
k+2 & 2k+4 & 2k+2 & \cdots & k+3 & 1 & k+1 & \cdots & 2 & 2k+3 & 0 \\
1 & 2k+3 & 2 & \cdots & k+1 & 0 & k+3 & \cdots & 2k+2 & k+2 & 2k+4
\end{bmatrix}.
$$

易知，$\boldsymbol{L}_0$ 是一个 ISSSORLS$(n;n-4)$.将 $\boldsymbol{F}$ 填入 $\boldsymbol{L}_0$ 的洞中，我们得到一个矩阵 $\boldsymbol{A}$. 容易看出，$\boldsymbol{A}$ 是一个 SSSORLS$(n,2)$.下证 $\boldsymbol{A}$ 是 YSSSORLS$(n,2)$.

$$
\begin{aligned}
\sum_{j=0}^{n-1}\left(na_{\frac{n-1}{2},j}+a_{j,\frac{n-1}{2}}\right)^2 &= \sum_{j=0}^{n-1} n^2 a_{\frac{n-1}{2},j}^2+\sum_{j=0}^{n-1} a_{j,\frac{n-1}{2}}^2+2n\sum_{j=0}^{n-1} a_{\frac{n-1}{2},j}\cdot a_{j,\frac{n-1}{2}} \\
&=(n^2+1)\sum_{j=0}^{n-1} j^2+2n\sum_{j=0}^{n-1} a_{\frac{n-1}{2},j}\cdot a_{j,\frac{n-1}{2}}.
\end{aligned}
$$

因为 $\boldsymbol{E}$ 是一个 YSSSORLS$(n-4,2)$，故有

$$
\begin{aligned}
\sum_{j=0}^{n-1} a_{\frac{n-1}{2},j}a_{j,\frac{n-1}{2}} &= (n-2)(n-1)+(n-1)+\sum_{j=0}^{n-5} f_{\frac{n-5}{2},j}\, f_{j,\frac{n-5}{2}} \\
&=(n-1)^2+\sum_{j=0}^{n-5}\left(e_{\frac{n-5}{2},j}+2\right)\left(e_{j,\frac{n-5}{2}}+2\right) \\
&=(n-1)^2+2(n-4)(n-5)+4(n-4)+\sum_{j=0}^{n-5} e_{\frac{n-5}{2},j}\, e_{j,\frac{n-5}{2}} \\
&=(n-1)^2+2(n-4)(n-3)+ \\
&\quad \frac{\dfrac{S(n-4,2)}{n-4}-[(n-4)^2+1]\displaystyle\sum_{j=0}^{n-5} j^2}{2(n-4)}.
\end{aligned}
$$

因此，

$$
\sum_{j=0}^{n-1}\left(na_{\frac{n-1}{2},j}+a_{j,\frac{n-1}{2}}\right)^2
$$

$$=(n^2+1)\sum_{j=0}^{n-1} j^2+2n\left\{(n-1)^2+2(n-4)(n-3)+\frac{\dfrac{S(n-4,2)}{n-4}-[(n-4)^2+1]\sum\limits_{j=0}^{n-5} j^2}{2(n-4)}\right\}$$

$$=\frac{1}{n}S(n,2).$$

所以 $\boldsymbol{A}$ 是一个 YSSSORLS$(n,2)$.

当 $k\equiv1(\mathrm{mod}\ 2)$时,令 $\boldsymbol{L}_1=$

$$\begin{bmatrix}
0 & 2k+3 & 2 & 3 & \cdots & \cdots & k & k+1 & 1 & k+5 & k+4 & k+3 & k+6 & \cdots & 2k+2 & k+2 & 2k+4\\
k+2 & 1 & 2k+2 & 2k+1 & \cdots & \cdots & k+4 & k+3 & 2k+4 & k-1 & k & k+1 & k-2 & \cdots & 2 & 2k+3 & 0\\
0 & 2k+3 & & & & & & & & & & & & & & 1 & 2k+4\\
2k+4 & 1 & & & & & & & & & & & & & & 2k+3 & 0\\
\vdots & \vdots & & & & & & & & & & & & & & \vdots & \vdots\\
0 & 2k+3 & & & & & & & & & & & & & & 1 & 2k+4\\
2k+4 & 1 & & & & & & & & & & & & & & 2k+3 & 0\\
2k+4 & 2k+3 & & & & & & & & & & & & & & 0 & 1\\
2k+4 & 2k+3 & & & & & & & & & & & & & & 1 & 0\\
0 & 1 & & & & & & & & & & & & & & 2k+4 & 2k+3\\
0 & 1 & & & & & & & & & & & & & & 2k+3 & 2k+4\\
1 & 0 & & & & & & & & & & & & & & 2k+3 & 2k+4\\
2k+4 & 2k+3 & & & & & & & & & & & & & & 1 & 0\\
2k+3 & 2k+4 & & & & & & & & & & & & & & 1 & 0\\
2k+4 & 1 & & & & & & & & & & & & & & 2k+3 & 0\\
0 & 2k+3 & & & & & & & & & & & & & & 1 & 2k+4\\
\vdots & \vdots & & & & & & & & & & & & & & \vdots & \vdots\\
2k+4 & 1 & & & & & & & & & & & & & & 2k+3 & 0\\
0 & 2k+3 & & & & & & & & & & & & & & 1 & 2k+4\\
2k+4 & 1 & 2k+2 & \cdots & k+6 & k+3 & k+4 & k+5 & 0 & k+1 & k & \cdots & \cdots & 3 & 2 & 2k+3 & k+2\\
0 & k+2 & 2 & \cdots & k-2 & k+1 & k & k-1 & 2k+3 & k+3 & k+4 & \cdots & \cdots & 2k+1 & 2k+2 & 1 & 2k+4
\end{bmatrix}.$$

容易验证,$\boldsymbol{L}_1$ 是一个 ISSSORLS$(n;n-4)$，以及$(n\boldsymbol{L}+\boldsymbol{L}^{\mathrm{T}})^{*2}$的前$(n-1)/2$ 行的元素和等于后 $(n-1)/2$ 行的元素和，左$(n-1)/2$ 列的元素和等于右$(n-1)/2$ 列的元素和.将 $\boldsymbol{F}$ 填入 $\boldsymbol{L}_1$ 的洞中,得到一个矩阵 $\boldsymbol{A}$.不难验证，

$$\sum_{i=0}^{\frac{n-3}{2}}\sum_{j=0}^{n-1}(na_{i,j}+a_{j,i})^2=\sum_{i=\frac{n+1}{2}}^{n-1}\sum_{j=0}^{n-1}(na_{i,j}+a_{j,i})^2,$$

$$\sum_{i=0}^{n-1}\sum_{j=0}^{\frac{n-3}{2}}(na_{i,j}+a_{j,i})^2=\sum_{i=0}^{n-1}\sum_{j=\frac{n+1}{2}}^{n-1}(na_{i,j}+a_{j,i})^2,$$

$$\sum_{j=0}^{n-1}(na_{\frac{n-1}{2},j}+a_{j,\frac{n-1}{2}})^2=\frac{1}{n}S(n,2).$$

因此,$\boldsymbol{A}$ 是一个 YSSSORLS(n,2).

例 7.3.2 设 $n=9$，则 $k=2$. 令

$$\boldsymbol{E}=\begin{bmatrix}0&2&4&1&3\\4&1&3&0&2\\3&0&2&4&1\\2&4&1&3&0\\1&3&0&2&4\end{bmatrix},\ \boldsymbol{F}=\boldsymbol{E}+2\boldsymbol{J}_{n-4}=\begin{bmatrix}2&4&6&3&5\\6&3&5&2&4\\5&2&4&6&3\\4&6&3&5&2\\3&5&2&4&6\end{bmatrix}.$$

利用上面的构造得

$$\boldsymbol{L}_0=\begin{bmatrix}0&4&2&3&8&5&6&1&7\\8&1&6&5&7&3&2&0&4\\0&1&&&&&&7&8\\8&7&&&&&&1&0\\7&0&&&&&&8&1\\8&7&&&&&&1&0\\0&1&&&&&&7&8\\4&8&6&5&1&3&2&7&0\\1&7&2&3&0&5&6&4&8\end{bmatrix}.$$

$\boldsymbol{L}_0$ 是一个 ISSSORLS(9;5). 将 $\boldsymbol{F}$ 填入 $\boldsymbol{L}_0$ 的洞中，得到矩阵 $\boldsymbol{A}$ 如下：

$$\boldsymbol{A}=\begin{bmatrix}0&4&2&3&8&5&6&1&7\\8&1&6&5&7&3&2&0&4\\0&1&2&4&6&3&5&7&8\\8&7&6&3&5&2&4&1&0\\7&0&5&2&4&6&3&8&1\\8&7&4&6&3&5&2&1&0\\0&1&3&5&2&4&6&7&8\\4&8&6&5&1&3&2&7&0\\1&7&2&3&0&5&6&4&8\end{bmatrix}.$$

容易验证,$\boldsymbol{A}$ 是一个 YSSSORLS(9,2).

引理 7.3.2 存在一个 YSSSORLS(11,2).

证 令

$$
\boldsymbol{A}=\begin{bmatrix}
1 & 3 & 7 & 9 & 0 & 2 & 4 & 5 & 6 & 8 & 10 \\
5 & 6 & 8 & 10 & 1 & 3 & 7 & 9 & 0 & 2 & 4 \\
9 & 0 & 2 & 4 & 5 & 6 & 8 & 10 & 1 & 3 & 7 \\
10 & 1 & 3 & 7 & 9 & 0 & 2 & 4 & 5 & 6 & 8 \\
4 & 5 & 6 & 8 & 10 & 1 & 3 & 7 & 9 & 0 & 2 \\
7 & 9 & 0 & 2 & 4 & 5 & 6 & 8 & 10 & 1 & 3 \\
8 & 10 & 1 & 3 & 7 & 9 & 0 & 2 & 4 & 5 & 6 \\
2 & 4 & 5 & 6 & 8 & 10 & 1 & 3 & 7 & 9 & 0 \\
3 & 7 & 9 & 0 & 2 & 4 & 5 & 6 & 8 & 10 & 1 \\
6 & 8 & 10 & 1 & 3 & 7 & 9 & 0 & 2 & 4 & 5 \\
0 & 2 & 4 & 5 & 6 & 8 & 10 & 1 & 3 & 7 & 9
\end{bmatrix}.
$$

容易验证，$\boldsymbol{A}$ 是一个 YSSSORLS(11,2).

引理 7.3.3 对所有奇数 $n\geqslant 9$，都存在一个 YSSSORLS(n,2).

证 对所有的奇数 $n\geqslant 9$，可令 $n=4k+m$，其中 $k\geqslant 2$, $m=1,3$. 当 $k=2$ 时，由例 7.3.2 和引理 7.3.2 给出了一个 YSSSORLS($8+m$,2). 又由引理 7.3.1 知，若存在一个 YSSSORLS($4k+m$,2)，则存在一个 YSSSORLS($4(k+1)+m$,2).

综上所述，对所有的 $k\geqslant 2$，都存在一个 YSSSORLS($4k+m$,2).

定理 1.5.2 对所有的奇数 $n\geqslant 5$，都存在一个 YMS(n,2).

证 当 $n=5$ 时，如下 5 阶矩阵 $\boldsymbol{A}$ 是一个 YMS(5,2).

$$
\boldsymbol{A}=\begin{bmatrix}
0 & 14 & 23 & 7 & 16 \\
22 & 6 & 15 & 4 & 13 \\
19 & 3 & 12 & 21 & 5 \\
11 & 20 & 9 & 18 & 2 \\
8 & 17 & 1 & 10 & 24
\end{bmatrix},
$$

当 $n=7$ 时，一个 YMS(7,2)如下：

$$
\boldsymbol{A}=\begin{bmatrix}
0 & 11 & 17 & 27 & 33 & 43 & 37 \\
29 & 16 & 41 & 5 & 46 & 10 & 21 \\
23 & 47 & 8 & 38 & 6 & 28 & 18 \\
45 & 35 & 26 & 32 & 9 & 20 & 1 \\
39 & 34 & 42 & 15 & 24 & 2 & 12 \\
13 & 22 & 4 & 44 & 14 & 40 & 31 \\
19 & 3 & 30 & 7 & 36 & 25 & 48
\end{bmatrix}.
$$

对于奇数 $n\geqslant 9$，由引理 7.3.3 可知存在一个 YSSSORLS$(n,2)$. 利用构造 7.1.3 可得一个 YMS$(n,2)$.

7.4 无理对角有序 YMS$(n,2)$的存在性

我们进一步地讨论由定理 7.2.1 所得到的 YMS$(n,2)$的无理性和对角有序性.

一个 n 阶拉丁方是 n 元集 S 上的 $n\times n$ 方阵，满足每行、每列的元素两两互异.如果拉丁方 $\boldsymbol{X}$ 的 n^2 个序对$(x_{i,j},x_{j,i})$两两互异，则称 $\boldsymbol{X}$ 是自正交的.关于拉丁方的更多内容参见文献[1,24].

Abe[4]研究了一些具有特殊性质的幻方，例如基本的、非基本的、有理的和无理的. 设 $\boldsymbol{A}$ 是一个 n 阶幻方，$\boldsymbol{A}=n\boldsymbol{U}+\boldsymbol{V}$.如果 $\boldsymbol{U},\boldsymbol{V}$ 都是拉丁方，则称 $\boldsymbol{A}$ 是基本的.反之，$\boldsymbol{A}$ 是非基本的.如果 $\boldsymbol{U}$ 和 $\boldsymbol{V}$ 都满足每行、每列的元素总和相等，则称 $\boldsymbol{A}$ 是有理的. 反之，$\boldsymbol{A}$ 是无理的.容易看出，$\boldsymbol{A}$ 是无理的当且仅当 $\boldsymbol{U}$ 或者 $\boldsymbol{V}$ 存在一行的行和不等于$\dfrac{n(n-1)}{2}$.

令 a,n 是两个整数，则$\langle a\rangle_n$是满足 $a\equiv\langle a\rangle_n \pmod n$的最小的非负整数. 也就是说，如果 $a=pn+r$，则$\langle a\rangle_n=r$，其中 p,r 都是整数，且 $0\leqslant r<n$.下面证明 7.2 节中得出的 YMS$(n,2)$是无理的.

引理 7.4.1 对所有整数 $n\equiv 2 \pmod 4$，且 $n\geqslant 6$，都存在一个无理的 YMS$(n,2)$.

证 当 $n=6$ 时，容易验证由例 7.1.1 给出的 YMS$(6,2)$是无理的.

当 $n>6$ 时，不妨设 $n=4k+2$.令 $\boldsymbol{A}$ 是由构造 7.1.3 及定理 7.2.1 给出的 YMS$(n,2)$，$\boldsymbol{A}=n\boldsymbol{U}+\boldsymbol{V}$.可计算得 $\boldsymbol{V}$ 的第一行行和为

$$\sum_{j=0}^{n-1} v_{0,j}=\sum_{j=0}^{n-1}\langle a_{0,j}\rangle_n=\langle\alpha\rangle_n+\langle\beta\rangle_n+\sum_{j=0}^{n-3}\langle e_j\rangle_n.$$

根据引理 7.2.4 有$\langle\alpha\rangle_n=n-2$，$\langle\beta\rangle_n=0$，

$$\begin{aligned}\sum_{j=0}^{n-3}\langle e_j\rangle_n&=\sum_{i\in P_0}h_{0,i}+\sum_{i\in P_1}h_{1,i}+\sum_{i\in I_{2k}\setminus P_0}(n-1-h_{0,i})+\sum_{i\in I_{2k}\setminus P_1}(n-1-h_{1,i})\\&=4k^2-5k-1+(2k+1)(n-1)-\left[\frac{4k(4k-1)}{2}-(4k^2-5k-1)\right]\\&=\frac{(n-4)(n-1)}{2},\end{aligned}$$

因此，$\sum_{j=0}^{n-1} v_{0,j} = n-2+\frac{(n-4)(n-1)}{2}=\frac{n(n-3)}{2}\neq\frac{n(n-1)}{2}$.

综上，$\boldsymbol{A}$ 是无理的.

Gomes 和 Sellmann[62]给出了对角有序幻方的定义.一个 n 阶幻方 $\boldsymbol{M}=(m_{i,j})$ 是对角有序的，如果对于主对角线和反对角线，其元素从左至右都是严格递增的，即对所有的 $0\leqslant i<n-1$，主对角线和反对角线上的元素分别满足 $m_{i,i}<m_{i+1,i+1}$ 和 $m_{n-1-i,i}<m_{n-2-i,i+1}$.

例如，令

$$\boldsymbol{A}_4=\begin{bmatrix}0&13&7&10\\14&3&9&4\\11&6&12&1\\5&8&2&15\end{bmatrix},\ \boldsymbol{B}_4=\begin{bmatrix}0&11&7&12\\13&6&10&1\\14&5&9&2\\3&8&4&15\end{bmatrix}.$$

容易验证，$\boldsymbol{A}_4$ 是一个基本的对角有序的 YMS(4,2)，$\boldsymbol{B}_4$ 是一个非基本有理的对角有序的 YMS(4,2).通过计算机搜索，我们可以知道不存在无理的对角有序的 YMS(4,2).

张玉芳等[63,64]证明了如下结论.

引理 7.4.2 (1) 对所有的正整数 $n\equiv 0,1,3 \pmod 4$，都存在一个基本的强对称对角有序的 MS(n)；对所有的正整数 $n\equiv 2 \pmod 4$，都不存在基本的强对称对角有序的 MS(n).

(2) 对所有正整数，除了 $n=2,6$ 及两个不确定的数 $n=22,26$，都存在一个基本的对角有序的 MS(n).

引理 7.4.3 (1) 对所有的正整数 $n\neq 2,3$，都存在一个非基本无理的对角有序的 MS(n).

(2) 对所有的正整数 $n\neq 2$，都存在一个有理的对角有序的 MS(n).

关于对角有序的杨辉型幻方的存在性，我们有如下结果.

引理 7.4.4 对所有的整数 $n\equiv 2 \pmod 4$，$n\geqslant 6$，都存在一个对角有序的 YMS(n,2).

证 当 $n=6$ 时，容易看出由例 7.1.1 给出的 YMS(6,2)是对角有序的.当 $n>6$ 时，令 $\boldsymbol{A}$ 是由构造 7.1.3 及定理 7.2.1 给出的 YMS(n,2)，下面证明 $\boldsymbol{A}$ 的转置即是一个对角有序的 YMS(n,2)，即要证明 $a_{i,i}<a_{i+1,i+1}$ 和 $a_{i,n-i-1}<a_{i+1,n-i-2}$，$i\in I_n$.根据 $\boldsymbol{A}$ 的构造，我们有

$$a_{0,0}=\alpha=n-2,\ a_{0,n-1}=\beta=n,$$

$$a_{n-1,0}=\bar{\beta}=n^2-n-1,\ a_{n-1,n-1}=\bar{\alpha}=n^2-n+1,$$

$$a_{i,i}=b_{i-1,i-1},\ a_{i,n-i-1}=b_{i-1,n-i-2},\ 1\leqslant i\leqslant n-2.$$

由引理7.2.5知，

$$b_{i-1,i-1}=i(n+1),b_{i-1,n-i-2}=i(n-1)+n-1.$$

所以对 $1\leqslant i\leqslant n-2$，有

$$a_{i,i}=i(n+1),\ a_{i,n-i-1}=i(n-1)+n-1.$$

容易看出，对任意的 $1\leqslant i\leqslant n-2$，

$$a_{i,i}<a_{i+1,i+1},a_{i,n-i-1}<a_{i+1,n-i-2}.$$

此外，$a_{1,1}=n+1>n-2=a_{0,0}$，

$$a_{n-2,n-2}=n^2-n-2<n^2-n+1=a_{n-1,n-1},$$

$$a_{1,n-2}=2n-2>n=a_{0,n-1},$$

$$a_{n-2,1}=n^2-2n+1<n^2-n-1=a_{n-1,0}.$$

故有 $a_{i,i}<a_{i+1,i+1},a_{i,n-i-1}<a_{i+1,n-i-2},\ i\in I_n$.

定理 1.5.1 对所有的偶数 n，存在一个 YMS$(n,2)$当且仅当 $n\neq 2$.

证 由引理1.5.1知，存在一个YMS$(4,2)$. 由引理1.5.2可得，当 $n\equiv 0\pmod 4$，$n>4$ 时，存在一个YMS$(n,2)$.根据定理7.2.6，对所有的偶数 n，存在一个YMS$(n,2)$当且仅当 $n\neq 2$.

定理 7.4.1 对所有的整数 $n\equiv 2\pmod 4$，$n\geqslant 6$，都存在一个无理对角有序的YMS$(n,2)$.

该定理可通过引理7.4.1和引理7.4.4证明.

第8章 杨辉型4-重幻方

第7章我们解决了 YMS(n,2)的存在性问题，以及 $t>2$ 时单偶数阶 YMS(n,t)的不存在性问题，本章利用强对称自正交对角拉丁方解决 YMS(n,4)的存在性问题.

8.1 一类强对称自正交对角拉丁方——* SSSODLS(n)

设 $\boldsymbol{L}=(l_{i,j})$是在 I_n 上的一个拉丁方，如果对所有的 $i,j\in I_n$，都有 $l_{i,j}+l_{n-1-i,n-1-j}=n-1$，则称 $\boldsymbol{L}$ 是强对称的，记作 SSSODLS(n). 例如，一个 SSSODLS(4) 如下：

$$\boldsymbol{U}_4=\begin{bmatrix}0&1&3&2\\3&2&0&1\\2&3&1&0\\1&0&2&3\end{bmatrix}.$$

杜北樑和曹海涛[23]、Cao 和 Li[24]证明了强对称自正交对角拉丁方的存在性，得到了自正交对角拉丁方存在的充要条件.

引理 8.1.1 存在一个 SSSODLS(n)当且仅当 $n\equiv0,1,3 \pmod 4$，$n\neq3$.

设 n 是偶数，若 $\boldsymbol{A}=(a_{i,j})$是一个 SSSODLS(n)且满足

$$\sum_{i\in I_{\frac{n}{2}}}\sum_{j\in I_{\frac{n}{2}}}\overline{a}_{i,j}^2\,\overline{a}_{j,i}=\sum_{i\in I_{\frac{n}{2}}}\sum_{j\in I_n\setminus I_{\frac{n}{2}}}\overline{a}_{i,j}^2\,\overline{a}_{j,i}=0. \tag{8-1}$$

其中 $\overline{a}=a-\dfrac{n-1}{2}$，则记 $\boldsymbol{A}$ 为 * SSSODLS(n).

由引理 8.1.1 知，$n\equiv0 \pmod 4$是 * SSSODLS(n)存在的必要条件.本书 8.2 节证明了 $n\equiv0 \pmod 4$也是充分条件.

8.2 基于 * SSSODLS(n)的杨辉型4-重幻方的基本构造

设n是偶数，记

$$S_{11}=\{(i,j)\mid i,j\in I_{\frac{n}{2}}\},S_{12}=\{(i,j)\mid i\in I_{\frac{n}{2}},j\in I_n\setminus I_{\frac{n}{2}}\},$$
$$S_{21}=\{(i,j)\mid i\in I_n\setminus I_{\frac{n}{2}},j\in_{\frac{n}{2}}\},S_{22}=\{(i,j)\mid i,j\in I_n\setminus I_{\frac{n}{2}}\}.$$

设$\boldsymbol{A}$是一个n阶矩阵，记$\sum\limits_{(i,j)\in S}a_{i,j}$为$\sum\limits_{S}a_{i,j}$.

若$\boldsymbol{C}$是一个YMS(n,t).容易看出,$\boldsymbol{C}$满足以下等式：

$$\sum_{S_{11}}c_{i,j}^e+\sum_{S_{12}}c_{i,j}^e=\sum_{S_{21}}c_{i,j}^e+\sum_{S_{22}}c_{i,j}^e,$$
$$\sum_{S_{11}}c_{i,j}^e+\sum_{S_{21}}c_{i,j}^e=\sum_{S_{12}}c_{i,j}^e+\sum_{S_{22}}c_{i,j}^e,$$

故有

$$\sum_{S_{11}}c_{i,j}^e=\sum_{S_{22}}c_{i,j}^e,\sum_{S_{12}}c_{i,j}^e=\sum_{S_{21}}c_{i,j}^e,$$

其中$e=2,3,\cdots,t$. 当$\boldsymbol{C}$是一个MS(n)及$e=1$时，以上等式是自然满足的.

现在我们给出一种基于 * SSSODLS(n)的YMS($n,4$)构造方法.

构造8.2.1 若存在一个 * SSSODLS(n)，则存在一个YMS($n,4$).

证 设$\boldsymbol{A}$是一个 * SSSODLS(n)，令$\boldsymbol{C}=(c_{i,j}),c_{i,j}=na_{i,j}+a_{j,i},i,j\in I_n$.不难看出,$\boldsymbol{C}$是一个MS($n$).

下证$\boldsymbol{C}$是一个YMS($n,4$)，即$\boldsymbol{C}$满足以下条件：

$$\sum_{S_{11}}c_{i,j}^e=\sum_{S_{22}}c_{i,j}^e,\sum_{S_{12}}c_{i,j}^e=\sum_{S_{21}}c_{i,j}^e,e=2,3,4.$$

需要证明

$$\sum_{S_{11}}\tilde{c}_{i,j}^e=\sum_{S_{22}}\tilde{c}_{i,j}^e,\sum_{S_{12}}\tilde{c}_{i,j}^e=\sum_{S_{21}}\tilde{c}_{i,j}^e,e=2,3,4.$$

其中，

$$\tilde{c}_{i,j}=c_{i,j}-\frac{n^2-1}{2},i,j\in I_n.$$

由$\boldsymbol{C}$的定义可以知道

$$\tilde{c}_{i,j}=na_{i,j}+a_{j,i}-\frac{n^2-1}{2}=n\left(a_{i,j}-\frac{n-1}{2}\right)+\left(a_{j,i}-\frac{n-1}{2}\right)=n\bar{a}_{i,j}+\bar{a}_{j,i},$$

其中$\bar{a}_{i,j}=a_{i,j}-\dfrac{n-1}{2}$，$i,j\in I_n$.

因为 $\boldsymbol{A}$ 是强对称的，所以$\bar{a}_{i,j}=-\bar{a}_{n-1-i,n-1-j}$,$i,j\in I_n$，从而有

$$\tilde{c}_{n-1-i,n-1-j}=n\,\bar{a}_{n-1-i,n-1-j}+\bar{a}_{n-1-j,n-1-i}=-n\,\bar{a}_{i,j}-\bar{a}_{j,i}=-\tilde{c}_{i,j},\ i,j\in I_n.$$

显然，

$$\sum_{S_{11}}\tilde{c}_{i,j}^2=\sum_{S_{22}}\tilde{c}_{i,j}^2,\sum_{S_{12}}\tilde{c}_{i,j}^2=\sum_{S_{21}}\tilde{c}_{i,j}^2,$$

$$\sum_{S_{11}}\tilde{c}_{i,j}^4=\sum_{S_{22}}\tilde{c}_{i,j}^4,\sum_{S_{12}}\tilde{c}_{i,j}^4=\sum_{S_{21}}\tilde{c}_{i,j}^4.$$

下面证明

$$\sum_{S_{11}}\tilde{c}_{i,j}^3=\sum_{S_{22}}\tilde{c}_{i,j}^3,\sum_{S_{12}}\tilde{c}_{i,j}^3=\sum_{S_{21}}\tilde{c}_{i,j}^3,$$

因为 $\tilde{c}_{i,j}=-\tilde{c}_{n-1-i,n-1-j}$,$i,j\in I_n$，所以我们只要证明

$$\sum_{S_{11}}\tilde{c}_{i,j}^3=\sum_{S_{12}}\tilde{c}_{i,j}^3=0.$$

事实上，

$$\tilde{c}_{i,j}^3=n^3\bar{a}_{i,j}^3+3n^2\,\bar{a}_{i,j}^2\bar{a}_{j,i}+3n\,\bar{a}_{i,j}\bar{a}_{j,i}^2+\bar{a}_{j,i}^3,i,j\in I_n.$$

因为 $\boldsymbol{A}$ 是拉丁方，所以对每个 $e>0$ 都有

$$\sum_{S_{11}}\bar{a}_{i,j}^e+\sum_{S_{12}}\bar{a}_{i,j}^e=\sum_{S_{21}}\bar{a}_{i,j}^e+\sum_{S_{22}}\bar{a}_{i,j}^e,$$

$$\sum_{S_{11}}\bar{a}_{i,j}^e+\sum_{S_{21}}\bar{a}_{i,j}^e=\sum_{S_{12}}\bar{a}_{i,j}^e+\sum_{S_{22}}\bar{a}_{i,j}^e.$$

从而，

$$\sum_{S_{11}}\bar{a}_{i,j}^e=\sum_{S_{22}}\bar{a}_{i,j}^e,\sum_{S_{12}}\bar{a}_{i,j}^e=\sum_{S_{21}}\bar{a}_{i,j}^e.$$

又因为$\bar{a}_{i,j}=-\bar{a}_{n-1-i,n-1-j}$,$i,j\in I_n$，所以有

$$\sum_{S_{11}}\bar{a}_{i,j}^3=\sum_{S_{22}}\bar{a}_{i,j}^3=\sum_{S_{12}}\bar{a}_{i,j}^3=\sum_{S_{21}}\bar{a}_{i,j}^3=0.$$

由式(8-1)可知

$$\sum_{S_{11}}\bar{a}_{i,j}^2\,\bar{a}_{j,i}=0,\sum_{S_{12}}\bar{a}_{i,j}^2\,\bar{a}_{j,i}=0.$$

由上面两个公式不难得出，

$$\sum_{S_{11}}\bar{a}_{i,j}\,\bar{a}_{j,i}^2=0,\sum_{S_{21}}\bar{a}_{i,j}\,\bar{a}_{j,i}^2=0.$$

所以，

$$\sum_{S_{12}}\bar{a}_{i,j}\,\bar{a}_{j,i}^2=\sum_{S_{21}}(-\bar{a}_{i,j})(-\bar{a}_{j,i})^2=-\sum_{S_{21}}\bar{a}_{i,j}\,\bar{a}_{j,i}^2=0.$$

从而

$$\sum_{S_{11}}\tilde{c}_{i,j}^3=\sum_{S_{12}}\tilde{c}_{i,j}^3=0.$$

综上所述，$\boldsymbol{A}$ 是一个 YMS(n,4).

8.3 * SSSODLS(n)的存在性

本节中，我们给出一种 * SSSODLS(n)的构造方法.

构造 8.3.1 设 n 是偶数，如果存在一个 * SSSODLS(n)和一个 SSSODLS(m)，则存在一个 * SSSODLS(mn).

证 设 $\boldsymbol{U}$ 是一个 * SSSODLS(n)，$\boldsymbol{V}$ 是一个 SSSODLS(m).令矩阵 $\boldsymbol{W}=(w_{i,j})$，其中

$$w_{i,j}=mu_{r,s}+v_{x,y},i=mr+x,j=ms+y,r,s\in I_n,x,y\in I_m.$$

不难看出，$\boldsymbol{W}$ 是一个 SSSODLS(mn).我们现在证明 $\boldsymbol{W}$ 满足式(8-1)，即要使下式成立

$$\sum_{S_{11}}\overline{w}_{i,j}^2\ \overline{w}_{j,i}=\sum_{S_{12}}\overline{w}_{i,j}^2\ \overline{w}_{j,i}=0,\overline{w}=w-\frac{mn-1}{2}.$$

根据 $\boldsymbol{W}$ 的定义有

$$\overline{w}_{i,j}=w_{i,j}-\frac{mn-1}{2}=mu_{r,s}+v_{x,y}-\frac{mn-1}{2}=m\ \overline{u}_{r,s}+\overline{v}_{x,y},$$

其中 $\overline{u}=u-\frac{n-1}{2},\overline{v}=v-\frac{m-1}{2}$. 所以，

$$\begin{aligned}\overline{w}_{i,j}^2\overline{w}_{j,i}&=(m\ \overline{u}_{r,s}+\overline{v}_{x,y})^2(m\ \overline{u}_{s,r}+\overline{v}_{y,x})\\&=m^3\overline{u}_{r,s}^2\overline{u}_{s,r}+2m^2\ \overline{u}_{r,s}\overline{u}_{s,r}\overline{v}_{x,y}+m\ \overline{u}_{s,r}\overline{v}_{x,y}^2+\\&\quad m^2\ \overline{u}_{r,s}^2\overline{v}_{y,x}+2m\ \overline{u}_{r,s}\overline{v}_{x,y}\overline{v}_{y,x}+\overline{v}_{x,y}^2\overline{v}_{y,x},\end{aligned}$$

由式(8-1)可得 $\sum_{r\in I_{\frac{n}{2}}}\sum_{s\in I_{\frac{n}{2}}}\overline{u}_{r,s}^2\ \overline{u}_{s,r}=0$. 因为 $\boldsymbol{V}$ 是拉丁方，所以 $\sum_{x\in I_m}\sum_{y\in I_m}\overline{v}_{x,y}=0$，从而

$$\begin{aligned}&\sum_{x\in I_m}\sum_{y\in I_m}\sum_{r\in I_{\frac{n}{2}}}\sum_{s\in I_{\frac{n}{2}}}\overline{u}_{r,s}\ \overline{u}_{s,r}\ \overline{v}_{x,y}\\&=\Big(\sum_{r\in I_{\frac{n}{2}}}\sum_{s\in I_{\frac{n}{2}}}\overline{u}_{r,s}\ \overline{u}_{s,r}\Big)\Big(\sum_{x\in I_m}\sum_{y\in I_m}\overline{v}_{x,y}\Big)\\&=0,\end{aligned}$$

$$\begin{aligned}&\sum_{x\in I_m}\sum_{y\in I_m}\sum_{r\in I_{\frac{n}{2}}}\sum_{s\in I_{\frac{n}{2}}}\overline{u}_{r,s}^2\ \overline{v}_{y,x}\\&=\Big(\sum_{r\in I_{\frac{n}{2}}}\sum_{s\in I_{\frac{n}{2}}}\overline{u}_{r,s}^2\Big)\Big(\sum_{x\in I_m}\sum_{y\in I_m}\overline{v}_{y,x}\Big)\\&=0.\end{aligned}$$

因为$\boldsymbol{U}$是$*$SSSODLS(n)，所以显然有

$$\sum_{r\in I_{\frac{n}{2}}}\sum_{s\in I_n}\overline{u}_{r,s}=0,\sum_{r\in I_n}\sum_{s\in I_{\frac{n}{2}}}\overline{u}_{r,s}=0,$$

$$\sum_{r\in I_{\frac{n}{2}}}\sum_{s\in I_n\setminus I_{\frac{n}{2}}}\overline{u}_{r,s}=-\sum_{r\in I_n\setminus I_{\frac{n}{2}}}\sum_{s\in I_{\frac{n}{2}}}\overline{u}_{r,s}.$$

由上面的式子可得 $\sum\limits_{r\in I_{\frac{n}{2}}}\sum\limits_{s\in I_{\frac{n}{2}}}\overline{u}_{r,s}=0$，以及

$$\begin{aligned}&\sum_{x\in I_m}\sum_{y\in I_m}\sum_{r\in I_{\frac{n}{2}}}\sum_{s\in I_{\frac{n}{2}}}\overline{u}_{s,r}\,\overline{v}^2_{x,y}\\&=\Big(\sum_{x\in I_m}\sum_{y\in I_m}\overline{v}^2_{x,y}\Big)\Big(\sum_{r\in I_{\frac{n}{2}}}\sum_{s\in I_{\frac{n}{2}}}\overline{u}_{s,r}\Big)\\&=0,\\&\sum_{x\in I_m}\sum_{y\in I_m}\sum_{r\in I_{\frac{n}{2}}}\sum_{s\in I_{\frac{n}{2}}}\overline{u}_{r,s}\,\overline{v}_{x,y}\,\overline{v}_{y,x}\\&=\Big(\sum_{r\in I_{\frac{n}{2}}}\sum_{s\in I_{\frac{n}{2}}}\overline{u}_{r,s}\Big)\Big(\sum_{x\in I_m}\sum_{y\in I_m}\overline{v}_{x,y}\,\overline{v}_{y,x}\Big)\\&=0.\end{aligned}$$

因为$\boldsymbol{V}$是自正交的，所以

$$\begin{aligned}\sum_{x\in I_m}\sum_{y\in I_m}\overline{v}^2_{x,y}\,\overline{v}_{y,x}&=\sum_{x\in I_m}\sum_{y\in I_m}\left(x-\frac{m-1}{2}\right)^2\left(y-\frac{m-1}{2}\right)\\&=\sum_{x\in I_m}\left(x-\frac{m-1}{2}\right)^2\sum_{y\in I_m}\left(y-\frac{m-1}{2}\right)\\&=0,\end{aligned}$$

因此 $\sum\limits_{S_{11}}\overline{w}^2_{i,j}\,\overline{w}_{j,i}=0$. 同理可证，$\sum\limits_{S_{12}}\overline{w}^2_{i,j}\,\overline{w}_{j,i}=0$.

综上所述，$\boldsymbol{W}$是一个$*$SSSODLS(mn).

下面我们利用SSSODLS(m)和MR$(2,2m)$来构造$*$SSSODLS$(4m)$.

构造 8.3.2 若存在一个SSSODLS(m)，则存在一个$*$SSSODLS$(4m)$.

证 设$\boldsymbol{U}$是本章开头给出的$\boldsymbol{U}_4$，$\boldsymbol{V}$是一个SSSODLS(m).令矩阵$\boldsymbol{W}=(w_{i,j})$，其中，

$$w_{i,j}=mu_{r,s}+v_{x,y},i=mr+x,j=ms+y,r,s\in I_4,x,y\in I_m.$$

容易验证，$\boldsymbol{W}$是一个SSSODLS$(4m)$.

设$\boldsymbol{H}$是一个MR$(2,2m)$，$\boldsymbol{L}=(l_j)$，其中，

$$l_j=\begin{cases}h_{0,j}, & j\in I_{2m};\\ h_{1,4m-1-j}, & j\in I_{4m}\setminus I_{2m},\end{cases}$$

则 $l_j+l_{4m-1-j}=h_{0,j}+h_{1,j}=4m-1, j\in I_{2m}$.令 $\boldsymbol{A}=(a_{i,j}), a_{i,j}=l_{w_{i,j}}, i,j\in I_{4m}$. 显然，$\boldsymbol{A}$ 也是一个 SSSODLS($4m$). 现在证明 $\boldsymbol{A}$ 满足式(8-1)，即要使下式成立

$$\sum_{S_{11}}\bar{a}_{i,j}^2\,\bar{a}_{j,i}=\sum_{S_{12}}\bar{a}_{i,j}^2\,\bar{a}_{j,i}=0,$$

其中，

$$\bar{a}_{i,j}=a_{i,j}-\frac{4m-1}{2}=l_{w_{i,j}}-\frac{4m-1}{2}=\bar{l}_{w_{i,j}}.$$

事实上，

$$\begin{aligned}\sum_{S_{11}}\bar{a}_{i,j}^2\,\bar{a}_{j,i}&=\sum_{S_{11}}\bar{l}_{w_{i,j}}^2\,\bar{l}_{w_{j,i}}\\&=\sum_{r\in I_2}\sum_{s\in I_2}\sum_{x\in I_m}\sum_{y\in I_m}\bar{l}_{mu_{r,s}+v_{x,y}}^2\,\bar{l}_{mu_{s,r}+v_{y,x}}.\end{aligned}$$

方阵 $\boldsymbol{U}$ 是已知的，$\{(u_{r,s},u_{s,r})\mid r,s\in I_2\}=\{(0,0),(1,3),(3,1),(2,2)\}$，以及

$$\begin{aligned}\sum_{S_{11}}\bar{a}_{i,j}^2\,\bar{a}_{j,i}=\sum_{x\in I_m}\sum_{y\in I_m}(&\bar{l}_{v_{x,y}}^2\,\bar{l}_{v_{y,x}}+\bar{l}_{m+v_{x,y}}^2\,\bar{l}_{3m+v_{y,x}}+\bar{l}_{3m+v_{x,y}}^2\,\bar{l}_{m+v_{y,x}}+\\&\bar{l}_{2m+v_{x,y}}^2\,\bar{l}_{2m+v_{y,x}}).\end{aligned}$$

因为 $\boldsymbol{V}$ 是自正交的，所以有 $\{(v_{x,y},v_{y,x})\mid x,y\in I_m\}=\{(i,j)\mid i,j\in I_m\}$，

$$\begin{aligned}\sum_{x\in I_m}\sum_{y\in I_m}\bar{l}_{km+v_{x,y}}^2\,\bar{l}_{sm+v_{y,x}}&=\sum_{i\in I_m}\sum_{j\in I_m}\bar{l}_{km+i}^2\,\bar{l}_{sm+j}\\&=\sum_{i\in I_m}\bar{l}_{km+i}^2\sum_{j\in I_m}\bar{l}_{sm+j}, k,s\in I_2.\end{aligned}$$

从而

$$\begin{aligned}\sum_{S_{11}}\bar{a}_{i,j}^2\,\bar{a}_{j,i}=&\sum_{i\in I_m}\bar{l}_i^2\sum_{j\in I_m}\bar{l}_j+\sum_{i\in I_m}\bar{l}_{i+m}^2\sum_{j\in I_m}\bar{l}_{j+3m}+\\&\sum_{i\in I_m}\bar{l}_{i+3m}^2\sum_{j\in I_m}\bar{l}_{j+m}+\sum_{i\in I_m}\bar{l}_{i+2m}^2\sum_{j\in I_m}\bar{l}_{j+2m}.\end{aligned}$$

不难看出，$\bar{l}_j=-\bar{l}_{4m-1-j}, j\in I_{4m}$，即

$$\sum_{j\in I_m}\bar{l}_{j+3m}^2=\sum_{j\in I_m}(-\bar{l}_{m-1-j})^2=\sum_{j\in I_m}\bar{l}_j^2,$$

$$\sum_{j\in I_m}\bar{l}_{j+2m}^2=\sum_{j\in I_m}(-\bar{l}_{m+m-1-j})^2=\sum_{j\in I_m}\bar{l}_{j+m}^2.$$

故有

$$\begin{aligned}\sum_{S_{11}}\bar{a}_{i,j}^2\,\bar{a}_{j,i}=&\sum_{i\in I_m}\bar{l}_i^2\sum_{j\in I_m}\bar{l}_j+\sum_{i\in I_m}\bar{l}_{i+m}^2\sum_{j\in I_m}\bar{l}_{j+3m}+\sum_{i\in I_m}\bar{l}_i^2\sum_{j\in I_m}\bar{l}_{j+m}+\\&\sum_{i\in I_m}\bar{l}_{i+m}^2\sum_{j\in I_m}\bar{l}_{j+2m}\\=&\sum_{i\in I_m}\bar{l}_i^2\Big(\sum_{j\in I_m}\bar{l}_j+\sum_{j\in I_m}\bar{l}_{j+m}\Big)+\sum_{i\in I_m}\bar{l}_{i+m}^2\Big(\sum_{j\in I_m}\bar{l}_{j+2m}+\sum_{j\in I_m}\bar{l}_{j+3m}\Big).\end{aligned}$$

因为 $\boldsymbol{H}$ 是一个 MR$(2,2m)$，不难得出，

$$\sum_{j \in I_m} \bar{l}_j + \sum_{j \in I_m} \bar{l}_{j+m} = 0,$$

$$\sum_{j \in I_m} \bar{l}_{j+2m} + \sum_{j \in I_m} \bar{l}_{j+3m} = 0.$$

所以 $\sum_{S_{11}} \bar{a}_{i,j}^2 \bar{a}_{j,i} = 0$.同理可证, $\sum_{S_{12}} \bar{a}_{i,j}^2 \bar{a}_{j,i} = 0$.

综上所述,$\boldsymbol{A}$ 是一个 * SSSODLS($4m$).

例 8.3.1 已知一个 SSSODLS(4)是本章开头给出的 $\boldsymbol{U}_4$, $\mathbf{V}$ 是一个 SSSODLS(5),

$$\mathbf{V} = \begin{bmatrix} 1 & 3 & 0 & 2 & 4 \\ 2 & 4 & 1 & 3 & 0 \\ 3 & 0 & 2 & 4 & 1 \\ 4 & 1 & 3 & 0 & 2 \\ 0 & 2 & 4 & 1 & 3 \end{bmatrix}.$$

令 $$\mathbf{W} = (w_{i,j}),\ w_{i,j} = 5u_{r,s} + v_{x,y},$$

$$i = 5r + x, j = 5s + y, r, s \in I_4, x, y \in I_5,$$

则有

$$\mathbf{W} = \left[\begin{array}{ccccc|ccccc|ccccc|ccccc}
1 & 3 & 0 & 2 & 4 & 6 & 8 & 5 & 7 & 9 & 16 & 18 & 15 & 17 & 19 & 11 & 13 & 10 & 12 & 14 \\
2 & 4 & 1 & 3 & 0 & 7 & 9 & 6 & 8 & 5 & 17 & 19 & 16 & 18 & 15 & 12 & 14 & 11 & 13 & 10 \\
3 & 0 & 2 & 4 & 1 & 8 & 5 & 7 & 9 & 6 & 18 & 15 & 17 & 19 & 16 & 13 & 10 & 12 & 14 & 11 \\
4 & 1 & 3 & 0 & 2 & 9 & 6 & 8 & 5 & 7 & 19 & 16 & 18 & 15 & 17 & 14 & 11 & 13 & 10 & 12 \\
0 & 2 & 4 & 1 & 3 & 5 & 7 & 9 & 6 & 8 & 15 & 17 & 19 & 16 & 18 & 10 & 12 & 14 & 11 & 13 \\
\hline
16 & 18 & 15 & 17 & 19 & 11 & 13 & 10 & 12 & 14 & 1 & 3 & 0 & 2 & 4 & 6 & 8 & 5 & 7 & 9 \\
17 & 19 & 16 & 18 & 15 & 12 & 14 & 11 & 13 & 10 & 2 & 4 & 1 & 3 & 0 & 7 & 9 & 6 & 8 & 5 \\
18 & 15 & 17 & 19 & 16 & 13 & 10 & 12 & 14 & 11 & 3 & 0 & 2 & 4 & 1 & 8 & 5 & 7 & 9 & 6 \\
19 & 16 & 18 & 15 & 17 & 14 & 11 & 13 & 10 & 12 & 4 & 1 & 3 & 0 & 2 & 9 & 6 & 8 & 5 & 7 \\
15 & 17 & 19 & 16 & 18 & 11 & 12 & 14 & 11 & 13 & 0 & 2 & 4 & 1 & 3 & 5 & 7 & 9 & 6 & 8 \\
\hline
11 & 13 & 10 & 12 & 14 & 16 & 18 & 15 & 17 & 19 & 6 & 8 & 5 & 7 & 9 & 1 & 3 & 0 & 2 & 4 \\
12 & 14 & 11 & 13 & 10 & 17 & 19 & 16 & 18 & 15 & 7 & 9 & 6 & 8 & 5 & 2 & 4 & 1 & 3 & 0 \\
13 & 10 & 12 & 14 & 11 & 18 & 15 & 17 & 19 & 16 & 8 & 5 & 7 & 9 & 6 & 3 & 0 & 2 & 4 & 1 \\
14 & 11 & 13 & 10 & 12 & 19 & 16 & 18 & 15 & 17 & 9 & 6 & 8 & 5 & 7 & 4 & 1 & 3 & 0 & 2 \\
10 & 12 & 14 & 11 & 13 & 15 & 17 & 19 & 16 & 18 & 5 & 7 & 9 & 6 & 8 & 0 & 2 & 4 & 1 & 3 \\
\hline
6 & 8 & 5 & 7 & 9 & 1 & 3 & 0 & 2 & 4 & 11 & 13 & 10 & 12 & 14 & 16 & 18 & 15 & 17 & 19 \\
7 & 9 & 6 & 8 & 5 & 2 & 4 & 1 & 3 & 0 & 12 & 14 & 11 & 13 & 10 & 17 & 19 & 16 & 18 & 15 \\
8 & 5 & 7 & 9 & 6 & 3 & 0 & 2 & 4 & 1 & 13 & 10 & 12 & 14 & 11 & 18 & 15 & 17 & 19 & 16 \\
9 & 6 & 8 & 5 & 7 & 4 & 1 & 3 & 0 & 2 & 14 & 11 & 13 & 10 & 12 & 19 & 16 & 18 & 15 & 17 \\
5 & 7 & 9 & 6 & 8 & 0 & 2 & 4 & 1 & 3 & 10 & 12 & 14 & 11 & 13 & 15 & 17 & 19 & 16 & 18
\end{array}\right].$$

一个 MR(2,10)如下：

$$\boldsymbol{H}=\begin{bmatrix} 0 & 1 & 3 & 9 & 11 & 12 & 13 & 14 & 15 & 17 \\ 19 & 18 & 16 & 10 & 8 & 7 & 6 & 5 & 4 & 2 \end{bmatrix}.$$

设 $\boldsymbol{L}=(l_j)$，其中，

$$l_j=\begin{cases} h_{0,j}, & j\in I_{10}; \\ h_{1,4m-1-j}, & j\in I_{20}\setminus I_{10}. \end{cases}$$

$$\boldsymbol{L}=(l_j)=(0 \quad 1 \quad 3 \quad 9 \quad 11 \quad 12 \quad 13 \quad 14 \quad 15 \quad 17 \quad 2 \quad 4 \quad 5 \quad 6 \quad 7 \quad 8 \quad 10 \quad 16 \quad 18 \quad 19).$$

令 $\boldsymbol{A}=(a_{i,j})$，$a_{i,j}=l_{w_{i,j}}$，$i,j\in I_{20}$，则

$$\boldsymbol{A}=\left[\begin{array}{ccccc|ccccc|ccccc|ccccc}
1 & 9 & 0 & 3 & 11 & 13 & 15 & 12 & 14 & 17 & 10 & 18 & 8 & 16 & 19 & 4 & 6 & 2 & 5 & 7 \\
3 & 11 & 1 & 9 & 0 & 14 & 17 & 13 & 15 & 12 & 10 & 19 & 10 & 18 & 8 & 5 & 7 & 4 & 6 & 2 \\
9 & 0 & 3 & 11 & 1 & 15 & 12 & 14 & 17 & 13 & 18 & 8 & 16 & 19 & 10 & 6 & 2 & 5 & 7 & 4 \\
11 & 1 & 9 & 0 & 3 & 17 & 13 & 15 & 12 & 14 & 19 & 10 & 18 & 8 & 16 & 7 & 4 & 6 & 2 & 5 \\
0 & 3 & 11 & 1 & 9 & 12 & 14 & 17 & 13 & 15 & 8 & 16 & 19 & 10 & 18 & 2 & 5 & 7 & 4 & 6 \\
\hline
10 & 18 & 8 & 16 & 19 & 4 & 6 & 2 & 5 & 7 & 1 & 9 & 0 & 3 & 11 & 13 & 15 & 12 & 14 & 17 \\
16 & 19 & 10 & 18 & 8 & 5 & 7 & 4 & 6 & 2 & 3 & 11 & 1 & 9 & 0 & 14 & 17 & 13 & 15 & 12 \\
18 & 8 & 16 & 19 & 10 & 6 & 2 & 5 & 7 & 4 & 9 & 0 & 3 & 11 & 1 & 15 & 12 & 14 & 17 & 13 \\
19 & 10 & 18 & 8 & 16 & 7 & 4 & 6 & 2 & 5 & 11 & 1 & 9 & 0 & 3 & 17 & 13 & 15 & 12 & 14 \\
8 & 16 & 19 & 10 & 18 & 2 & 5 & 7 & 4 & 6 & 0 & 3 & 11 & 1 & 9 & 12 & 14 & 17 & 13 & 15 \\
\hline
4 & 6 & 2 & 5 & 7 & 10 & 18 & 8 & 16 & 19 & 13 & 15 & 12 & 14 & 17 & 1 & 9 & 0 & 3 & 11 \\
5 & 7 & 4 & 6 & 2 & 16 & 19 & 10 & 18 & 8 & 14 & 17 & 13 & 15 & 12 & 3 & 11 & 1 & 9 & 0 \\
6 & 2 & 5 & 7 & 4 & 18 & 8 & 16 & 19 & 10 & 15 & 12 & 14 & 17 & 13 & 9 & 0 & 3 & 11 & 1 \\
7 & 4 & 6 & 2 & 5 & 19 & 10 & 18 & 8 & 16 & 17 & 13 & 15 & 12 & 14 & 11 & 1 & 9 & 0 & 3 \\
2 & 5 & 7 & 4 & 6 & 8 & 16 & 19 & 10 & 18 & 12 & 14 & 17 & 13 & 15 & 0 & 3 & 11 & 1 & 9 \\
\hline
13 & 15 & 12 & 14 & 17 & 1 & 9 & 0 & 3 & 11 & 4 & 6 & 2 & 5 & 7 & 10 & 18 & 8 & 16 & 19 \\
14 & 17 & 13 & 15 & 12 & 3 & 11 & 1 & 9 & 0 & 5 & 7 & 4 & 6 & 2 & 16 & 19 & 10 & 18 & 8 \\
15 & 12 & 14 & 17 & 13 & 9 & 0 & 3 & 11 & 1 & 6 & 2 & 5 & 7 & 4 & 18 & 8 & 16 & 19 & 10 \\
17 & 13 & 15 & 12 & 14 & 11 & 1 & 9 & 0 & 3 & 7 & 4 & 6 & 2 & 5 & 19 & 10 & 18 & 8 & 16 \\
12 & 14 & 17 & 13 & 15 & 0 & 3 & 11 & 1 & 9 & 2 & 5 & 7 & 4 & 6 & 8 & 16 & 19 & 10 & 18
\end{array}\right].$$

不难验证，$\boldsymbol{A}$ 是一个 $*$ SSSODLS(20).

引理 8.3.1 不存在 $*$ SSSODLS(4).

证 假设 $\boldsymbol{A}$ 是一个 $*$ SSSODLS(4). 令 $\overline{a}_{i,j}=a_{i,j}-\dfrac{3}{2}$，$e=2\,\overline{a}_{0,0}$，$f=$

$2\overline{a}_{0,1}$，$g=2\overline{a}_{1,0}$，$h=2\overline{a}_{1,1}$则 $e,f,g,h\in\{-3,-1,1,3\}$，显然 e,f,h 是两两不相等的，且 $g\neq e,g\neq h$，以及$e^3+h^3\in\{\pm 28,\pm 26,0\}$. 由式(8-1)知 $e^3+h^3+fg(f+g)=0$.

现在证明 $g\neq f$. 事实上，若 $g=f$，则有 $e^3+h^3+2f^3=0$. 如果 $e^3+h^3=0$，则 $f=0$，矛盾.因此，$e^3+h^3\in\{\pm 28,\pm 26\}$ 及 $f^3\in\{\pm 14,\pm 13\}$，这是不可能的，即 $g\neq f$.

由上面的讨论可知 $\{e,f,g,h\}=\{-3,-1,1,3\}$. 因此，

$$f+g\in\{\pm 2,\pm 4,0\},\ fg\in\{-1,\pm 3,-9\},$$

$$fg(f+g)\in\{0,\pm 2,\pm 4,\pm 6,\pm 12,\pm 18,\pm 36\}.$$

从而 $e^3+h^3=-fg(f+g)=0$. 因此,$h=-e,g=-f$，$\overline{a}_{2,2}=-\overline{a}_{1,1}=e=\overline{a}_{0,0}$，这与 $\boldsymbol{A}$ 是对角的相矛盾.所以不存在一个 *SSSODLS(4).

引理 8.3.2 存在一个 *SSSODLS(8).

证 令

$$\boldsymbol{A}_8=\begin{bmatrix}0&2&4&6&5&7&1&3\\6&4&2&0&3&1&7&5\\1&3&5&7&4&6&0&2\\7&5&3&1&2&0&6&4\\3&1&7&5&6&4&2&0\\5&7&1&3&0&2&4&6\\2&0&6&4&7&5&3&1\\4&6&0&2&1&3&5&7\end{bmatrix},$$

容易验证 $\boldsymbol{A}_8$ 是一个 *SSSODLS(8).

引理 8.3.3 存在一个 *SSSODLS(12).

证 令

$$\boldsymbol{A}_{12}=\begin{bmatrix}0&1&10&4&7&6&8&5&2&3&11&9\\5&3&0&6&2&11&4&1&8&9&7&10\\8&2&7&1&3&9&10&0&11&5&6&4\\3&9&4&10&8&2&1&11&0&6&5&7\\6&8&11&5&9&0&7&10&3&2&4&1\\11&10&1&7&4&5&3&6&9&8&0&2\\9&11&3&2&5&8&6&7&4&10&1&0\\10&7&9&8&1&4&11&2&6&0&3&5\\4&6&5&11&0&10&9&3&1&7&2&8\\7&5&6&0&11&1&2&8&10&4&9&3\\1&4&2&3&10&7&0&9&5&11&8&6\\2&0&8&9&6&3&5&4&7&1&10&11\end{bmatrix},$$

容易验证,$\boldsymbol{A}_{12}$是一个 * SSSODLS(12).

引理 8.3.4 存在一个 * SSSODLS(24).

证 令

$$
\boldsymbol{A}_{24}=\left[\begin{array}{cccccccccccc|cccccccccccc}
22 & 18 & 2 & 7 & 21 & 17 & 3 & 8 & 0 & 1 & 23 & 16 & 14 & 19 & 15 & 10 & 6 & 13 & 5 & 9 & 11 & 12 & 4 & 20 \\
7 & 3 & 5 & 21 & 13 & 14 & 16 & 20 & 12 & 19 & 15 & 10 & 6 & 11 & 9 & 2 & 0 & 1 & 17 & 22 & 8 & 4 & 18 & 23 \\
6 & 22 & 0 & 20 & 4 & 9 & 23 & 19 & 5 & 10 & 2 & 3 & 1 & 18 & 16 & 21 & 17 & 12 & 8 & 15 & 7 & 11 & 13 & 14 \\
20 & 1 & 9 & 5 & 7 & 23 & 15 & 16 & 18 & 22 & 14 & 21 & 17 & 12 & 8 & 13 & 11 & 4 & 2 & 3 & 19 & 0 & 10 & 6 \\
15 & 16 & 8 & 0 & 2 & 22 & 6 & 11 & 1 & 21 & 7 & 12 & 4 & 5 & 3 & 20 & 18 & 23 & 19 & 14 & 10 & 17 & 9 & 13 \\
12 & 6 & 22 & 0 & 11 & 7 & 9 & 1 & 17 & 18 & 20 & 0 & 10 & 23 & 19 & 14 & 10 & 15 & 13 & 0 & 4 & 5 & 21 & 2 \\
11 & 15 & 17 & 18 & 10 & 2 & 4 & 0 & 8 & 13 & 3 & 23 & 9 & 14 & 6 & 7 & 5 & 22 & 20 & 1 & 21 & 16 & 12 & 19 \\
23 & 4 & 14 & 10 & 0 & 5 & 13 & 9 & 11 & 3 & 19 & 20 & 22 & 2 & 18 & 1 & 21 & 16 & 12 & 17 & 15 & 8 & 6 & 7 \\
14 & 21 & 13 & 17 & 19 & 20 & 12 & 4 & 6 & 2 & 10 & 15 & 5 & 1 & 11 & 16 & 8 & 9 & 7 & 0 & 22 & 3 & 23 & 18 \\
8 & 9 & 1 & 6 & 16 & 12 & 2 & 7 & 15 & 11 & 13 & 5 & 21 & 22 & 0 & 4 & 20 & 3 & 23 & 18 & 14 & 19 & 17 & 10 \\
1 & 20 & 16 & 23 & 15 & 19 & 21 & 22 & 14 & 6 & 8 & 4 & 12 & 17 & 7 & 3 & 13 & 18 & 10 & 11 & 9 & 2 & 0 & 5 \\
19 & 12 & 10 & 11 & 3 & 8 & 18 & 14 & 4 & 9 & 17 & 13 & 15 & 7 & 23 & 0 & 2 & 6 & 22 & 5 & 1 & 20 & 16 & 21 \\
\hline
2 & 7 & 3 & 22 & 18 & 1 & 17 & 21 & 23 & 0 & 16 & 8 & 10 & 6 & 14 & 19 & 9 & 5 & 15 & 20 & 12 & 13 & 11 & 4 \\
18 & 23 & 21 & 14 & 12 & 13 & 5 & 10 & 20 & 16 & 6 & 11 & 19 & 15 & 17 & 9 & 1 & 2 & 4 & 8 & 0 & 7 & 3 & 22 \\
13 & 6 & 4 & 9 & 5 & 0 & 20 & 3 & 19 & 23 & 1 & 2 & 18 & 10 & 12 & 8 & 16 & 21 & 11 & 7 & 17 & 22 & 14 & 15 \\
5 & 0 & 20 & 1 & 23 & 16 & 14 & 15 & 7 & 12 & 22 & 18 & 8 & 13 & 21 & 17 & 19 & 11 & 3 & 4 & 6 & 10 & 2 & 9 \\
16 & 17 & 15 & 8 & 6 & 11 & 7 & 2 & 22 & 5 & 21 & 1 & 3 & 4 & 20 & 12 & 14 & 10 & 18 & 23 & 13 & 9 & 19 & 0 \\
4 & 11 & 7 & 2 & 22 & 3 & 1 & 18 & 16 & 17 & 9 & 14 & 0 & 20 & 10 & 15 & 23 & 19 & 21 & 13 & 5 & 6 & 8 & 12 \\
21 & 2 & 18 & 19 & 17 & 10 & 8 & 13 & 9 & 4 & 0 & 7 & 23 & 3 & 5 & 6 & 22 & 14 & 16 & 12 & 20 & 1 & 15 & 11 \\
10 & 14 & 6 & 13 & 9 & 4 & 0 & 5 & 3 & 20 & 18 & 19 & 11 & 16 & 2 & 22 & 12 & 17 & 1 & 21 & 23 & 15 & 7 & 8 \\
17 & 13 & 23 & 4 & 20 & 21 & 19 & 12 & 10 & 15 & 11 & 6 & 2 & 9 & 1 & 5 & 7 & 8 & 0 & 16 & 18 & 14 & 22 & 3 \\
9 & 10 & 12 & 16 & 8 & 15 & 11 & 6 & 2 & 7 & 5 & 22 & 20 & 21 & 13 & 18 & 4 & 0 & 14 & 19 & 3 & 23 & 1 & 17 \\
0 & 5 & 19 & 15 & 1 & 6 & 22 & 23 & 21 & 14 & 12 & 17 & 13 & 8 & 4 & 11 & 3 & 7 & 9 & 10 & 2 & 18 & 20 & 16 \\
3 & 19 & 11 & 12 & 14 & 18 & 10 & 17 & 13 & 8 & 4 & 9 & 7 & 0 & 22 & 23 & 15 & 20 & 6 & 2 & 16 & 21 & 5 & 1
\end{array}\right],
$$

容易验证,$\boldsymbol{A}_{24}$是一个 * SSSODLS(24).

引理 8.3.5 存在一个 * SSSODLS(n) 当且仅当 $n\equiv 0(\bmod 4)$, $n\neq 4$.

证 不妨设 $n=4m$.当 $m=1$ 时，由引理 8.3.1 知,不存在一个 * SSSODLS(4). 当 $m=2,3,6$ 时，引理 8.3.2、引理 8.3.3、引理 8.3.4 分别给出了 * SSSODLS($4m$).当 $m\equiv 0,1,3(\bmod 4)$, $m>3$ 时，由引理 8.1.1 知存在一个 SSSODLS(m)，所以根据构造 8.3.2 可知存在一个 * SSSODLS($4m$).当 $m\equiv 2(\bmod 4)$,$m\geqslant 10$ 时,令 $m=4k+2$,$k\geqslant 2$，则 $4m=8(2k+1)$. 根据引理 8.1.1 知存在一个 SSSODLS($2k+1$)，以及根据引理 8.3.2 知存在一个 * SSSODLS(8)，因此根据构造 8.3.1 可得存在一个 * SSSODLS($8(2k+1)$).

8.4 杨辉型 4-重幻方的存在性

定理 8.4.1 当 $n\equiv 2 \pmod 4$，$t\geqslant 3$ 时，不存在 YMS(n,t).

证 假设 C 是一个 YMS$(n,3)$. 不妨设 $n=4k+2$,记 $T=\sum_{S_{11}\cup S_{12}}(c_{i,j}^3-c_{i,j})$.令 $S_t(n)=\frac{1}{n}\sum_{i\in I_{n^2}} i^t$,有

$$S_1(n)=\frac{1}{2}n(n^2-1),\ S_3(n)=\frac{1}{4}n^3(n^2-1)^2.$$

因为 C 是一个 YMS$(n,3)$，所以 $\sum_{S_{11}\cup S_{12}}(c_{i,j}^3-c_{i,j})=\sum_{S_{21}\cup S_{22}}(c_{i,j}^3-c_{i,j})$，从而有

$$T=\frac{n}{2}(S_3(n)-S_1(n))=\frac{n}{2}\left[\frac{1}{4}n^3(n^2-1)^2-\frac{1}{2}n(n^2-1)\right]$$
$$=(2k+1)(2k+1)(4k+1)(4k+3)(16k^2+16k+5)(8k^2+8k+1),$$

即 T 是一个奇数.

然而，$c_{i,j}^3-c_{i,j}=c_{i,j}(c_{i,j}-1)(c_{i,j}+1)$是一个偶数，矛盾.

所以不存在 YMS$(4k+2,3)$,从而不存在 YMS$(4k+2,t)$，$t\geqslant 3$.

定理 8.4.2 对于所有的偶数 n，存在一个 YMS$(n,4)$ 当且仅当 $n\equiv 0 \pmod 4$且 $n\neq 4$.

证 当 $n\equiv 2 \pmod 4$时，由定理 8.4.1 知，不存在一个 YMS$(n,4)$. 当 $n\equiv 0 \pmod 4$时,不妨设 $n=4m$. 当 $m=1$ 时，通过计算机搜索，不存在一个 YMS$(4,3)$,因此不存在 YMS$(4,4)$.当 $m\geqslant 2$ 时，由引理 8.3.5 知存在一个 $*$ SSSODLS$(4m)$，再利用构造 8.2.1,即可得到一个 YMS$(4m,4)$.

第 9 章

杨辉型 t-重幻方

本章研究杨辉型一般的 t 次和幻方(YMS(n,t))的存在性,其中 t 是任意正整数.用强对称自正交对角拉丁方和幻矩给出 YMS(n,t)的构造方法.应用这些构造方法,证明对于整数 $t>1$,当奇数 $k>1$ 时,存在对称基本的 YMS$(2^t,2t-2)$以及对称基本的 YMS$(2^t\cdot k,2t)$.

9.1 杨辉型 t-重幻方的基本构造

Chikaraishi 等[45]给出了一类 YMS$(2^t,2t-2)$杨辉型幻方.本书第 7 章证明了 $n>2$ 是 YMS$(n,2)$存在的充分必要条件.第 8 章证明了一个 YMS$(n,4)$存在的充分必要条件为 $n\equiv 0 \pmod 4$ $n\neq 4$.已知的 YMS 存在性的结论总结如下.

定理 9.1.1 (1) 对任意整数 $t\geqslant 2$,存在一个 YMS$(2^t,2t-2)$;

(2) 存在一个 YMS$(n,2)$当且仅当 n 是偶数且 $n\neq 2$;

(3) 存在一个 YMS$(n,4)$当且仅当 $n\equiv 0 \pmod 4$ 且 $n\neq 4$.

强对称自正交对角拉丁方可用于构造杨辉型幻方.易见,若 $\boldsymbol{A}$ 是一个 SSSODLS(n),则 $n\boldsymbol{A}+\boldsymbol{A}^{\mathrm{T}}$ 是一个 MS(n).

第 8 章引入了一类特殊的偶数阶 SSSODLS(n),记为 * SSSODLS(n). 证明了如果 $\boldsymbol{A}$ 是一个 * SSSODLS(n),那么 $n\boldsymbol{A}+\boldsymbol{A}^{\mathrm{T}}$ 是一个 YMS$(n,4)$.

本章将推广 * SSSODLS(n)来研究对于一般整数 t 的 YMS(n,t).

设 n 是偶数, $t\geqslant 2$.假设 $\boldsymbol{A}$ 是一个 SSSODLS(n),如果 $n\boldsymbol{A}+\boldsymbol{A}^{\mathrm{T}}$ 是一个 YMS(n,t),则 $\boldsymbol{A}$ 是一个杨辉型 t 次和 SSSODLS(n), 记为 YSSSODLS(n,t). 需要指出的是,一个 * SSSODLS(n)必然是一个 YSSSODLS$(n,4)$, 但一个 YSSSODLS$(n,4)$未必总是一个 * SSSODLS(n).

本章研究 YSSSODLS(n,t)及相关构造.

定理 9.1.2 设 $t\geqslant 2,k$ 是奇数.存在一个 YSSSODLS$(2^t\cdot k,2t-2l)$,其中若 $k=1$,则 $l=1$;若 $k>1$,则 $l=0$.$(t,k)=(3,3)$例外.

若 $\boldsymbol{A}$ 是一个 YSSSODLS(n,t),则 $n\boldsymbol{A}+\boldsymbol{A}^{\mathrm{T}}$ 是对称基本的 YMS(n,t).从而得到如下结论.

定理 9.1.3 (1) 存在一个对称基本的 YMS$(2^t,2t-2)$,$t>1$;

(2) 存在一个对称基本的 YMS$(2^t\cdot k,2t)$,$t>1$,k 是奇数,$k>1$.

以上结果不仅增加了 2^t 阶杨辉型幻方的一些有趣性质,而且得到了一般阶数和一般次数的杨辉型幻方.定理 9.1.2 和定理 9.1.3 的证明过程参见本书 9.3 节.

9.2 杨辉型强对称自正交对角拉丁方

本节将利用杨辉型强对称自正交对角拉丁方构造杨辉型幻方,从 t-重行幻矩开始.

设 $\boldsymbol{H}=(h_{i,j})_{2\times 2m}$ 是 I_{4m} 上的矩阵,如果对任意 $j\in I_{2m}$,有 $h_{1,j}=4m-1-h_{0,j}$,那么称 $\boldsymbol{H}$ 是上下对称的. 如果对任意 $j\in I_m$,$i=0,1$,有 $h_{i,j}=4m-1-h_{i,2m-1-j}$,那么称 $\boldsymbol{H}$ 是左右对称的.

假设 $\boldsymbol{H}$ 是一个 RMR$(2,2m;t)$. 如果 $\boldsymbol{H}$ 是上下对称或左右对称的,那么下式成立:

$$\sum_{j=0}^{m-1} h_{i,j}^{e}=\sum_{j=0}^{m-1} h_{1-i,j+m}^{e},e<t,\ i=0,1.$$

这样的 RMR$(2,2m;t)$记为 * RMR$(2,2m;t)$,可用它来构造 YSSSODLS$(4m,t)$.

本节中,为方便起见,用 $\sum\limits_{S_1}$, $\sum\limits_{S_2}$, $\sum\limits_{S_3}$, $\sum\limits_{S_4}$ 分别表示 $\sum\limits_{i=0}^{\frac{n}{2}-1}\sum\limits_{j=0}^{\frac{n}{2}-1}$, $\sum\limits_{i=0}^{\frac{n}{2}-1}\sum\limits_{j=\frac{n}{2}}^{n-1}$, $\sum\limits_{i=\frac{n}{2}}^{n-1}\sum\limits_{j=0}^{\frac{n}{2}-1}$, $\sum\limits_{i=\frac{n}{2}}^{n-1}\sum\limits_{j=\frac{n}{2}}^{n-1}$.

以下引理在本节的幻方构造中起关键作用.

引理 9.2.1 设 n 是偶数,$t\geqslant 2$. 假设 $\boldsymbol{A}$ 是一个 SSSODLS(n).如果

$$\sum_{S_1} a_{i,j}^{p}a_{j,i}^{q}=\sum_{S_4} a_{i,j}^{p}a_{j,i}^{q},\sum_{S_2} a_{i,j}^{p}a_{j,i}^{q}=\sum_{S_3} a_{i,j}^{p}a_{j,i}^{q},$$

其中 $p+q\leqslant t$，那么 $\boldsymbol{A}$ 是一个 YSSSODLS(n,t).

证 设 $\boldsymbol{A}=(a_{i,j})$是一个 SSSODLS(n)，满足给定条件.设

$$\boldsymbol{C}=(c_{i,j}),c_{i,j}=na_{i,j}+a_{j,i},i,j\in I_n.$$

易证,$\boldsymbol{C}$ 是一个 MS(n).

对于任意 $e\in\{2,3,\cdots,t\}$，有

$$\sum_{S_1}c_{i,j}^e=\sum_{S_1}(na_{i,j}+a_{j,i})^e=\sum_{k=0}^{e}\binom{e}{k}n^{e-k}\sum_{S_1}a_{i,j}^{e-k}a_{j,i}^k.$$

由条件有 $\sum\limits_{S_1}a_{i,j}^{e-k}a_{j,i}^k=\sum\limits_{S_4}a_{i,j}^{e-k}a_{j,i}^k$. 因此，

$$\begin{aligned}\sum_{S_1}c_{i,j}^e&=\sum_{k=0}^{e}\binom{e}{k}n^{e-k}\sum_{S_4}a_{i,j}^{e-k}a_{j,i}^k\\&=\sum_{S_4}(na_{i,j}+a_{j,i})^e\\&=\sum_{S_4}c_{i,j}^e.\end{aligned}$$

同理可证，$\sum\limits_{S_2}c_{i,j}^e=\sum\limits_{S_3}c_{i,j}^e$. 因此，

$$\sum_{S_1}c_{i,j}^e+\sum_{S_2}c_{i,j}^e=\sum_{S_3}c_{i,j}^e+\sum_{S_4}c_{i,j}^e,$$

$$\sum_{S_1}c_{i,j}^e+\sum_{S_3}c_{i,j}^e=\sum_{S_2}c_{i,j}^e+\sum_{S_4}c_{i,j}^e.$$

综上,$\boldsymbol{C}$ 是一个 YMS(n,t),$\boldsymbol{A}$ 是一个 YSSSODLS(n,t).

我们将使用 SSSODLS 和 $*$RMR 给出 YSSSODLS 的构造.

引理 9.2.2 如果存在一个 SSSODLS(m)和一个 $*$RMR$(2,2m;t)$，那么存在一个 YSSSODLS$(4m,2t)$.

证 设 $n=4m$,$\boldsymbol{U}$ 是一个 SSSODLS(m)，

$$\boldsymbol{U}=\begin{bmatrix}0&1&3&2\\3&2&0&1\\2&3&1&0\\1&0&2&3\end{bmatrix}.$$

定义矩阵 $\boldsymbol{W}$,其元素为

$$w_{i,j}=mu_{r,s}+v_{x,y},$$
$$i=mr+x,j=ms+y,r,s\in I_4,x,y\in I_m.$$

易证,$\boldsymbol{W}$ 是一个 SSSODLS$(4m)$.

设 $\boldsymbol{H}=\begin{bmatrix}\boldsymbol{H}_0&\boldsymbol{H}_1\\\boldsymbol{H}_2&\boldsymbol{H}_3\end{bmatrix}$ 是一个 $*$RMR$(2,2m;t)$，其中 $\boldsymbol{H}_i=(h_{i,0},\cdots,h_{i,m-1})$，

$i\in I_4$.设 $\boldsymbol{L}=(\boldsymbol{L}_0,\boldsymbol{L}_1,\boldsymbol{L}_2,\boldsymbol{L}_3)=(l_0,l_1,\cdots,l_{4m-1})$由下式给出:

(1) 若 $\boldsymbol{H}$ 是上下对称的, 则 $\boldsymbol{L}=(\boldsymbol{H}_0,\overrightarrow{\boldsymbol{H}}_1,\boldsymbol{H}_3,\overrightarrow{\boldsymbol{H}}_2)$, 其中$\overrightarrow{\boldsymbol{H}}_i=(h_{i,m-1},\cdots,h_{i,0})$.

(2) 若 $\boldsymbol{H}$ 是左右对称的, 则 $\boldsymbol{L}=(\boldsymbol{H}_0,\boldsymbol{H}_2,\boldsymbol{H}_3,\boldsymbol{H}_1)$.

对于这两种情形都有 $l_j+l_{4m-1-j}=4m-1$, 对任意 $j\in I_{4m}$.设 $\boldsymbol{A}=(a_{i,j})$, $a_{i,j}=l_{wi,j}$, $i,j\in I_{4m}$,则 $\boldsymbol{A}$ 是一个 SSSODLS$(4m)$.下证 $\boldsymbol{A}$ 是一个 YSSSODLS$(4m,2t)$.

对于 $i,j\in I_{4m}$, 存在 $r,s\in I_4$以及 $x,y\in I_m$,使得

$$a_{i,j}=l_{wi,j}=l_{wmr+x,ms+y}=l_{mu_{r,s}+v_{x,y}},i=mr+x,j=ms+y.$$

因 $\boldsymbol{V}$ 是自正交的, 故$\{(v_{x,y},v_{y,x})\mid x,y\in I_m\}=\{(x,y)\mid x,y\in I_m\}$,从而对任意 r,s p,q 都有

$$l^p_{mu_{r,s}+v_{x,y}}\,l^q_{mu_{s,r}+v_{y,x}}=\sum_x\sum_y l^p_{mu_{r,s}+x}\,l^q_{mu_{s,r}+y}=\sum_x l^p_{mu_{r,s}+x}\sum_y l^q_{mu_{s,r}+y}.$$

为方便起见,用 $\sum\limits_z$ 表示$\sum\limits_{z=0}^{m-1}$, 其中 z 可以为 $x,y,\cdots$.

叠置 $\boldsymbol{V}$ 和 $\boldsymbol{V}^{\mathrm{T}}$ 得

$$\boldsymbol{D}=\begin{bmatrix}(0,0)&(1,3)&(3,2)&(2,1)\\(3,1)&(2,2)&(0,3)&(1,0)\\(2,3)&(3,0)&(1,1)&(0,2)\\(1,2)&(0,1)&(2,0)&(3,3)\end{bmatrix}.$$

设 $p+q\leqslant 2t$.考虑 $\sum\limits_{S_1}a^p_{i,j}a^q_{j,i}$,也就是$\sum\limits_{r=0}^{1}\sum\limits_{s=0}^{1}\left(\sum\limits_x l^p_{mu_{r,s}+x}\right)\left(\sum\limits_y l^q_{mu_{s,r}+y}\right)$, 这对应于 $\boldsymbol{D}$ 的左上角,即$\{(u_{r,s},u_{s,r})\mid r=0,1,s=0,1\}=\{(0,0),(1,3),(3,1),(2,2)\}$, 有

$$\sum_{S_1}a^p_{i,j}a^q_{j,i}=\sum_x l^p_x\sum_y l^q_y+\sum_x l^p_{m+x}\sum_y l^q_{3m+y}+\sum_x l^p_{3m+x}\sum_y l^q_{m+y}+\sum_x l^p_{2m+x}\sum_y l^q_{2m+y}.\tag{9-1}$$

类似地,有

$$\sum_{S_2}a^p_{i,j}a^q_{j,i}=\sum_x l^p_{3m+x}\sum_y l^q_{2m+y}+\sum_x l^p_{2m+x}\sum_y l^q_{m+y}+\sum_x l^p_x\sum_y l^q_{3m+y}+\sum_x l^p_{m+x}\sum_y l^q_y,\tag{9-2}$$

$$\sum_{S_3}a^p_{i,j}a^q_{j,i}=\sum_x l^p_{2m+x}\sum_y l^q_{3m+y}+\sum_x l^p_{3m+x}\sum_y l^q_y+\sum_x l^p_{m+x}\sum_y l^q_{2m+y}+\sum_x l^p_x\sum_y l^q_{m+y},\tag{9-3}$$

$$\sum_{S_4} a_{i,j}^p a_{j,i}^q = \sum_x l_{m+x}^p \sum_y l_{m+y}^q + \sum_x l_x^p \sum_y l_{2m+y}^q + \sum_x l_{2m+x}^p \sum_y l_y^q + \sum_x l_{3m+x}^p \sum_y l_{3m+y}^q. \tag{9-4}$$

考虑以下两种情形.

情形1 $\boldsymbol{H}$ 是上下对称的

因 $\boldsymbol{L}=(\boldsymbol{L}_0,\boldsymbol{L}_1,\boldsymbol{L}_2,\boldsymbol{L}_3)=(\boldsymbol{H}_0,\overrightarrow{\boldsymbol{H}}_1,\boldsymbol{H}_3,\overrightarrow{\boldsymbol{H}}_2)$,故对任意整数 e 有

$$\sum_z l_z^e = \sum_z h_{0,z}^e, \sum_z l_{m+z}^e = \sum_z h_{1,z}^e,$$

$$\sum_z l_{2m+z}^e = \sum_z h_{3,z}^e, \sum_z l_{3m+z}^e = \sum_z h_{2,z}^e.$$

因为 $\boldsymbol{H}$ 是一个 $*\mathrm{RMR}(2,2m;t)$,所以有

$$\sum_z h_{0,z}^e = \sum_z h_{3,z}^e, \ \sum_z h_{2,z}^e = \sum_z h_{1,z}^e, e < t.$$

从而,

$$\sum_z l_z^e = \sum_z l_{2m+z}^e, \ \sum_z l_{3m+z}^e = \sum_z l_{m+z}^e, e < t.$$

下证 $\sum_{S_1} a_{i,j}^p a_{j,i}^q = \sum_{S_4} a_{i,j}^p a_{j,i}^q, p+q \leqslant 2t$.

对于 $p>q$, 由式(9-1)和式(9-4)有

$$\sum_{S_1} a_{i,j}^p a_{j,i}^q = \left(\sum_x l_x^p + \sum_x l_{2m+x}^p\right) \sum_y l_y^q + \left(\sum_x l_{m+x}^p + \sum_x l_{3m+x}^p\right) \sum_y l_{m+y}^q,$$

$$\sum_{S_4} a_{i,j}^p a_{j,i}^q = \left(\sum_x l_{m+x}^p + \sum_x l_{3m+x}^p\right) \sum_y l_{m+y}^q + \left(\sum_x l_x^p + \sum_x l_{2m+x}^p\right) \sum_y l_y^q,$$

从而有 $\sum_{S_1} a_{i,j}^p a_{j,i}^q = \sum_{S_4} a_{i,j}^p a_{j,i}^q$.

对于 $p<q$, 有

$$\sum_{S_1} a_{i,j}^p a_{j,i}^q = \sum_x l_x^p \left(\sum_y l_y^q + \sum_y l_{2m+y}^q\right) + \sum_x l_{m+x}^p \left(\sum_y l_{3m+y}^q + \sum_y l_{m+y}^q\right),$$

$$\sum_{S_4} a_{i,j}^p a_{j,i}^q = \sum_x l_{m+x}^p \left(\sum_y l_{m+y}^q + \sum_y l_{3m+y}^q\right) + \sum_x l_x^p \left(\sum_y l_{2m+y}^q + \sum_y l_y^q\right),$$

从而有 $\sum_{S_1} a_{i,j}^p a_{j,i}^q = \sum_{S_4} a_{i,j}^p a_{j,i}^q$.

对于 $p=q=t$, 因 $\sum_z h_{0,z}^t + \sum_z h_{1,z}^t = \sum_z h_{2,z}^t + \sum_z h_{3,z}^t$, 故有

$$\sum_z l_z^t + \sum_z l_{m+z}^t = \sum_z l_{3m+z}^t + \sum_z l_{2m+z}^t.$$

由式(9-1) 和式(9-2) 有

$$\sum_{S_1} a^t_{i,j}a^t_{j,i} + \sum_{S_2} a^t_{i,j}a^t_{j,i}$$

$$= \sum_x l^t_x \sum_y l^t_y + \sum_x l^t_{m+x} \sum_y l^t_{3m+y} + \sum_x l^t_{3m+x} \sum_y l^t_{m+y} + \sum_x l^t_{2m+x} \sum_y l^t_{2m+y} +$$

$$\sum_x l^t_{3m+x} \sum_y l^t_{2m+y} + \sum_x l^t_{2m+x} \sum_y l^t_{m+y} + \sum_x l^t_x \sum_y l^t_{3m+y} + \sum_x l^t_{m+x} \sum_y l^t_y$$

$$= \left(\sum_x l^t_x + \sum_x l^t_{m+x}\right)\left(\sum_y l^t_y + \sum_y l^t_{3m+y}\right) +$$

$$\left(\sum_x l^t_{3m+x} + \sum_x l^t_{2m+x}\right)\left(\sum_y l^t_{m+y} + \sum_y l^t_{2m+y}\right)$$

$$= \left(\sum_x l^t_x + \sum_x l^t_{m+x}\right)\left(\sum_y l^t_y + \sum_y l^t_{3m+y} + \sum_y l^t_{m+y} + \sum_y l^t_{2m+y}\right).$$

由式(9-2)和式(9-4)得

$$\sum_{S_2} a^t_{i,j}a^t_{j,i} + \sum_{S_4} a^t_{i,j}a^t_{j,i}$$

$$= \sum_x l^t_{3m+x} \sum_y l^t_{2m+y} + \sum_x l^t_{2m+x} \sum_y l^t_{m+y} + \sum_x l^t_x \sum_y l^t_{3m+y} + \sum_x l^t_{m+x} \sum_y l^t_y +$$

$$\sum_x l^t_{m+x} \sum_y l^t_{m+y} + \sum_x l^t_x \sum_y l^t_{2m+y} + \sum_x l^t_{2m+x} \sum_y l^t_y + \sum_x l^t_{3m+x} \sum_y l^t_{3m+y}$$

$$= \left(\sum_x l^t_x + \sum_x l^t_{3m+x} + \sum_x l^t_{m+x} + \sum_x l^t_{2m+x}\right)\left(\sum_y l^t_y + \sum_y l^t_{m+y}\right).$$

所以有

$$\sum_{S_1} a^t_{i,j}a^t_{j,i} + \sum_{S_2} a^t_{i,j}a^t_{j,i} = \sum_{S_2} a^t_{i,j}a^t_{j,i} + \sum_{S_4} a^t_{i,j}a^t_{j,i},$$

即有

$$\sum_{S_1} a^t_{i,j}a^t_{j,i} = \sum_{S_4} a^t_{i,j}a^t_{j,i}.$$

至此,我们证明了 $\sum_{S_1} a^p_{i,j}a^q_{j,i} = \sum_{S_4} a^p_{i,j}a^q_{j,i}, p+q \leqslant 2t.$

由式(9-1)、式(9-2) 和式(9-3) 类似可证 $\sum_{S_2} a^p_{i,j}a^q_{j,i} = \sum_{S_3} a^p_{i,j}a^q_{j,i}, p+q \leqslant 2t.$

由引理 9.2.1 知,$\boldsymbol{A}$ 是一个 YSSSODLS$(4m, 2t)$.

情形 2 $\boldsymbol{H}$ **是左右对称的**

因 $\boldsymbol{L}=(\boldsymbol{L}_0, \boldsymbol{L}_1, \boldsymbol{L}_2, \boldsymbol{L}_3)=(\boldsymbol{H}_0, \boldsymbol{H}_2, \boldsymbol{H}_3, \boldsymbol{H}_1)$,故对任意整数 e,有

$$\sum_z l^e_z = \sum_x h^e_{0,z}, \sum_z l^e_{m+z} = \sum_x h^e_{2,z},$$

$$\sum_z l^e_{2m+z} = \sum_x h^e_{3,z}, \sum_z l^e_{3m+z} = \sum_x h^e_{1,z}.$$

因 $\sum_z h^e_{0,z} = \sum_z h^e_{3,z}$, $\sum_z h^e_{2,z} = \sum_z h^e_{1,z}, e < t$,故有

$$\sum_z l^e_z = \sum_z l^e_{2m+z}, \sum_z l^e_{m+z} = \sum_z l^e_{3m+z}, e < t,$$

这恰好就是情形 1 中证明部分所给出的等式，因此可得

$$\sum_{S_1} a_{i,j}^p a_{j,i}^q = \sum_{S_4} a_{i,j}^p a_{j,i}^q, \sum_{S_2} a_{i,j}^p a_{j,i}^q = \sum_{S_3} a_{i,j}^p a_{j,i}^q, p+q \leqslant 2t, p \neq q.$$

对于 $p=q=t$，因 $\sum_x h_{0,x}^t + \sum_x h_{1,x}^t = \sum_x h_{2,x}^t + \sum_x h_{3,x}^t$，故有

$$\sum_z l_z^t + \sum_z l_{3m+z}^t = \sum_z l_{m+z}^t + \sum_z l_{2m+z}^t.$$

由式(9-1)和式(9-2) 得

$$\begin{aligned}
&\sum_{S_1} a_{i,j}^t a_{j,i}^t + \sum_{S_2} a_{i,j}^t a_{j,i}^t \\
&= \Big(\sum_x l_x^t + \sum_x l_{m+x}^t\Big)\Big(\sum_y l_y^t + \sum_y l_{3m+y}^t\Big) + \\
&\quad \Big(\sum_x l_{3m+x}^t + \sum_x l_{2m+x}^t\Big)\Big(\sum_y l_{m+y}^t + \sum_y l_{2m+y}^t\Big) \\
&= \Big(\sum_x l_x^t + \sum_x l_{m+x}^t + \sum_x l_{3m+x}^t + \sum_x l_{2m+x}^t\Big)\Big(\sum_y l_y^t + \sum_y l_{3m+y}^t\Big).
\end{aligned}$$

由式(9-2)和式(9-4) 得

$$\begin{aligned}
&\sum_{S_2} a_{i,j}^t a_{j,i}^t + \sum_{S_4} a_{i,j}^t a_{j,i}^t \\
&= \Big(\sum_x l_x^t + \sum_x l_{3m+x}^t\Big)\Big(\sum_y l_{2m+y}^t + \sum_y l_{3m+y}^t\Big) + \\
&\quad \Big(\sum_x l_{2m+x}^t + \sum_x l_{m+x}^t\Big)\Big(\sum_y l_y^t + \sum_y l_{m+y}^t\Big) \\
&= \Big(\sum_x l_x^t + \sum_x l_{3m+x}^t\Big)\Big(\sum_y l_{2m+y}^t + \sum_y l_{3m+y}^t + \sum_y l_y^t + \sum_y l_{m+y}^t\Big).
\end{aligned}$$

因此，

$$\sum_{S_1} a_{i,j}^t a_{j,i}^t + \sum_{S_2} a_{i,j}^t a_{j,i}^t = \sum_{S_2} a_{i,j}^t a_{j,i}^t + \sum_{S_4} a_{i,j}^t a_{j,i}^t,$$

$$\sum_{S_1} a_{i,j}^t a_{j,i}^t = \sum_{S_4} a_{i,j}^t a_{j,i}^t.$$

从而 $\sum_{S_1} a_{i,j}^p a_{j,i}^q = \sum_{S_4} a_{i,j}^p a_{j,i}^q, p+q \leqslant 2t.$

由式(9-1)、式(9-2)和式(9-3)类似可证 $\sum_{S_2} a_{i,j}^p a_{j,i}^q = \sum_{S_3} a_{i,j}^p a_{j,i}^q, p+q \leqslant 2t.$

由引理 9.2.1 得，$\boldsymbol{A}$ 是一个 YSSSODLS($4m$, $2t$).

结合情形 1 和情形 2 可知，$\boldsymbol{A}$ 是一个 YSSSODLS($4m$, $2t$).

现用 YSSSODLS(16,6)和 YSSSODLS(32,8) 来说明引理 9.2.2 的应用.

例 9.2.1 设 $\boldsymbol{U}$ 是引理 9.2.2 给出的一个 SSSODLS(4)，设 $\boldsymbol{V}=\boldsymbol{U}$. 结合引理 9.2.2 中的 $\boldsymbol{U}$ 和 $\boldsymbol{V}$ 得到一个 SSSODLS(16)如下：

$$
\boldsymbol{W}=\begin{bmatrix}
0 & 1 & 3 & 2 & 4 & 5 & 7 & 6 & 12 & 13 & 15 & 14 & 8 & 9 & 11 & 10\\
3 & 2 & 0 & 1 & 7 & 6 & 4 & 5 & 15 & 14 & 12 & 13 & 11 & 10 & 8 & 9\\
2 & 3 & 1 & 0 & 6 & 7 & 5 & 4 & 14 & 15 & 13 & 12 & 10 & 11 & 9 & 8\\
1 & 0 & 2 & 3 & 5 & 4 & 6 & 7 & 13 & 12 & 14 & 15 & 9 & 8 & 10 & 11\\
12 & 13 & 15 & 14 & 8 & 9 & 11 & 10 & 0 & 1 & 3 & 2 & 4 & 5 & 7 & 6\\
15 & 14 & 12 & 13 & 11 & 10 & 8 & 9 & 3 & 2 & 0 & 1 & 7 & 6 & 4 & 5\\
14 & 15 & 13 & 12 & 10 & 11 & 9 & 8 & 2 & 3 & 1 & 0 & 6 & 7 & 5 & 4\\
13 & 12 & 14 & 15 & 9 & 8 & 10 & 11 & 1 & 0 & 2 & 3 & 5 & 4 & 6 & 7\\
8 & 9 & 11 & 10 & 12 & 13 & 15 & 14 & 4 & 5 & 7 & 6 & 0 & 1 & 3 & 2\\
11 & 10 & 8 & 9 & 15 & 14 & 12 & 13 & 7 & 6 & 4 & 5 & 3 & 2 & 0 & 1\\
10 & 11 & 9 & 8 & 14 & 15 & 13 & 12 & 6 & 7 & 5 & 4 & 2 & 3 & 1 & 0\\
9 & 8 & 10 & 11 & 13 & 12 & 14 & 15 & 5 & 4 & 6 & 7 & 1 & 0 & 2 & 3\\
4 & 5 & 7 & 6 & 0 & 1 & 3 & 2 & 8 & 9 & 11 & 10 & 12 & 13 & 15 & 14\\
7 & 6 & 4 & 5 & 3 & 2 & 0 & 1 & 11 & 10 & 8 & 9 & 15 & 14 & 12 & 13\\
6 & 7 & 5 & 4 & 2 & 3 & 1 & 0 & 10 & 11 & 9 & 8 & 14 & 15 & 13 & 12\\
5 & 4 & 6 & 7 & 1 & 0 & 2 & 3 & 9 & 8 & 10 & 11 & 13 & 12 & 14 & 15
\end{bmatrix}.
$$

构造一个 $*\mathrm{RMR}(2,8;3)$ 如下：

$$
\boldsymbol{H}=\begin{bmatrix}\boldsymbol{H}_0 & \boldsymbol{H}_1\\ \boldsymbol{H}_2 & \boldsymbol{H}_3\end{bmatrix}=\begin{bmatrix}0 & 3 & 6 & 5 & 10 & 9 & 12 & 15\\ 13 & 14 & 11 & 8 & 7 & 4 & 1 & 2\end{bmatrix}.
$$

注意到 $\boldsymbol{H}$ 是左右对称的.如引理 9.2.2 所述得到如下序列：

$$
\begin{aligned}
\boldsymbol{L} &=(\boldsymbol{l}_j)=(\boldsymbol{H}_0,\boldsymbol{H}_2,\boldsymbol{H}_3,\boldsymbol{H}_1)\\
&=(0\ \ 3\ \ 6\ \ 5\ \ 13\ \ 14\ \ 11\ \ 8\ \ 7\ \ 4\ \ 1\ \ 2\ \ 10\ \ 9\ \ 12\ \ 15).
\end{aligned}
$$

设 $\boldsymbol{A}=(a_{i,j})$，$a_{i,j}=l_{w_{i,j}}$，$i,j\in I_{16}$，则

$$
\boldsymbol{A}=\begin{bmatrix}
0 & 3 & 5 & 6 & 13 & 14 & 8 & 11 & 10 & 9 & 15 & 12 & 7 & 4 & 2 & 1\\
5 & 6 & 0 & 3 & 8 & 11 & 13 & 14 & 15 & 12 & 10 & 9 & 2 & 1 & 7 & 4\\
6 & 5 & 3 & 0 & 11 & 8 & 14 & 13 & 12 & 15 & 9 & 10 & 1 & 2 & 4 & 7\\
3 & 0 & 6 & 5 & 14 & 13 & 11 & 8 & 9 & 10 & 12 & 15 & 4 & 7 & 1 & 2\\
10 & 9 & 15 & 12 & 7 & 4 & 2 & 1 & 0 & 3 & 5 & 6 & 13 & 14 & 8 & 11\\
15 & 12 & 10 & 9 & 2 & 1 & 7 & 4 & 5 & 6 & 0 & 3 & 8 & 11 & 13 & 14\\
12 & 15 & 9 & 10 & 1 & 2 & 4 & 7 & 6 & 5 & 3 & 0 & 11 & 8 & 14 & 13\\
9 & 10 & 12 & 15 & 4 & 7 & 1 & 2 & 3 & 0 & 6 & 5 & 14 & 13 & 11 & 8\\
7 & 4 & 2 & 1 & 10 & 9 & 15 & 12 & 13 & 14 & 8 & 11 & 0 & 3 & 5 & 6\\
2 & 1 & 7 & 4 & 15 & 12 & 10 & 9 & 8 & 11 & 13 & 14 & 5 & 6 & 0 & 3\\
1 & 2 & 4 & 7 & 12 & 15 & 9 & 10 & 11 & 8 & 14 & 13 & 6 & 5 & 3 & 0\\
4 & 7 & 1 & 2 & 9 & 10 & 12 & 15 & 14 & 13 & 11 & 8 & 3 & 0 & 6 & 5\\
13 & 14 & 8 & 11 & 0 & 3 & 5 & 6 & 7 & 4 & 2 & 1 & 10 & 9 & 15 & 12\\
8 & 11 & 13 & 14 & 5 & 6 & 0 & 3 & 2 & 1 & 7 & 4 & 15 & 12 & 10 & 9\\
11 & 8 & 14 & 13 & 6 & 5 & 3 & 0 & 1 & 2 & 4 & 7 & 12 & 15 & 9 & 10\\
14 & 13 & 11 & 8 & 3 & 0 & 6 & 5 & 4 & 7 & 1 & 2 & 9 & 10 & 12 & 15
\end{bmatrix}.
$$

易证，$\boldsymbol{A}$ 是一个 YSSSODLS(16,6).

例 9.2.2 设 $\boldsymbol{U}$ 是如引理 9.2.2 所给的一个 SSSODLS(4). 一个 SSSODLS(8)如下：

$$
\boldsymbol{V}=\begin{bmatrix}
0 & 2 & 4 & 6 & 5 & 7 & 1 & 3\\
6 & 4 & 2 & 0 & 3 & 1 & 7 & 5\\
1 & 3 & 5 & 7 & 4 & 6 & 0 & 2\\
7 & 5 & 3 & 1 & 2 & 0 & 6 & 4\\
3 & 1 & 7 & 5 & 6 & 4 & 2 & 0\\
5 & 7 & 1 & 3 & 0 & 2 & 4 & 6\\
2 & 0 & 6 & 4 & 7 & 5 & 3 & 1\\
4 & 6 & 0 & 2 & 1 & 3 & 5 & 7
\end{bmatrix}.
$$

利用引理 9.2.2 中的 $\boldsymbol{U}$ 和 $\boldsymbol{V}$ 可得一个 SSSODLS(32) $\boldsymbol{W}$. 利用例 9.2.1 中的 $*$RMR(2,8;3) 得到一个 $*$RMR(2,16;4)如下：

$$
\boldsymbol{H}=\begin{bmatrix}\boldsymbol{H}_0 & \boldsymbol{H}_1\\ \boldsymbol{H}_2 & \boldsymbol{H}_3\end{bmatrix}
$$

$$
=\begin{bmatrix}
0 & 3 & 6 & 5 & 10 & 9 & 12 & 15 & 18 & 17 & 20 & 23 & 24 & 27 & 30 & 29\\
31 & 28 & 25 & 26 & 21 & 22 & 19 & 16 & 13 & 14 & 11 & 8 & 7 & 4 & 1 & 2
\end{bmatrix}.
$$

注意到 $\boldsymbol{H}$ 是上下对称的，由引理 9.2.2 得

$$\begin{aligned}\boldsymbol{L}=(\boldsymbol{l}_j)&=(\boldsymbol{H}_0,\overrightarrow{\boldsymbol{H}}_1,\boldsymbol{H}_3,\overrightarrow{\boldsymbol{H}}_2)\\&=(0\ \ 3\ \ 6\ \ 5\ \ 10\ \ 9\ \ 12\ \ 15\ \ 29\ \ 30\ \ 27\ \ 24\ \ 23\ \ 20\ \ 17\ \ 18\\&\qquad 13\ \ 14\ \ 11\ \ 8\ \ 7\ \ 4\ \ 1\ \ 2\ \ 16\ \ 19\ \ 22\ \ 21\ \ 26\ \ 25\ \ 28\ \ 31).\end{aligned}$$

设 $\mathbf{A}=(a_{i,j}),a_{i,j}=l_{w_{i,j}},i,j\in I_{32}$，则

$$\mathbf{A}=\left[\begin{array}{cccccccc|cccccccc|cccccccc|cccccccc}
0&6&10&12&9&15&3&5&29&27&23&17&20&18&30&24&16&22&26&28&25&31&19&21&13&11&7&1&4&2&14&8\\
12&10&6&0&5&3&15&9&17&23&27&29&24&30&18&20&28&26&22&16&21&19&31&25&1&7&11&13&8&14&2&4\\
3&5&9&15&10&12&0&6&30&24&20&18&23&17&29&27&19&21&25&31&26&28&16&22&14&8&4&2&7&1&13&11\\
15&9&5&3&6&0&12&10&18&20&24&30&27&29&17&23&31&25&21&19&22&16&28&26&2&4&8&14&11&13&1&7\\
5&3&15&9&12&10&6&0&24&30&18&20&17&23&27&29&21&19&31&25&28&26&22&16&8&14&2&4&1&7&11&13\\
9&15&3&5&0&6&10&12&20&18&30&24&29&27&23&17&25&31&19&21&16&22&26&28&4&2&14&8&13&11&7&1\\
6&0&12&10&15&9&5&3&27&29&17&23&18&20&24&30&22&16&28&26&31&25&21&19&11&13&1&7&2&4&8&14\\
10&12&0&6&3&5&9&15&23&17&29&27&30&24&20&18&26&28&16&22&19&21&25&31&7&1&13&11&14&8&4&2\\
\hline
16&22&26&28&25&31&19&21&13&11&7&1&4&2&14&8&0&6&10&12&9&15&3&5&29&27&23&17&20&18&30&24\\
28&26&22&16&21&19&31&25&1&7&11&13&8&14&2&4&12&10&6&0&5&3&15&9&17&23&27&29&24&30&18&20\\
19&21&25&31&26&28&16&22&14&8&4&2&7&1&13&11&3&5&9&15&10&12&0&6&30&24&20&18&23&17&29&27\\
31&25&21&19&22&16&28&26&2&4&8&14&11&13&1&7&15&9&5&3&6&0&12&10&18&20&24&30&27&29&17&23\\
21&19&31&25&28&26&22&16&8&14&2&4&1&7&11&13&5&3&15&9&12&10&6&0&24&30&18&20&17&23&27&29\\
25&31&19&21&16&22&26&28&4&2&14&8&13&11&7&1&9&15&3&5&0&6&10&12&20&18&30&24&29&27&23&17\\
22&16&28&26&31&25&21&19&11&13&1&7&2&4&8&14&6&0&12&10&15&9&5&3&27&29&17&23&18&20&24&30\\
26&28&16&22&19&21&25&31&7&1&13&11&14&8&4&2&10&12&0&6&3&5&9&15&23&17&29&27&30&24&20&18\\
\hline
13&11&7&1&4&2&14&8&16&22&26&28&25&31&19&21&29&27&23&17&20&18&30&24&0&6&10&12&9&15&3&5\\
1&7&11&13&8&14&2&4&28&26&22&16&21&19&31&25&17&23&27&29&24&30&18&20&12&10&6&0&5&3&15&9\\
14&8&4&2&7&1&13&11&19&21&25&31&26&28&16&22&30&24&20&18&23&17&29&27&3&5&9&15&10&12&0&6\\
2&4&8&14&11&13&1&7&31&25&21&19&22&16&28&26&18&20&24&30&27&29&17&23&15&9&5&3&6&0&12&10\\
8&14&2&4&1&7&11&13&21&19&31&25&28&26&22&16&24&30&18&20&17&23&27&29&5&3&15&9&12&10&6&0\\
4&2&14&8&13&11&7&1&25&31&19&21&16&22&26&28&20&18&30&24&29&27&23&17&9&15&3&5&0&6&10&12\\
11&13&1&7&2&4&8&14&22&16&28&26&31&25&21&19&27&29&17&23&18&20&24&30&6&0&12&10&15&9&5&3\\
7&1&13&11&14&8&4&2&26&28&16&22&19&21&25&31&23&17&29&27&30&24&20&18&10&12&0&6&3&5&9&15\\
\hline
29&27&23&17&20&18&30&24&0&6&10&12&9&15&3&5&13&11&7&1&4&2&14&8&16&22&26&28&25&31&19&21\\
17&23&27&29&24&30&18&20&12&10&6&0&5&3&15&9&1&7&11&13&8&14&2&4&28&26&22&16&21&19&31&25\\
30&24&20&18&23&17&29&27&3&5&9&15&10&12&0&6&14&8&4&2&7&1&13&11&19&21&25&31&26&28&16&22\\
18&20&24&30&27&29&17&23&15&9&5&3&6&0&12&10&2&4&8&14&11&13&1&7&31&25&21&19&22&16&28&26\\
24&30&18&20&17&23&27&29&5&3&15&9&12&10&6&0&8&14&2&4&1&7&11&13&21&19&31&25&28&26&22&16\\
20&18&30&24&29&27&23&17&9&15&3&5&0&6&10&12&4&2&14&8&13&11&7&1&25&31&19&21&16&22&26&28\\
27&29&17&23&18&20&24&30&6&0&12&10&15&9&5&3&11&13&1&7&2&4&8&14&22&16&28&26&31&25&21&19\\
23&17&29&27&30&24&30&18&10&12&0&6&3&5&9&15&7&1&13&11&14&8&4&2&26&28&16&22&19&21&25&31
\end{array}\right].$$

易证，$\mathbf{A}$ 是一个 YSSSODLS(32,8).

以下构造给出了一个 YSSSODLS($8m$,6)，其中 m 是奇数.

引理 9.2.3 对于奇数 $m>1$，若存在一个 * RMR($2,4m;3$)，则存在一个 YSSSODLS($8m$,6).

证 设 $n=8m$，$\boldsymbol{U}$ 是一个由例 9.2.2 给出的 SSSODLS(8)，$\boldsymbol{V}$ 是一个 SSSODLS(m). 定义矩阵 $\boldsymbol{W}=(w_{i,j})$ 如下：

$$w_{i,j}=mu_{r,s}+v_{x,y},i=mr+x,j=ms+y,r,s\in I_8,x,y\in I_m.$$

易证，$\boldsymbol{W}$ 是一个 SSSODLS($8m$).

设 $\boldsymbol{H}=\begin{bmatrix}\boldsymbol{H}_0 & \boldsymbol{H}_5 & \boldsymbol{H}_2 & \boldsymbol{H}_7\\ \boldsymbol{H}_3 & \boldsymbol{H}_6 & \boldsymbol{H}_1 & \boldsymbol{H}_4\end{bmatrix}$是一个 $*$ RMR(2，$4m$；3)，其中 $\boldsymbol{H}_i=(h_{i,0},\cdots,h_{i,m-1}),i\in I_8$.

设 $\boldsymbol{L}=(\boldsymbol{l}_j)_{1\times 8m}=(\boldsymbol{H}_0,\boldsymbol{H}_1,\boldsymbol{H}_2,\boldsymbol{H}_3,\boldsymbol{H}_4,\boldsymbol{H}_5,\boldsymbol{H}_6,\boldsymbol{H}_7),\boldsymbol{A}=(a_{i,j}),a_{i,j}=l_{w_{i,j}},i,j\in I_{8m}$.因 $\boldsymbol{H}$ 是左右对称的，$l_j+l_{8m-1-j}=8m-1,j\in I_{4m}$,故 $\boldsymbol{A}$ 是一个 SSSODLS($8m$).下证 $\boldsymbol{A}$ 是一个 YSSSODLS($8m$,6).

叠置 $\boldsymbol{U}$ 和 $\boldsymbol{U}^{\mathrm{T}}$ 得

$$\boldsymbol{D}=\begin{bmatrix}(0,0) & (2,6) & (4,1) & (6,7) & (5,3) & (7,5) & (1,2) & (3,4)\\ (6,2) & (4,4) & (2,3) & (0,5) & (3,1) & (1,7) & (7,0) & (5,6)\\ (1,4) & (3,2) & (5,5) & (7,3) & (4,7) & (6,1) & (0,6) & (2,0)\\ (7,6) & (5,0) & (3,7) & (1,1) & (2,5) & (0,3) & (6,4) & (4,2)\\ (3,5) & (1,3) & (7,4) & (5,2) & (6,6) & (4,0) & (2,7) & (0,1)\\ (5,7) & (7,1) & (1,6) & (3,0) & (0,4) & (2,2) & (4,5) & (6,3)\\ (2,1) & (0,7) & (6,0) & (4,6) & (7,2) & (5,4) & (3,3) & (1,5)\\ (4,3) & (6,5) & (0,2) & (2,4) & (1,0) & (3,6) & (5,1) & (7,7)\end{bmatrix}.$$

用 $\sum\limits_{z}$ 表示 $\sum\limits_{z=0}^{m-1}$，z 可以是 $x,y,\cdots$.

注意到

$$\sum_x\sum_y l^p_{mu_{r,s}+v_{x,y}}\,l^q_{mu_{s,r}+v_{y,x}}=\sum_x l^p_{mu_{r,s}+x}\sum_y l^q_{mu_{s,r}+y},$$

且$\{(u_{r,s},u_{s,r})\mid r,s\in I_4\}$是 $\boldsymbol{D}$ 的左上角元素集，得

$$\begin{aligned}\sum_{S_1}a^p_{i,j}a^q_{j,i}&=\sum_{r=0}^{3}\sum_{s=0}^{3}\Big(\sum_x l^p_{mu_{r,s}+x}\Big)\Big(\sum_y l^q_{mu_{s,r}+y}\Big)\sum_{r=0}^{3}\sum_{s=0}^{3}\Big(\sum_x h^p_{u_{r,s},x}\Big)\Big(\sum_y h^q_{u_{s,r},y}\Big)\\&=\Big(\sum_x h^p_{0,x}+\sum_x h^p_{5,x}\Big)\Big(\sum_y h^q_{0,y}+\sum_y h^q_{5,y}\Big)+\\&\quad\Big(\sum_x h^p_{1,x}+\sum_x h^p_{4,x}\Big)\Big(\sum_y h^q_{1,y}+\sum_y h^q_{4,y}\Big)+\\&\quad\Big(\sum_x h^p_{2,x}+\sum_x h^p_{7,x}\Big)\Big(\sum_y h^q_{3,y}+\sum_y h^q_{6,y}\Big)+\\&\quad\Big(\sum_x h^p_{3,x}+\sum_x h^p_{6,x}\Big)\Big(\sum_y h^q_{2,y}+\sum_y h^q_{7,y}\Big).\end{aligned}$$

类似地,有

$$\begin{aligned}\sum_{S_4}a^p_{i,j}a^q_{j,i}&=\sum_{r=4}^{7}\sum_{s=4}^{7}\Big(\sum_x l^p_{mu_{r,s}+x}\Big)\Big(\sum_y l^q_{mu_{s,r}+y}\Big)\sum_{r=4}^{7}\sum_{s=4}^{7}\Big(\sum_x h^p_{u_{r,s},x}\Big)\Big(\sum_y h^q_{u_{s,r},y}\Big).\\&=\Big(\sum_x h^p_{0,x}+\sum_x h^p_{5,x}\Big)\Big(\sum_y h^q_{1,y}+\sum_y h^q_{4,y}\Big)+\end{aligned}$$

$$\left(\sum_x h_{1,x}^p+\sum_x h_{4,x}^p\right)\left(\sum_y h_{0,y}^q+\sum_y h_{5,y}^q\right)+$$
$$\left(\sum_x h_{2,x}^p+\sum_x h_{7,x}^p\right)\left(\sum_y h_{2,y}^q+\sum_y h_{7,y}^q\right)+$$
$$\left(\sum_x h_{3,x}^p+\sum_x h_{6,x}^p\right)\left(\sum_y h_{3,y}^q+\sum_y h_{6,y}^q\right).$$

因为 $\boldsymbol{H}$ 是一个 $*\mathrm{RMR}(2,4m;3)$,所以对于 $u=1,2$ 有

$$\sum_z h_{0,z}^u+\sum_z h_{5,z}^u=\sum_z h_{1,z}^u+\sum_z h_{4,z}^u,$$
$$\sum_x h_{2,z}^u+\sum_z h_{7,z}^u=\sum_z h_{3,z}^u+\sum_z h_{6,z}^u.$$

对于 $p+q<6$, 通过检查 $\sum_{S_1}a_{i,j}^p a_{j,i}^q$ 和 $\sum_{S_4}a_{i,j}^p a_{j,i}^q$ 的项,有

$$\sum_{S_1}a_{i,j}^p a_{j,i}^q=\sum_{S_4}a_{i,j}^p a_{j,i}^q.$$

类似可证, $\sum_{S_2}a_{i,j}^p a_{j,i}^q=\sum_{S_3}a_{i,j}^p a_{j,i}^q$.

对于 $p=q=3$ 有

$$\begin{aligned}\sum_{S_2}a_{i,j}^3 a_{j,i}^3=&\left(\sum_x h_{0,x}^3+\sum_x h_{5,x}^3\right)\left(\sum_y h_{3,y}^3+\sum_y h_{6,y}^3\right)+\\&\left(\sum_x h_{1,x}^3+\sum_x h_{4,x}^3\right)\left(\sum_y h_{2,y}^3+\sum_y h_{7,y}^3\right)+\\&\left(\sum_x h_{2,x}^3+\sum_x h_{7,x}^3\right)\left(\sum_y h_{0,y}^3+\sum_y h_{5,y}^3\right)+\\&\left(\sum_x h_{3,x}^3+\sum_x h_{6,x}^3\right)\left(\sum_y h_{1,y}^3+\sum_y h_{4,y}^3\right).\end{aligned}$$

从而

$$\begin{aligned}\sum_{S_1}a_{i,j}^3 a_{j,i}^3+\sum_{S_2}a_{i,j}^3 a_{j,i}^3=&\left(\sum_x h_{0,x}^3+\sum_x h_{5,x}^3+\sum_x h_{2,x}^3+\sum_x h_{7,x}^3\right)\\&\left(\sum_y h_{0,y}^3+\sum_y h_{5,y}^3+\sum_y h_{3,y}^3+\sum_y h_{6,y}^3\right)+\\&\left(\sum_x h_{1,x}^3+\sum_x h_{4,x}^3+\sum_x h_{3,x}^3+\sum_x h_{6,x}^3\right)\\&\left(\sum_y h_{1,y}^3+\sum_y h_{4,y}^3+\sum_y h_{2,y}^3+\sum_y h_{7,y}^3\right).\end{aligned}$$

因此,$\boldsymbol{H}$ 是一个行 3 -重幻方, 有

$$\begin{aligned}&\sum_x h_{0,z}^3+\sum_z h_{5,z}^3+\sum_z h_{2,z}^3+\sum_z h_{7,z}^3\\=&\sum_z h_{3,z}^3+\sum_z h_{6,z}^3+\sum_z h_{1,z}^3+\sum_z h_{4,z}^3,\end{aligned}$$

$$\sum_{S_1}a_{i,j}^3 a_{j,i}^3+\sum_{S_2}a_{i,j}^3 a_{j,i}^3$$

$$=\Big(\sum_x h_{0,x}^3+\sum_x h_{5,x}^3+\sum_x h_{2,x}^3+\sum_x h_{7,x}^3\Big)\Big(\sum_{w=0}^{7}\sum_y h_{w,y}^3\Big).$$

类似可得

$$\sum_{S_2} a_{i,j}^3 a_{j,i}^3+\sum_{S_4} a_{i,j}^3 a_{j,i}^3$$

$$=\Big(\sum_{w=0}^{7}\sum_x h_{w,x}^3\Big)\Big(\sum_y h_{1,y}^3+\sum_y h_{4,y}^3+\sum_y h_{3,y}^3+\sum_y h_{6,y}^3\Big).$$

因此，

$$\sum_{S_1} a_{i,j}^3 a_{j,i}^3+\sum_{S_2} a_{i,j}^3 a_{j,i}^3=\sum_{S_2} a_{i,j}^3 a_{j,i}^3+\sum_{S_4} a_{i,j}^3 a_{j,i}^3.$$

综上，$\sum_{S_1} a_{i,j}^3 a_{j,i}^3=\sum_{S_4} a_{i,j}^3 a_{j,i}^3$.

同理可证，$\sum_{S_2} a_{i,j}^3 a_{j,i}^3=\sum_{S_3} a_{i,j}^3 a_{j,i}^3$. 从而 $\boldsymbol{A}$ 是一个 YSSSODLS$(8m,6)$.

以下是一个 YSSSODLS(40,6)的例子.

例 9.2.3 设 $\boldsymbol{U}$ 是一个 SSSODLS(8)，

$$\boldsymbol{V}=\begin{bmatrix}1&3&0&2&4\\2&4&1&3&0\\3&0&2&4&1\\4&1&3&0&2\\0&2&4&1&3\end{bmatrix}.$$

结合引理 9.2.3 中的 $\boldsymbol{U},\boldsymbol{V}$，得到一个 SSSODLS(40) $\boldsymbol{W}$.

$\boldsymbol{H}$ 是一个 RMR(2,20;3)，

$$\boldsymbol{H}=\begin{bmatrix}4&6&10&11&12&14&0&18&17&3&36&22&21&39&25&27&28&29&33&35\\24&26&30&31&32&34&20&38&37&23&16&2&1&19&5&7&8&9&13&15\end{bmatrix},$$

可知,$\boldsymbol{H}$ 是左右对称的.用 $\boldsymbol{H}$ 得到 $\boldsymbol{L}$ 的一个置换如下：

$\boldsymbol{L}=(4\ \ 6\ \ 10\ \ 11\ \ 12\ \ 16\ \ 2\ \ 1\ \ 19\ \ 5\ \ 36\ \ 22\ \ 21\ \ 39\ \ 25\ \ 24\ \ 26$
$30\ \ 31\ \ 32\ \ 7\ \ 8\ \ 9\ \ 13\ \ 15\ \ 14\ \ 0\ \ 18\ \ 17\ \ 3\ \ 34\ \ 20\ \ 38\ \ 37$
$23\ \ 27\ \ 28\ \ 29\ \ 33\ \ 35)$.

设 $\boldsymbol{A}=(a_{i,j}),a_{i,j}=l_{w_{i,j}},i,j\in I_{40}$,则

$$
\boldsymbol{A}=\left[\begin{array}{ccccc|ccccc|ccccc|ccccc|ccccc|ccccc|ccccc|ccccc}
6&11&4&10&12&22&39&36&21&25&8&13&7&9&15&20&37&34&38&23&0&17&14&18&3&28&33&27&29&35&2&19&16&1&5&26&31&24&30&32\\
10&12&6&11&4&21&25&22&39&36&9&15&8&13&7&38&23&20&37&34&18&3&0&17&14&29&35&28&33&27&1&5&2&19&16&30&32&26&31&24\\
11&4&10&12&6&39&36&21&25&22&13&7&9&15&8&37&34&38&23&20&17&14&18&3&0&33&27&29&35&28&19&16&1&5&2&31&24&30&32&26\\
12&6&11&4&10&25&22&39&36&21&15&8&13&7&9&23&20&37&34&38&3&0&17&14&18&35&28&33&27&29&5&2&19&16&1&32&26&31&24&30\\
4&10&12&6&11&36&21&25&22&39&7&9&15&8&13&34&38&23&20&37&14&18&3&0&17&27&29&35&28&33&16&1&5&2&19&24&30&32&26&31\\
\hline
20&37&34&38&23&8&13&7&9&15&22&39&36&21&25&6&11&4&10&12&26&31&24&30&32&2&19&16&1&5&28&33&27&29&35&0&17&14&18&3\\
38&23&20&37&34&9&15&8&13&7&21&25&22&39&36&10&12&6&11&4&30&32&26&31&24&1&5&2&19&16&29&35&28&33&27&18&3&0&17&14\\
37&24&38&23&20&13&7&9&15&8&39&36&21&25&22&11&4&10&12&6&31&24&30&32&26&19&16&1&5&2&33&27&29&35&28&17&14&18&3&0\\
23&20&37&24&38&15&8&13&7&9&25&22&39&36&21&12&6&11&4&10&32&26&31&24&30&5&2&19&16&1&35&28&33&27&29&3&0&17&14&18\\
34&38&23&20&37&7&9&15&8&13&36&21&25&22&39&4&10&12&6&11&24&30&32&26&31&16&1&5&2&19&27&29&35&28&33&14&18&3&0&17\\
\hline
2&19&16&1&5&25&31&24&30&32&0&17&14&18&3&28&33&27&29&35&8&13&7&9&15&20&37&34&38&23&6&11&4&10&12&22&39&36&21&25\\
1&5&2&19&16&30&32&26&31&24&18&3&0&17&14&29&35&28&33&27&9&15&8&13&7&38&23&20&37&34&10&12&6&11&4&21&25&22&39&36\\
19&16&1&5&2&31&24&30&32&26&17&14&18&3&0&33&27&29&35&28&13&7&9&15&8&37&34&38&23&20&11&4&10&12&6&39&36&21&25&22\\
5&2&19&16&1&32&26&31&24&30&3&0&17&14&18&35&28&33&27&29&15&8&13&7&9&23&20&37&34&38&12&6&11&4&10&25&22&39&36&21\\
16&1&5&2&19&24&30&32&26&31&14&18&3&0&17&27&29&35&28&33&7&9&15&8&13&34&38&23&20&37&4&10&12&6&11&36&21&25&22&39\\
\hline
28&33&27&29&35&0&17&14&18&3&26&31&24&30&32&2&19&16&1&5&22&39&36&21&25&6&11&4&10&12&20&37&34&38&23&8&13&7&9&15\\
29&35&28&33&27&18&3&0&17&14&30&32&26&31&24&1&5&2&19&16&21&25&22&39&36&10&12&6&11&4&38&23&20&37&34&9&15&8&13&7\\
33&27&29&35&28&17&14&18&3&0&31&24&30&32&26&19&16&1&5&2&39&36&21&25&22&11&4&10&12&6&37&34&38&23&20&13&7&9&15&8\\
35&28&33&27&29&3&0&17&14&18&32&26&31&24&30&5&2&19&16&1&25&22&39&36&21&12&6&11&4&10&23&20&37&34&38&15&8&13&7&9\\
27&29&35&28&33&14&18&3&0&17&24&30&32&26&31&16&1&5&2&19&36&21&25&22&39&4&10&12&6&11&34&38&23&20&37&7&9&15&8&13\\
\hline
26&31&24&30&32&2&19&16&1&5&28&33&27&29&35&0&17&14&18&3&20&37&34&38&23&8&13&7&9&15&22&39&36&21&25&6&11&4&10&12\\
30&32&26&31&24&1&5&2&19&16&29&35&28&33&27&18&3&0&17&14&38&23&20&37&34&9&15&8&13&7&21&25&22&39&36&10&12&6&11&4\\
31&24&30&32&26&19&16&1&5&2&33&27&29&35&28&17&14&18&3&0&37&34&38&23&20&13&7&9&15&8&39&36&21&25&22&11&4&10&12&6\\
32&26&31&24&30&5&2&19&16&1&35&28&33&27&29&3&0&17&14&18&23&20&37&24&38&15&8&13&7&9&25&22&39&36&21&12&6&11&4&10\\
24&30&32&26&31&16&1&5&2&19&27&29&35&28&33&14&18&3&0&17&34&38&23&20&37&7&9&15&8&13&36&21&25&22&39&4&10&12&6&11\\
\hline
0&17&14&18&3&28&33&27&29&35&2&19&16&1&5&26&31&24&30&32&6&11&4&10&12&22&39&36&21&25&8&13&7&9&15&20&37&34&38&23\\
18&3&0&17&14&29&35&28&33&27&1&5&2&19&16&30&32&26&31&24&10&12&6&11&4&21&25&22&39&36&9&15&8&13&7&38&23&20&37&34\\
17&14&18&3&0&33&27&29&35&28&19&16&1&5&2&31&24&30&32&26&11&4&10&12&6&39&36&21&25&22&13&7&9&15&8&37&34&38&23&20\\
3&0&17&14&18&35&28&33&27&29&5&2&19&16&1&32&26&31&24&30&12&6&11&4&10&25&22&39&36&21&15&8&13&7&9&23&20&37&34&38\\
14&18&3&0&17&27&29&35&28&33&16&1&5&2&19&24&30&32&26&31&4&10&12&6&11&36&21&25&22&39&7&9&15&8&13&34&38&23&20&37\\
\hline
22&39&36&21&25&6&11&4&10&12&20&37&34&38&23&8&13&7&9&15&28&33&27&29&35&0&17&14&18&3&26&31&24&30&32&2&19&16&1&5\\
21&25&22&39&36&10&12&6&11&4&38&23&20&37&34&9&15&8&13&7&29&35&28&33&27&18&3&0&17&14&30&32&26&31&24&1&5&2&19&16\\
39&36&21&25&22&11&4&10&12&6&37&34&38&23&20&13&7&9&15&8&33&27&29&35&28&17&14&18&3&0&31&24&30&32&26&19&16&1&5&2\\
25&22&39&36&21&12&6&11&4&10&23&20&37&34&38&15&8&13&7&9&35&28&33&27&29&3&0&17&14&18&32&26&31&24&30&5&2&19&16&1\\
36&21&25&22&39&4&10&12&6&11&24&38&23&20&37&7&9&15&8&13&27&29&35&28&33&14&18&3&0&17&24&30&32&26&31&16&1&5&2&19\\
\hline
8&13&7&9&15&20&37&34&38&23&6&11&4&10&12&22&39&36&21&25&2&19&16&1&5&26&31&24&30&32&0&17&14&18&3&28&33&27&29&35\\
9&15&8&13&7&38&23&20&37&34&10&12&6&11&4&21&25&22&39&36&1&5&2&19&16&30&32&26&31&24&18&3&0&17&14&29&35&28&33&27\\
13&7&9&15&8&37&34&38&23&20&11&4&10&12&6&39&36&21&25&22&19&16&1&5&2&31&24&30&32&26&17&14&18&3&0&33&27&29&35&28\\
15&8&13&7&9&23&20&37&34&38&12&6&11&4&10&25&22&39&36&21&5&2&19&16&1&32&26&31&24&30&3&0&17&14&18&35&28&33&27&29\\
7&9&15&8&13&34&38&23&20&37&4&10&12&6&11&36&21&25&22&39&16&1&5&2&19&24&30&32&26&31&14&18&3&0&17&27&29&35&28&33
\end{array}\right]
$$

经检验,$\boldsymbol{A}$ 是一个 YSSSODLS(40,6).

9.3 杨辉型 t-重幻方的存在性

本节先用幻矩来构造 $*$RMR$(2,2m;t)$.Harmuth[27,28]证明了以下引理.

引理 9.3.1 对于 $m,n>1$,存在一个 MR(m,n)当且仅当 $m\equiv n \pmod 2$且$(m,n)\neq(2,2)$.

考虑 $*$RMR$(2,2m;t)$的存在性,其中 m 是任意正整数.将 m 写成 $m=2^s\cdot k$,$s\geqslant 0$,$\gcd(2,k)=1$.

引理 9.3.2 对于奇数 k 和非负整数 s,存在一个 $*$RMR$(2,2\cdot 2^s\cdot k;t)$,其中,如果 $k=1$,那么 $t=s+1$,否则 $t=s+2$.

证 设 $m=2^s\cdot k$.对 s 用数学归纳法.

若 $s=0$，则对于 $k=1$，$\begin{bmatrix}0 & 3\\1 & 2\end{bmatrix}$是一个 * RMR(2,2;1)，且是左右对称的.

若 $k>1$，则由引理 9.3.1 知，存在一个 MR$(2,2m;1)$. 可以证明 MR$(2,2m;1)$是一个 * RMR$(2,2m;2)$，且是上下对称的，此时 $t=s+2$. 因此结论对 $s=0$成立.

现在考虑 $s>0$，设 $m_1=2^{s-1}\cdot k$，则 $m=2m_1$. 假设 $\boldsymbol{F}=\begin{bmatrix}\boldsymbol{F}_0\\\boldsymbol{F}_1\end{bmatrix}$是一个 * RMR$(2,2m_1;t-1)$，其中 $\boldsymbol{F}_i=(f_{i,0},\cdots,f_{i,m-1})$，$i=0,1$.

记 $\boldsymbol{H}=(h_{i,j})_{2\times 2m}$，若 $\boldsymbol{F}$ 是左右对称的，则设

$$\boldsymbol{H}=\begin{bmatrix}\boldsymbol{F}_0 & 4m-1-\boldsymbol{F}_1\\4m-1-\boldsymbol{F}_0 & \boldsymbol{F}_1\end{bmatrix}.$$

若 $\boldsymbol{F}$ 是上下对称的，则设

$$\boldsymbol{H}=\begin{bmatrix}\boldsymbol{F}_0 & 4m-1-\overrightarrow{\boldsymbol{F}}_0\\4m-1-\overrightarrow{\boldsymbol{F}}_1 & \boldsymbol{F}_1\end{bmatrix}.$$

其中$\overrightarrow{\boldsymbol{F}}_i=(f_{i,m-1},\cdots,f_{i,0})$，$i=0,1$.

如果 $s=1,k=1$，那么 $\boldsymbol{H}=\begin{bmatrix}0 & 3 & 6 & 5\\7 & 4 & 1 & 2\end{bmatrix}$. 这是一个 * RMR(2,4;2)，是上下对称的.可以证明，如果 $\boldsymbol{H}$ 是上下对称的，那么 t 是偶数；如果 $\boldsymbol{H}$ 是左右对称的，那么 k 是奇数.下证对任意整数 s，$\boldsymbol{H}$ 是一个 * RMR$(2,2m;t)$.

易见 $\boldsymbol{H}$ 既是左右对称的，也是上下对称的.注意到 $\boldsymbol{F}$ 是一个 * RMR$(2,2m_1;t-1)$.对每一个 $e<t$，$\sum\limits_{j=0}^{m-1} f_{0,j}^e=\sum\limits_{j=0}^{m-1} f_{1,j}^e$，从而$\sum\limits_{j=0}^{m-1} h_{0,j}^e=\sum\limits_{j=0}^{m-1} h_{1,j+m}^e$.此外，还可得到$\sum\limits_{j=0}^{m-1}(4m-1-f_{0,j})^e=\sum\limits_{j=0}^{m-1}(4m-1-f_{1,j})^e$，等式两边分别展开，有$\sum\limits_{j=0}^{m-1} h_{0,j+m}^e=\sum\limits_{j=0}^{m-1} h_{1,j}^e$，从而$\sum\limits_{j=0}^{2m-1} h_{0,j}^e=\sum\limits_{j=0}^{2m-1} h_{1,j}^e$，其中 $e<t$.余下要证$\sum\limits_{j=0}^{2m-1} h_{0,j}^t=\sum\limits_{j=0}^{2m-1} h_{1,j}^t$.

如果 $\boldsymbol{F}$ 是左右对称的，那么 $\boldsymbol{H}$ 是上下对称的. 注意到 t 是偶数，对任意 $i=0,1$，有

$$\begin{aligned}\sum_{j=0}^{2m-1} h_{i,j}^t &= \sum_{j=0}^{m-1} f_{i,j}^t+\sum_{j=0}^{m-1}(4m-1-f_{1-i,j})^t\\&=\sum_{j=0}^{m-1} f_{i,j}^t+\sum_{u=0}^{t} C_t^u(4m-1)^{t-u}(-1)^u\sum_{j=0}^{m-1} f_{1-i,j}^u\end{aligned}$$

$$=\sum_{j=0}^{m-1} f_{i,j}^{t}+\sum_{u=0}^{t-1} C_{t}^{u}(4m-1)^{t-u}(-1)^{u} \sum_{j=0}^{m-1} f_{1-i,j}^{u}+\sum_{j=0}^{m-1} f_{1-i,j}^{t}$$

$$=\sum_{j=0}^{m-1} f_{0,j}^{t}+\sum_{j=0}^{m-1} f_{1,j}^{t}+\sum_{u=0}^{t-1} C_{t}^{u}(4m-1)^{t-u}(-1)^{u} \sum_{j=0}^{m-1} f_{1-i,j}^{u}.$$

对于每一个 $u<t$，由 $\sum_{j=0}^{m-1} f_{0,j}^{u}=\sum_{j=0}^{m-1} f_{1,j}^{u}$，逐项对照有

$$\sum_{j=0}^{2m-1} h_{0,j}^{t}=\sum_{j=0}^{2m-1} h_{1,j}^{t}.$$

所以，当 $\boldsymbol{F}$ 左右对称时，$\boldsymbol{H}$ 是一个 RMR$(2,2m;t)$.

如果 $\boldsymbol{F}$ 是上下对称的，那么 $\boldsymbol{H}$ 是左右对称的.注意到 t 是奇数，对于 $i=0,1$ 有

$$\sum_{j=0}^{2m-1} h_{i,j}^{t}=\sum_{j=0}^{m-1} f_{i,j}^{t}+\sum_{u=0}^{t-1} C_{t-1}^{u}(4m-1)^{t-u}(-1)^{u} \sum_{j=0}^{m-1} f_{i,j}^{u}-\sum_{j=0}^{m-1} f_{i,j}^{t}$$

$$=\sum_{u=0}^{t-1} C_{t-1}^{u}(4m-1)^{t-u}(-1)^{u} \sum_{j=0}^{m-1} f_{i,j}^{u},$$

这个等式不依赖于 i 的选择.因此，当 $\boldsymbol{F}$ 上下对称时，$\boldsymbol{H}$ 是一个 RMR$(2,2m;t)$.

综上，$\boldsymbol{H}$ 是一个 $*$RMR$(2,2m;t)$.

杜北梁和曹海涛[23]、Cao 和 Li[24]研究了 SSSODLS(n)的存在性，证明了如下引理.

引理 9.3.3 存在一个 SSSODLS(n) 当且仅当 $m\equiv 0,1,3 \pmod 4$ 且 $m>3$.

本书定理 9.1.2 可通过引理 9.2.2、引理 9.2.3 和引理 9.3.2 进行证明. 设 k 是奇数，$s\geqslant 0$.设 $t=s+2$.

对于 $k=1,s\geqslant 0$，由引理 9.3.2 知存在一个 $*$RMR$(2,2\cdot 2^{s};s+1)$，由引理 9.2.2 知存在一个 YSSSODLS$(2^{s+2},2(s+1))$.因此，对于 $t\geqslant 2$，存在一个 YSSSODLS$(2^{t},2t-2)$.

对于奇数 $k>1$，以及 $s>1$，由引理 9.3.3 知存在一个 SSSODLS$(2^{s}\cdot k)$，由引理 9.3.2 知存在一个 $*$RMR$(2,2\cdot 2^{s}\cdot k;s+2)$.因此，由引理 9.2.2 知存在一个 YSSSODLS$(2^{s+2}\cdot k,2(s+2))$.

对于 $k>3$ 及 $s=1$，由引理 9.3.2 知存在一个 $*$RMR$(2,4\cdot 2k;3)$，由引理 9.2.3 知存在一个 YSSSODLS$(2^{3}\cdot k,6)$.因此，对于奇数 $k>1$ 及 $t\geqslant 2$，存在一个 YSSSODLS$(2^{t}\cdot k,2t)$，$(t,k)=(3,3)$例外.

引理 9.3.4 存在一个对称基本的 YMS$(24,6)$.

证 通过计算机编程搜索，得到一个对称基本的 YMS$(24,6)$如下：

$$\left[\begin{array}{cccccccccccc|cccccccccccc}
54 & 0 & 146 & 188 & 214 & 259 & 337 & 435 & 292 & 479 & 545 & 501 & 389 & 323 & 369 & 519 & 421 & 568 & 106 & 80 & 31 & 228 & 282 & 134 \\
144 & 50 & 6 & 262 & 187 & 212 & 291 & 340 & 433 & 497 & 477 & 551 & 371 & 393 & 317 & 565 & 520 & 423 & 32 & 103 & 82 & 138 & 230 & 276 \\
2 & 150 & 48 & 211 & 260 & 190 & 436 & 289 & 339 & 549 & 503 & 473 & 321 & 365 & 395 & 424 & 567 & 517 & 79 & 34 & 104 & 278 & 132 & 234 \\
466 & 536 & 487 & 348 & 450 & 302 & 173 & 203 & 249 & 63 & 13 & 460 & 217 & 267 & 124 & 119 & 89 & 45 & 510 & 408 & 554 & 404 & 334 & 379 \\
488 & 463 & 538 & 306 & 350 & 444 & 251 & 177 & 197 & 157 & 64 & 15 & 123 & 220 & 265 & 41 & 117 & 95 & 552 & 506 & 414 & 382 & 403 & 332 \\
535 & 490 & 464 & 446 & 300 & 354 & 201 & 245 & 179 & 16 & 159 & 61 & 268 & 121 & 219 & 93 & 47 & 113 & 410 & 558 & 504 & 331 & 380 & 406 \\
108 & 90 & 38 & 226 & 272 & 127 & 399 & 325 & 376 & 509 & 419 & 561 & 359 & 449 & 309 & 457 & 531 & 484 & 68 & 22 & 163 & 174 & 192 & 242 \\
42 & 110 & 84 & 128 & 223 & 274 & 373 & 400 & 327 & 563 & 513 & 413 & 305 & 357 & 455 & 483 & 460 & 529 & 166 & 67 & 20 & 240 & 170 & 198 \\
86 & 36 & 114 & 271 & 130 & 224 & 328 & 375 & 397 & 417 & 557 & 515 & 453 & 311 & 353 & 532 & 481 & 459 & 19 & 164 & 70 & 194 & 246 & 168 \\
524 & 430 & 571 & 390 & 312 & 362 & 239 & 281 & 141 & 97 & 75 & 28 & 183 & 205 & 256 & 53 & 11 & 153 & 468 & 546 & 494 & 346 & 440 & 295 \\
574 & 523 & 428 & 360 & 386 & 318 & 137 & 237 & 287 & 27 & 100 & 73 & 253 & 184 & 207 & 155 & 57 & 5 & 498 & 470 & 540 & 296 & 343 & 442 \\
427 & 572 & 526 & 314 & 366 & 384 & 285 & 143 & 233 & 76 & 25 & 99 & 208 & 255 & 181 & 9 & 149 & 59 & 542 & 492 & 474 & 439 & 298 & 344 \\
\hline
231 & 277 & 136 & 101 & 83 & 33 & 516 & 426 & 566 & 394 & 320 & 367 & 476 & 550 & 499 & 342 & 432 & 290 & 191 & 209 & 261 & 49 & 3 & 148 \\
133 & 232 & 279 & 35 & 105 & 77 & 570 & 518 & 420 & 368 & 391 & 322 & 502 & 475 & 548 & 288 & 338 & 438 & 257 & 189 & 215 & 147 & 52 & 1 \\
280 & 135 & 229 & 81 & 29 & 107 & 422 & 564 & 522 & 319 & 370 & 392 & 547 & 500 & 478 & 434 & 294 & 336 & 213 & 263 & 185 & 4 & 145 & 51 \\
407 & 329 & 381 & 505 & 411 & 556 & 116 & 94 & 43 & 222 & 264 & 122 & 60 & 18 & 158 & 178 & 200 & 247 & 351 & 445 & 304 & 461 & 539 & 489 \\
377 & 405 & 335 & 555 & 508 & 409 & 46 & 115 & 92 & 120 & 218 & 270 & 162 & 62 & 12 & 248 & 175 & 202 & 301 & 352 & 447 & 491 & 465 & 533 \\
333 & 383 & 401 & 412 & 553 & 507 & 91 & 44 & 118 & 266 & 126 & 216 & 14 & 156 & 66 & 199 & 250 & 176 & 448 & 303 & 349 & 537 & 485 & 467 \\
169 & 195 & 244 & 71 & 17 & 165 & 462 & 528 & 482 & 356 & 454 & 307 & 514 & 416 & 559 & 396 & 330 & 374 & 221 & 275 & 129 & 111 & 85 & 40 \\
243 & 172 & 193 & 161 & 69 & 23 & 480 & 458 & 534 & 310 & 355 & 452 & 560 & 511 & 418 & 378 & 398 & 324 & 131 & 225 & 269 & 37 & 112 & 87 \\
196 & 241 & 171 & 21 & 167 & 65 & 530 & 486 & 456 & 451 & 308 & 358 & 415 & 562 & 512 & 326 & 372 & 402 & 273 & 125 & 227 & 88 & 39 & 109 \\
341 & 443 & 297 & 471 & 541 & 496 & 58 & 8 & 151 & 180 & 210 & 254 & 102 & 72 & 26 & 236 & 286 & 139 & 385 & 315 & 364 & 527 & 425 & 573 \\
299 & 345 & 437 & 493 & 472 & 543 & 152 & 55 & 10 & 258 & 182 & 204 & 24 & 98 & 78 & 142 & 235 & 284 & 363 & 388 & 313 & 569 & 525 & 431 \\
441 & 293 & 347 & 544 & 495 & 469 & 7 & 154 & 56 & 206 & 252 & 186 & 74 & 30 & 96 & 283 & 140 & 238 & 316 & 361 & 387 & 429 & 575 & 521
\end{array}\right].$$

本书定理 9.1.3 可由引理 9.3.4 和定理 9.1.2 证明.对于 $t\geqslant 2$,以及奇数 k,$(t,k)\neq(3,3)$,由定理 9.1.2 知,存在一个 YSSSODLS$(2^t\cdot k,2t-2l)$,其中,如果 $k=1$,那么 $l=1$;如果 $k>1$,那么 $l=0$.由 YSSSODLS 的定义知,存在一个 YMS$(2^t\cdot k,2t-2l)$.这样得到的幻方既是对称的,又是基本的.一个对称基本的 YMS(24,6)由引理 9.3.4 给出,从而得证.

问题:我们希望找到一个 YMS$(2^t,t')$,其中 $t'>2t-2$.通过计算机程序试着找 YSSSODLS(8,5),发现有 147456 个 SSSODLS(8),其中有 2688 个 YSSSODLS(8,4).检验了这 2688 个 YSSSODLS(8,4),发现都不是 YSSSODLS(8,5).那么是否存在一个 YMS(8,5)?这个问题有待进一步研究.

参考文献

[1] COLBOURN C J, DINITZ J H. Handbook of combinatorial designs [M]. 2nd ed. Boca Raton, London, New York: Chapman & Hall/CRC. Boca Raton FL, 2007.

[2] CAMMANN S V R. Magic squares[M]//Encyclopædia Britannica. 14th ed. Chicago, 1973.

[3] GARDNER M. Time travel and other mathematical bewilderments[M]. Freeman, New York, 1988.

[4] ABE G. Unsolved problems on magic squares[J]. Discrete Math., 1994, 127: 3－13.

[5] AHMED M. Algebric combinatorics of magic squares[D]. Davis: University of California, 2004.

[6] ANDREWS W S. Magic squares and cubes[M]. 2nd ed. Dover, New York, 1960.

[7] KIM Y, YOO J. An algorithm for constructing magic squares[J]. Discrete Appl. Math., 2008, 156: 2804－2809.

[8] LOLY P, CAMERON I, TRUMP W, et al. Magic square spectra[J]. Linear Algebra Appl., 2009, 430: 2659－2680.

[9] LEE M Z, LOVE E, NARAYAN S K, et al. On nonsingular regular magic squares of odd order[J]. Linear Algebra Appl.,2012,437:1346－1355.

[10] NORDGREN R P. On properties of special magic square matrices[J]. Linear Algebra Appl., 2012, 437: 2009－2025.

[11] HOU X, LECUONA A G, MULLEN G L, et al. On the dimension of the space of magic squares over a field[J]. Linear Algebra Appl., 2013, 438: 3463－3475.

[12] RAMZAN M, KHAN M K. Distinguishing quantum channels via magic squares game[J]. Quantum Inf. Process, 2010, 9: 667－679.

[13] ARONOV B, ASANO T, KIKUCHI Y, et al. A generalization of magic squares with applications to digital halftoning [J]. Theory

Comput. Systems, 2008, 42: 143—156.

[14] XIE T, CHEN H, KANG L. A unified method of magic square-based two-way certificate authentication and key transferring[P]. State Intellectual Property Office of China, Patent No: 02114288.2, 2002.

[15] XIE T. A magic square based signing method for identification and authentication[P]. State Intellectual Property Office of China, Patent No: 200410046922.2, 2004.

[16] DENES J, KEEDWELL A D. Latin squares and their applications[M]. Academic Press Inc, 1974.

[17] EULER L. De quadratis magicis[J]. Comment. arithmeticae, 1849, 2: 593—602.

[18] WALLIS W D, ZHU L. Existences of orthogonal diagonal Latin squares[J]. Ars Combin., 1981, 12: 51—68.

[19] HEINRICH K, HILTON A J W. Doubly diagonal orthogonal Latin squares[J]. Discrete Math., 1983, 46: 173—182.

[20] BROWN J W, CHERRY F, MOST L, et al. The spectrum of orthogonal diagonal latin squares[M]// Graphs, matrices and designs, New York, 1993, 43—49.

[21] SUN R G. On existence of pandiagonal magic squares [J]. Ars Combin., 1989, 27: 56—60.

[22] DANHOF K J, PHILLIPS N C K, WALLIS W D. On self-orthogonal diagonal Latin squares[J]. J.Combin. Math. Combin. Comput., 1990, 8: 3—8.

[23] 杜北樑，曹海涛. 强对称的自正交对角拉丁方[J]. 应用数学学报，2002，25(1): 187—189.

[24] CAO H T, LI W. Existence of strong symmetric self-orthogonal diagonal Latin squares[J]. Discrete Math., 2011, 311: 841—843.

[25] XU C X, LU Z W. Pandiagonal magic squares[J]. Lecture Notes in Computer Science, 1995, 959: 388—391.

[26] ZHANG Y, LI W, LEI J. Orthogonal pandiagonal Latin squares[J]. Acta Math. Sin. (Engl. Ser.), 2013, 6: 1089—1094.

[27] HARMUTH T. Über magische quadrate und ähniche zahlenfiguren[J]. Arch. Math. Phys., 1881, 66: 286—313.

[28] HARMUTH T. Über magische rechtecke mit ungeraden seitenzahlen [J]. Arch. Math. Phys., 1881, 66: 413—447.

[29] 孙荣国. 关于幻矩的存在性[J]. 内蒙古大学学报（自然科学版），1990，21：10—16.

[30] BIER T, ROGERS D G. Balanced magic rectangles[J]. European J. Combin., 1993(14): 285—299.

[31] BIER T, KLEINSCHMIDT A. Centrally symmetric and magic rectangles revisited[J]. Discrete Math., 1997, 176: 29—42.

[32] HAGEDORN T R. Magic rectangles revisited[J]. Discrete Math., 1999, 207: 65—72.

[33] EVANS A. Magic rectangles and modular magic rectangles[J]. J. Statist.Plann. Inference, 1996, 51: 171—180.

[34] HAGEDORN T R. On the existence of magic n - dinensional rectangles [J]. Discrete Math., 1999, 207: 53—63.

[35] LIN K T. Hybrid encoding method by assembling the magic-matrix scrambling method and the binary encoding method in image hiding[J]. Optics Commun., 2011, 284: 1778—1784.

[36] LI W, WU D H, PAN F C. A construction for doubly pandiagonal magic squares[J]. Discrete Math., 2012, 312(2): 479—485.

[37] CHEN K J, LI W, PAN F C. A family of pandiagonal bimagic squares based on orthogonal arrays[J]. J. Combin. Designs, 2011, 19: 427—438.

[38] CHEN K J, LI W. Existence of normal bimagic squares[J]. Discrete Math., 2012, 312: 3077—3086.

[39] STINSON D R. Resilient functions and large sets of orthogonal arrays [J]. Congr. Numer., 1993, 92: 105—110.

[40] STINSON D R. Some results on nonlinear zigzag functions[J]. J. Combin. Math. Combin. Comput., 1999, 29: 127—138.

[41] LUCAS E. Sur lecarré de 3 et sur les carrés a deux degrés[M]. Les Tablettes du chercheur, 1891.

[42] PFEFFERMANN G. Les Tablettes du Chercheur, Journal des Jeux d'Esprit et de Combinaisons, (fortnightly magazine) issues of 1891 Paris.

[43] BOYER C. Multimagic squares[EB/OL]. http://www. multimagie.

com.

[44] DERKSEN H, EGGERMONT C, ESSEN A V D. Multimagic squares [J]. Amer. Math. Monthly, 2007, 114: 703—713.

[45] CHIKARAISHI S, KOBAYASHI M, MUTOH N, et al. Magic squares with powered sum[EB/OL]. http://usr.u-shizuoka-ken.ac.jp/kn/AN10118525201111001030.pdf.

[46] STINSON D R. Combinatorial designs: construction and analysis[M]. New York:Springer, 2004.

[47] HEDAYAT A S, SLONE N J A, STUFKEN J. Orthogonal Arrays [M]. New York:Springer, 1999.

[48] JI L, YIN J. Constructions of new orthogonal arrays and covering arrays of strength three[J]. J.Combin. Theory Ser. A, 2010,117:236—247.

[49] YIN J, WANG J, JI L, et al. On the existence of orthogonal arrays OA(3, 5, 4n +2)[J]. J. Combin. Theory Ser. A, 2011,118:270—276.

[50] BRASSARD G, CRÉPEAU C, SÁNTHA M. Oblivious transfers and intersecting codes[J]. IEEE Trans. Inform. Theory, 1996, 42: 1769—1780.

[51] BIERBRAUER J. Bounds on orthogonal arrays and resilient functions [J]. J. Combin. Des., 1995, 3: 179—183.

[52] GOPALAKRISHNAN K, STINSON D R. Three characterizations of non-binary correlation-immune and resilient functions[J]. Des. Codes Crypt., 1995, 5: 241—251.

[53] HU Y, XIAO G. Resilient functions over finite fields[J]. IEEE Trans. Inform. Theory, 2003, 49: 2040—2046.

[54] ZHANG X, ZHENG Y. Cryptographically resilient functions[J]. IEEE Trans. Inform. Theory, 1997, 43: 1740—1747.

[55] BUSH K A. Orthogonal arrays of index unity[J]. Ann. Math. Stat., 1952, 23: 426—434.

[56] KOTZIG A. On magic valuations of trichromatic graphs[R]. Reports of the CRM, CRM—136, 1971.

[57] WALLIS W D. Vertex magic labelings of multiple graphs[J]. Congr.

Numer., 2001, 152: 81—83.

[58] GENTLE J E. Matrix algebra theory, computations, and applications in statistics[M]. New York:Springer, 2007.

[59] SESIANO J. Traité Médiéval sur les carrés magiques[Z]. Presses Poltechniques et Universitaires Romandes, 1996.

[60] SESIANO J. Les Carrés magiques dans les pays islamic[Z]. Presses Poltechniques et Universitaires Romandes, 2004.

[61] GERGELY E. A simple method for constructing doubly diagonalized Latin squares[J]. J. Combin. Theory A, 1974, 16: 266—272.

[62] GOMES C, SELLMANN M. Streamlined constraint reasoning[M]// Lecture Notes in Computer Science. Berlin: Springer, 2004, 3258: 274—289.

[63] ZHANG Y F, CHEN J, WU D, et al. Diagonally ordered orthogonal Latin squares and their related elementary diagonally ordered magic squares[J]. Utilitas Mathematica, 2017,104:83—102.

[64] ZHANG Y F, CHEN J, WU D, et al. The existence and application of strongly idempotent self-orthogonal row Latin magic arrays[J]. Acta Math. Appl. Sin. (Engl. Ser.), 2018,34(4):693—702.

符　号　表

名称	符号
n 阶广义幻方	GMS(n)
n 阶幻方	MS(n)
平方幻方	MS(n,2)
n 阶拉丁方	LS(n)
n 阶正交拉丁方	OLS(n)
n 阶 t -重幻方	MS(n,t)
$m\times n$ 幻矩	MR(m,n)
t -重幻矩	MR(m,n,t)
n 阶 e 重幻和	$S_e(n)$
正交表双大集	DLOA
正交表强双大集	SDLOA
杨辉型幻方	YMS(n,t)
强对称弱泛对角 OLS(n)	SSWPOLS(n)
行幻矩中心互补	(m,n)-CCRMR
正交表	$OA_\lambda(N;t,k,v)$或 $OA(N;t,k,v)$
正交表的大集	LOA(N;t,k,v)
t -重行幻矩	RMR(m,n,t)
中心互补行幻矩	(m,n)-CCRMR
双 LOA	DLOA(M,N;t,k,v)
t -重互补幻矩	n-CMR(m,t)
自补 t -重幻矩	SCMR(m,t)
强自补 t -重幻矩	n-SCCMR(m,t)
$m\times n$ Kotzig 表	KA(m,n)
行对称 Kotzig 表	RSKA(n,m)
泛对角 n 阶幻方(广义)	PMS(n)/PGMS(n)

续表

名称	符号
泛对角 t -重幻方	PMS(n,t)
泛对角平方幻方	PMS(n,z)
四重 LOA(N;t,k,v)	QLOA(N;t,k,v)
t -重互补幻方	m-CMS(n,t)
n 阶 t -重杨辉型广义幻方	YGMS(n,t)
n 阶行拉丁幻方阵	RLS(n)
n 阶自正交行拉丁方	SORLS(n)
n 阶强对称自正交行拉丁方	SSSORLS(n)
杨辉型 SSSORLS(n)	YSSSORLS(n)
n 阶自正交对角拉丁方	SODLS(n)
n 阶强对称自正交拉丁方	SSSODLS(n)
杨辉型 SSSODLS(n)	YSSSODLS(n,t)
不完全强对称自正交拉丁方	IRLS(n;b)/ISORLS(n;b)
弱对称杨辉型幻框	WSYMF(n)